"十三五"职业教育国家规划教材

U0688879

电机与拖动

第4版 | 附微课视频

刘小春 张蕾 / 主编

杨梦勤 李丹 王婧博 / 副主编

ELECTRICITY

人民邮电出版社

北 京

图书在版编目（CIP）数据

电机与拖动：附微课视频 / 刘小春，张蕾主编. --
4版. -- 北京：人民邮电出版社，2022.1（2022.11重印）
职业教育电类系列教材
ISBN 978-7-115-58215-7

Ⅰ．①电… Ⅱ．①刘… ②张… Ⅲ．①电机－职业教
育－教材②电力传动－职业教育－教材 Ⅳ．①TM3
②TM921

中国版本图书馆CIP数据核字(2021)第257114号

内 容 提 要

本书按照职业教育的培养目标，以电气自动化技术专业工作岗位的能力需求为依据进行编写，突出技术的应用性和针对性，强化实践能力培养。全书共分为 7 个模块，主要内容包括电机分析中常用的电磁定律及材料、变压器、直流电机、三相异步电动机、单相异步电动机、特种电机、电动机的选择等。每个模块都有学习导引、拓展阅读、随堂小思考、微课视频，课后有思考题与习题，并配有任务训练，以提升实际应用能力。

本书不仅可作为职业院校电类专业及机电类专业的教学用书，也可作为相关人员的培训教材和学习参考资料。

◆ 主　编　刘小春　张　蕾

　　副主编　杨梦勤　李　丹　王婧博

　　责任编辑　王丽美

　　责任印制　王　郁　焦志炜

◆ 人民邮电出版社出版发行　　北京市丰台区成寿寺路 11 号

　　邮编　100164　电子邮件　315@ptpress.com.cn

　　网址　https://www.ptpress.com.cn

　　北京天宇星印刷厂印刷

◆ 开本：787×1092　1/16

　　印张：13.75　　　　　　　　2022 年 1 月第 4 版

　　字数：325 千字　　　　　　　2022 年 11 月北京第 3 次印刷

定价：49.80 元

读者服务热线：(010)81055256　印装质量热线：(010)81055316
反盗版热线：(010)81055315
广告经营许可证：京东市监广登字 20170147 号

第4版前言 FOREWORD

电机与变压器是生产生活中常用的电气设备，如航空航天使用的特种电机、工业生产中电力拖动常用的三相异步电动机、从发电厂到终端用户输送电使用的变压器等。可以说从航空航天到高铁、汽车、机器人、家用电器、硬盘甚至我们普遍拥有的手机都少不了电机和变压器，而变压器可以当作是静止的电机。因此"电机与拖动"课程是一门应用性非常强的专业技术课程。

本书第3版是"十三五"职业教育国家规划教材。第4版的修订过程中，力求保持上一版的特色，始终贯彻理论够用、技能突出的原则，简化理论分析与计算，对于定理、定律都以定性、学生认知会用为主；突出技术的应用性和针对性，提高实践比例，通过每个模块大量的任务训练强化学生实践操作能力。

修订后的内容更具系统性和应用性，叙述更加准确、通俗易懂和简明扼要。本书共安排了7个模块，每个模块都有课前学习导引指导学习；课中随堂小思考和微课视频可辅助教师教学和学生自学；模块相关任务训练可以根据授课需求灵活安排，并配以任务训练检查与评价表辅助教师评价与学生自评；课后思考题与习题用于检测学生对各模块知识与技能理解和掌握的程度。本书增加了拓展阅读，融入社会主义核心价值观、民族理想信念、工匠精神等素质教育，体现了"厚基础、重应用、强素养、求创新"的特点。

本书的教学学时数（含任务训练）建议为 56~70 学时，具体分配方案可参考下面的学时分配表。

学时分配表

模块	课程内容	学时		
		理论学时	任务训练学时	合计
模块一	电机分析中常用的电磁定律及材料	2	0~2	2~4
模块二	变压器	8~10	4	12~14
模块三	直流电机	6~8	2~4	8~12
模块四	三相异步电动机	10~12	4~6	14~18
模块五	单相异步电动机	4	2	6
模块六	特种电机	6~8	4	10~12
模块七	电动机的选择	2	2	4
合　计		38~46	18~24	56~70

为更好地服务教学，本书配套了丰富的教学资源，主要有配套教学 PPT、微课视频、思考题与习题参考答案、教案、授课计划等，读者可登录人邮教育社区（www.ryjiaoyu.com）下载。

本书的编者均为多年从事"电机与拖动"课程教学或主持和参与"电机与拖动"课程改革的教师。本书由湖南铁道职业技术学院刘小春、张蕾任主编，湖南铁道职业技术学院杨梦勤、李丹、王婧博任副主编，湖南铁道职业技术学院刘红兵、李晓丹，台州职业技术学院姜凤武，周口职业技术学院杨辉和张海辉，漯河职业技术学院陈迎松参编。全书由刘小春统稿。

在本书的编写过程中，参考了其他大量教材及技术资料，在此一并表示衷心感谢！

刘小春
2021 年 10 月

目录 CONTENTS

电机分析中常用的电磁定律及材料

••• 学习导引 •••

学习目标

[知识目标]

1. 掌握电机与变压器分析中常用的电磁定律。
2. 掌握常用铁磁材料及其磁化性能。
3. 掌握磁滞损耗和涡流损耗的产生原理。
4. 了解电机常用的绝缘材料及其耐热等级。

[能力目标]

1. 会根据电流判断磁场方向。
2. 会根据磁场判断感应电动势及电流方向。
3. 会判断铁磁材料中的磁滞损耗和涡流损耗的大小变化。

[素质目标]

1. 严谨细致的工作作风。
2. 勇于探究、开拓创新的工作精神。
3. 信息检索能力及分析问题、解决问题的能力。

内容导入

电磁炉是我们日常生活中常用的加热电器，只要通入电流即可对铁磁性物体进行加热。电机和变压器是电能分配和使用的电器，在它们的绕组中通入电流可以完成电能的传输或转化。电能是如何转化为热能，又是如何从变压器的一次侧传递到二次侧，从电动机的定子侧传递到转子侧的呢？这就需要我们掌握电生磁、磁变生电的电磁感应原理等基本的物理定律及电气设备中使用的材料的特性。

学习导图

```
                                                        ┌─ 描述磁场的基本物理量
                                                        ├─ 电流的磁效应 —— 电生磁
                                       ┌─────────────┐  ├─ 电磁感应定律 —— 磁变生电
                                       │ 磁场的物理量 │──┤
                                       │ 与基本定律   │  ├─ 电磁力定律 —— 电磁生力
                                       └─────────────┘  ├─ 磁路的欧姆定律
                                                        └─ 磁路的基尔霍夫定律

                                                        ┌─ 铁磁性物质的磁化
     ┌──────────────┐                  ┌─────────────┐  ├─ 磁化曲线
     │ 电机分析中常用的 │               │ 常用铁磁材料 │──┤─ 磁滞与磁滞损耗
     │ 电磁定律及材料  │───────────────│ 及其特性     │  ├─ 涡流与涡流损耗
     └──────────────┘                  └─────────────┘  └─ 铁芯损耗

                                       ┌─────────────┐  ┌─ 绝缘材料在电机中的应用
                                       │ 常用绝缘材料 │──┤
                                       │ 及其耐热等级 │  └─ 绝缘材料的耐热等级
                                       └─────────────┘

                                       ┌──────────────────────────┐
                                       │ 任务训练：识别常用电工材料 │
                                       └──────────────────────────┘
```

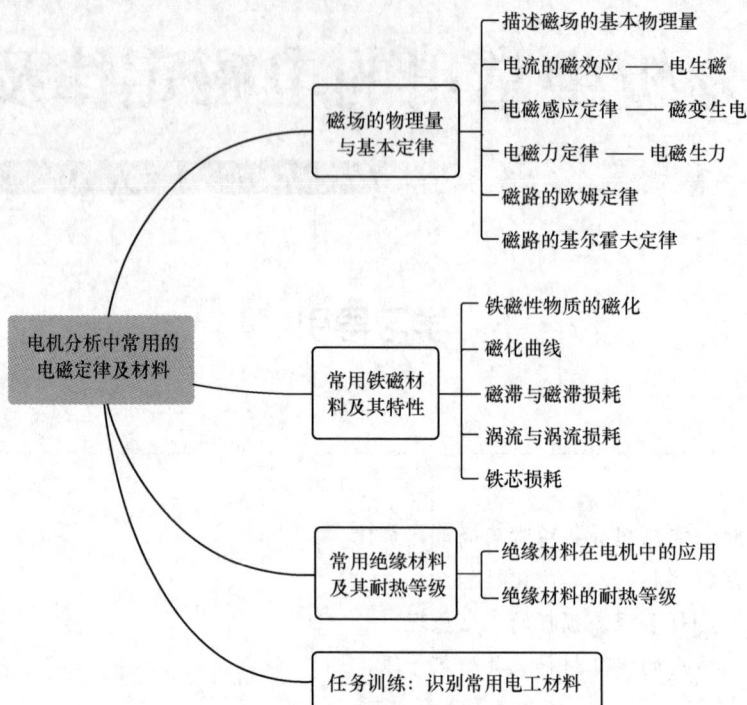

••• 1.1 磁场的物理量与基本定律 •••

1.1.1 描述磁场的基本物理量

1. 磁感应强度 B

磁感应强度也被称为磁通量密度或磁通密度，是用来描述磁场强弱和方向的基本物理量，常用符号 B 表示。磁感应强度的大小为通过该点与 B 垂直的单位面积上磁感应线的数目，磁场强的地方，磁感应线密，相反则疏。如果磁场内各点的磁感应强度大小相等，方向相同，则该磁场被称为均匀磁场。电流可以产生磁场，即电生磁，这是电机或变压器的工作原理之一。磁感应强度的单位是特（T）。

2. 磁通 Φ

磁感应强度与垂直于磁场方向的面积 S 的乘积，称为通过该面积的磁通 Φ，即

$$\Phi = BS \text{ 或 } B = \Phi/S \tag{1-1}$$

如果不是均匀磁场，则 B 取平均值。

磁通的国际单位是韦伯（Wb）。

3. 磁导率 μ

通电线圈产生的磁场强弱与磁力线穿过的介质有关。同样的通电线圈在铁磁性物质中产生的磁场远大于在非磁性物质中产生的磁场，表示介质的这种导磁性质的物理量叫作磁导率，用符号 μ 表示。

根据磁性质的不同，可以将物质分为 3 类：第一类为顺磁性物质，如空气、铝等，它们的磁导率比真空磁导率略大；第二类为逆磁性物质，如氢、铜等，它们的磁导率略小于真空磁导率；第三类为铁磁性物质，如铁、钴、镍等，它们的磁导率是真空磁导率的几百倍甚至几千倍，其磁导率与磁场强弱有关，不是一个常数。第一类和第二类一般统称为非磁性物质。

4. 磁场强度 H

磁场中某点的磁感应强度 B 与该点的磁导率 μ 的比值，称为该点的磁场强度，用 H 表示，即

$$H=B/\mu \tag{1-2}$$

磁场内某一点的磁场强度只与电流大小、线圈匝数及该点的几何位置有关，而与磁场介质的磁性无关。磁场强度的国际单位是 A/m。

5. 磁动势 F

电流流过导体所产生磁通量的势力，称为磁动势，是用来度量磁场或电磁场的一种量，类似于电场中的电动势或电压。此外，永磁材料也以某种方式表现出磁动势。磁动势用 F 表示，单位为 A。对于电流流过导体所产生的磁动势用如下公式表示

$$F=NI \tag{1-3}$$

式中　N——线圈的匝数；

　　　I——电流。

1.1.2　电流的磁效应——电生磁

只要导体中有电流，其周围就会产生磁场。一般用磁感应线（磁力线）来描述磁场。图 1-1 所示是几种载流导体产生的磁场分布情况。由图 1-1 可知，磁力线都是围绕电流的闭合曲线，磁力线的方向与电流方向符合右手螺旋定则，右手螺旋定则也叫安培定则。

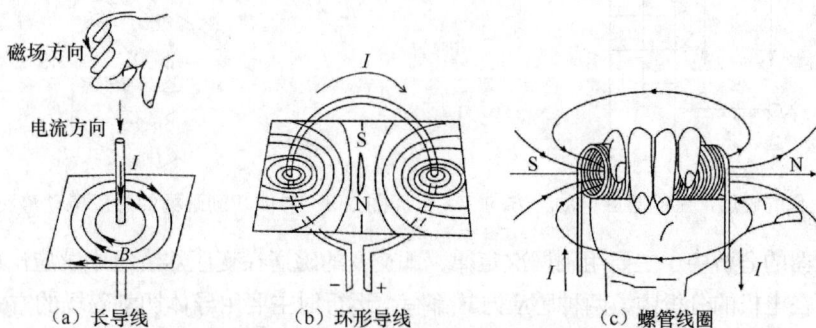

图1-1　不同形状的载流导体产生的磁场分布

? 思考

使用右手螺旋定则判断一根载流长导体和一个螺管线圈所产生的磁场时，其判断方法有什么区别？磁场的方向在螺管线圈内部和外部有什么不同？

1.1.3　电磁感应定律——磁变生电

电磁感应定律即法拉第定律，是指因磁通量变化产生感应电动势的现象。设一线圈处于磁场中，当通过该线圈的磁通总量发生变化时，线圈中将有感应电动势产生。或者闭合电路的一

部分导体在磁场中做切割磁力线的运动时，导体中会产生感应电动势，产生电流。对于第一种情况，感应电动势的公式为

$$e = -N\frac{\mathrm{d}\varPhi}{\mathrm{d}t} = -\frac{\mathrm{d}\varPsi}{\mathrm{d}t} \tag{1-4}$$

式中，$\varPsi$ 称为磁链，它表示 N 匝线圈所交链的总磁通，即

$$\varPsi = N\varPhi \tag{1-5}$$

感应电动势的方向可用楞次定律判断。楞次定律的定义为：闭合回路中感应电流的方向，总是使得它所激发的磁场来阻止引起感应电流的磁通量的变化。根据楞次定律，在图 1-2 中，当 $\mathrm{d}\varPhi/\mathrm{d}t>0$ 时，e 的实际方向为 A 正、X 负；$\mathrm{d}\varPhi/\mathrm{d}t<0$ 时，e 的实际方向为 A 负、X 正，由此可见，e 总与 $\mathrm{d}\varPhi/\mathrm{d}t$ 的方向相反。

对于第二种情况，如果直导线在均匀磁场中运动，且导体与磁力线、运动方向之间两两垂直，则感应电动势的公式为

$$e = Blv \tag{1-6}$$

式中　B——导体所在处的磁感应强度；

　　　l——导体的有效长度；

　　　v——导体切割磁力线的线速度。

感应电动势的方向也可用右手螺旋定则判断，如图 1-3 所示。

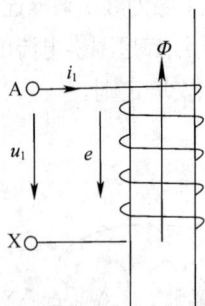

图1-2　变化的磁通产生的感应电动势方向　　　图1-3　导体切割磁场的感应电动势和电流方向

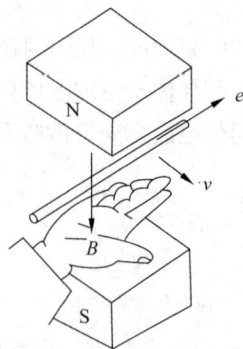

在变压器的分析中，主要用到楞次定律，即交变的磁通在变压器绕组中感应出电动势，产生电流；而在电机的分析中，两种感应方式都有，运行时主要用导体切割磁场的方式分析。

思考

1. 式（1-4）当中的负号表示什么？

2. 如果导体 l 处于磁场当中，且导体方向与磁场方向的夹角为 θ，那么当导体垂直于磁场以速度 v 匀速运动时，导体中的感应电动势 e 如何计算？

1.1.4　电磁力定律——电磁生力

载流导体处于磁场中会受到力的作用，这种力称为电磁力，也叫安培力。电磁生力是电动机旋转的原因。

当磁力线与导体的方向相互垂直时，载流导体受到的电磁力公式为

$$f = BlI \qquad (1\text{-}7)$$

式中　B——导体所在处的磁感应强度；

　　　l——导体的有效长度；

　　　I——载流导体中流过的电流。

电磁力的方向由左手定则判断，如图1-4所示，大拇指指向导体受力的方向。

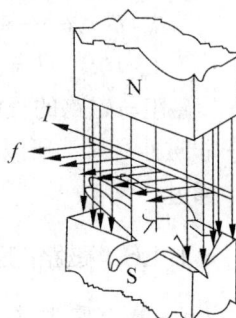

图1-4　左手定则判断

电磁力的方向

勇于探究、开拓创新

　　法拉第是19世纪伟大的物理学家，他对物理学最卓越的贡献就是通过实验发现了电磁感应定律。当时法拉第受德国古典哲学中辩证思想的影响，认为电、磁、光、热之间是相互联系的。1820年，奥斯特发现了电流对磁针的作用，法拉第敏锐地认识到了它的重要性。法拉第认为：既然磁铁能使附近的铁块感应带磁，静电荷能使附近的物体中感应出符号相反的电荷，那么，当把一根导体放入电流所产生的磁场中时，有可能在这根导体内产生电流。法拉第经过10年（1822—1831年）的时间发现了电磁感应现象，总结了电磁感应原理，从而奠定了电磁学的实验基础。电磁感应原理是发电机的理论基础，它的发现开创了人类利用电力的新时代。

　　【启示】 人类的技术发展是艰难的，也是永无止境的。任何一项新技术的出现都需要想象，需要创新，需要付出艰巨的努力。每一个人都对社会的前进负有责任，我们要学习前辈科学家勇于探究、开拓创新、默默耕耘的奋斗精神，用自己的技术技能服务社会，实现自我价值。

1.1.5　磁路的欧姆定律

　　磁通总是要形成闭合的回路，为了使大部分磁通通过铁芯，电机或变压器中总是采用磁导率很大的铁磁性材料制作铁芯。电路中把电流通过的路径称为电路，同理把磁通通过的路径称为磁路，电路有欧姆定律，磁路同样也有磁路的欧姆定律。图1-5所示是一个由材料相同、截面积相等的铁磁性材料构成的闭合磁路，则有

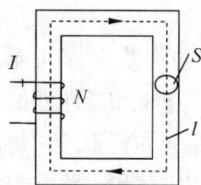

图1-5　磁路的欧姆定律

$$\oint H \cdot \mathrm{d}l = Hl = \sum I = NI \qquad (1\text{-}8)$$

由 $H = B/\mu$，$B = \Phi/S$，可得

$$\Phi = \frac{NI}{l/(\mu S)} = \frac{F}{R_m} = F\Lambda_m \qquad (1\text{-}9)$$

式中　l——磁路的平均长度；

　　　N——线圈的匝数；

　　　S——磁路的截面积；

　　　$F = NI$——磁动势；

$R_m=l/(\mu S)$——磁阻；

$\Lambda_m=1/R_m$——磁导。

磁阻与磁路的长度成正比，与截面积及磁导率成反比，因为铁磁性材料的磁导率远大于非磁性材料，所以铁磁性材料的磁阻远小于非磁性材料，故图1-5中磁通大部分从铁芯中通过。

1.1.6 磁路的基尔霍夫定律

1. 基尔霍夫第一定律

穿出或进入任一闭合面的总磁通量恒等于零，类似于电路的基尔霍夫第一定律，称为磁路的基尔霍夫第一定律。

图1-6所示的三相变压器铁芯结构，给线圈通电，假如磁通的方向如图1-6所示，若规定进入闭合面 A 的磁通为正，穿出闭合面 A 的磁通为负，则对闭合面 A 有

$$\Phi_U + \Phi_V + \Phi_W = 0 \tag{1-10}$$

即

$$\sum \Phi = 0 \tag{1-11}$$

式（1-11）表明，穿出或进入任一闭合面的总磁通量恒等于零，类似于电路的电流定律。

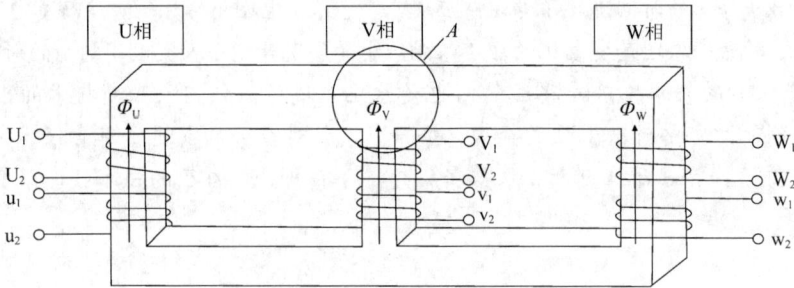

图1-6 磁路的基尔霍夫定律

2. 基尔霍夫第二定律

电机和变压器的磁路不一定由同样的材料组成，可能含有气隙。在磁路计算中，可把整个磁路分为若干段，每段为同一种材料，截面积和磁感应强度相等，磁场强度也相等。根据安培环路定律和磁路欧姆定律，可得

$$\sum NI = \sum Hl = H_1l_1 + H_2l_2 + \cdots + H_nl_n = \Phi_1R_{m1} + \Phi_2R_{m2} + \cdots + \Phi_nR_{mn} \tag{1-12}$$

式中　l——各段磁路的长度；

　　　H——各段磁路的磁场强度；

　　　Φ——各段磁路的磁通；

　　　R_m——各段磁路的磁阻。

定义 Hl 为一段磁路上的磁压降，NI 是作用在磁路上的总磁动势，故式（1-12）表明，沿任何闭合磁路的总磁动势恒等于各段磁路磁压降的代数和，类似于电路的基尔霍夫第二定律，称为磁路的基尔霍夫第二定律。

1.2 常用铁磁材料及其特性

1.2.1 铁磁性物质的磁化

硅钢片在变压器和电机中常用来制作铁芯作为磁路，这是因为硅钢片的磁导率较高，在同样的磁动势下能激发出较强的磁场。

将铁磁性物质放入磁场后，铁磁性物质呈现很强的磁性的现象称为磁化。铁磁性物质能被磁化是因为其内部由许多磁畴构成。在未磁化的材料中，磁畴随意排列，磁畴的磁效应相互抵消，对外不呈现磁性。而当其处于磁场内时，这些磁畴将沿磁场的方向重新做有规则的排列，与外磁场方向相同的磁畴不断增多，其他方向上的磁畴不断减少，磁畴的方向渐趋一致，形成一个附加磁场，与外磁场叠加，最终使磁场强度大大增加，如图 1-7 所示。

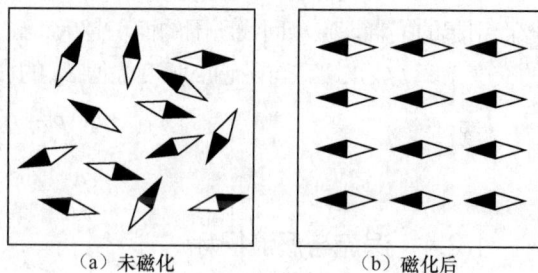

（a）未磁化　　　　（b）磁化后

图1-7　磁畴

常用的铁磁性物质有铁、镍、钴等。

1.2.2 磁化曲线

铁磁材料的磁化过程可用磁化曲线来表示，磁化曲线是指磁场的磁感应强度 B 与磁场强度 H 之间的关系。

在非磁性材料中，因为磁导率基本不变，所以 B 和 H 呈线性关系，如图 1-8 中的曲线 1 所示。

铁磁材料的磁化曲线是非线性的，图 1-8 中的曲线 2 是未磁化过的铁磁材料进行磁化后的磁化曲线。由图 1-8 中的曲线 2 可知，开始磁化时，由于外磁场较弱，所以 B 增加较慢，对应 oa 段；随着外磁场增加，铁磁材料产生的附加磁场增加较快，B 值增加很快，如 ab 段；再增加磁场时，附加磁场的增加有限，B 增加越来越慢，最终趋于饱和，如 bc 段；最后所有磁畴与外磁场方向一致后，外磁场增加，B 值也基本不变，出现深度饱和现象。为了使铁芯得到充分利用而不进入饱和状态，电机和变压器的铁芯额定工作点设定在磁化曲线的微饱和区。从初始磁化曲线来看，铁磁材料的 B 和 H 的关系为非线性关系，表明铁磁材料的磁导率 μ 不是常数，要随外磁场强度 H 的变化而变化，变化趋势如图 1-8 中曲线 3 所示。

若铁磁材料进行正负反复磁化，B 和 H 的关系变为图 1-9 所示的 $abcdefa$ 闭合曲线，称为磁滞回线。根据磁滞回线的宽度不同，铁磁材料分为软磁材料和硬磁材料。软磁材料的磁滞回线宽度很窄，磁导率较高，在电机和变压器中常用的软磁材料有制作铁芯的硅钢片和制作基座的铸钢、铸铁。硬磁材料可作为永磁材料使用，磁导率较小，电机中常用的永磁材料有铁氧体、铝镍钴、稀土钴、钕铁硼。

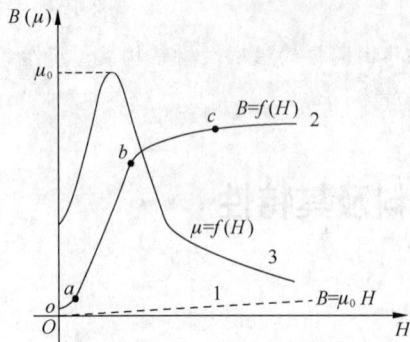

图1-8 非磁性材料的磁化曲线和铁磁材料的初始磁化曲线　　图1-9 铁磁材料的磁滞回线和基本磁化曲线

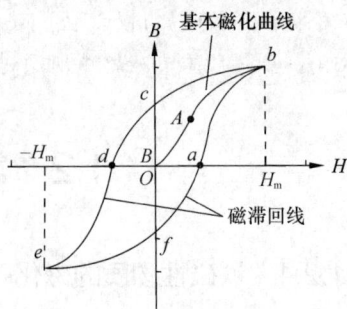

1.2.3　磁滞与磁滞损耗

铁磁材料周期性的正反向磁化会产生损耗，称为磁滞损耗。这是因为磁畴来回翻转产生摩擦而引起的损耗。磁滞回线所围的面积越大，磁滞损耗也越大。实践证明，磁滞损耗 P_h 与磁通的交变频率 f 成正比，与磁感应强度幅值 B_m 的 α 次方成正比，即

$$P_h \propto f B_m^{\alpha} \qquad (1\text{-}13)$$

$$\alpha = 1.6 \sim 2.3$$

1.2.4　涡流与涡流损耗

铁芯是导电材料，当通过铁芯的磁通随时间变化时，根据电磁感应定律，铁芯中将产生感应电动势，并引起环流。因为这些环流在铁芯内部围绕磁通呈涡流状流动，所以称之为涡流。如图 1-10 所示，涡流在铁芯中引起的损耗，称为涡流损耗 P_e，P_e 可用如下公式表示

$$P_e = k_e \Delta^2 f^2 B_m^2 V \qquad (1\text{-}14)$$

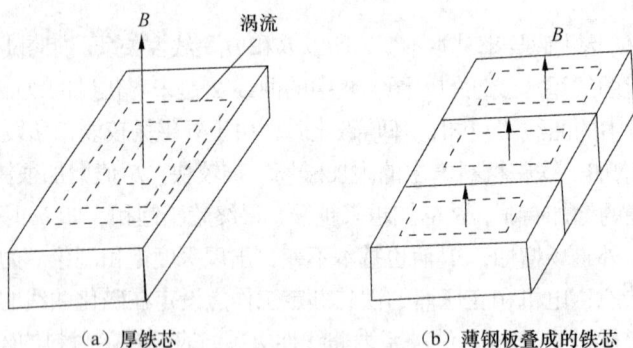

（a）厚铁芯　　　　　　　（b）薄钢板叠成的铁芯

图1-10　涡流

式中　k_e——涡流损耗系数，与铁磁材料的电阻率成正比；

　　　Δ——铁芯的厚度；

　　　f——磁场交变的频率；

　　　B_m——铁芯中的磁感应强度幅值；

　　　V——铁芯的体积。

分析表明，频率越高，磁感应强度越大，感应电动势越大，涡流损耗也越大。而铁芯的电阻率越大，涡流流过的路径越长，涡流损耗就越小。因此，为了减小涡流损耗，在铁芯的钢材中加入少量的硅以增加铁芯材料的电阻率，称为硅钢片；也不采用整块的铁芯，而采用由许多薄硅钢片叠起来的铁芯，使涡流在狭长形的回路中，通过较小的截面，以增大涡流通路上的电阻。所以变压器和电机的铁芯一般采用厚度为 0.35mm 或 0.5mm 的硅钢片来制造。

1.2.5 铁芯损耗

铁芯中的磁滞损耗和涡流损耗总称为铁芯损耗，也称为铁损耗或铁耗，用 P_{Fe} 表示，它正比于磁感应强度幅值 B_m 的二次方及磁通交变频率 f 的 $1.2 \sim 1.3$ 次方，表示为

$$P_{Fe} = P_h + P_e \approx k_{Fe} f^{1.3} B_m^2 G \qquad (1\text{-}15)$$

式中　k_{Fe}——铁损耗系数；

　　　G——铁芯的重量。

铁损耗将造成有功功率损失和铁芯发热。

••• 1.3　常用绝缘材料及其耐热等级 •••

1.3.1　绝缘材料在电机中的应用

各种电机虽然结构不同，但不外乎是由导电回路（包括定子回路和转子回路）和导磁回路组成的，导电回路与导磁回路用绝缘材料分隔开，并利用各种结构零件组合在一起。因此，电机的制造材料主要为导磁材料（制造磁系统的各个部件，如铁芯、机座等）、导电材料（绕组、换向器、电刷）、绝缘材料（将带电部分与铁芯、机座等接地部件以及电位不同的带电部分在电气上分离）及结构材料四大类。此外，还有散热、冷却及润滑等材料。

绝缘材料在电机正常工作中起着非常重要的作用。电机的绝缘结构包括匝间绝缘、层间绝缘、对地绝缘、外包绝缘，还有填充绝缘、衬垫绝缘、换向器绝缘。

（1）匝间绝缘是指主极线圈和换向极线圈的匝间绝缘、电枢绕组的匝间绝缘、换向片片间绝缘、同一线圈的各个线匝之间的绝缘。

（2）层间绝缘是指分层平绕的主极线圈各层间的绝缘，电枢绕组前后端节部分、槽内部分上下层之间的绝缘，线圈上下层之间的绝缘。

（3）对地绝缘是指电机各绕组对机座和其他不带电部件之间的绝缘、主极线圈和换向极线圈的对地绝缘、电枢绕组的对地绝缘、换向器的对地绝缘，其主要作用是把电机中带电部件和机座、铁芯等不带电部件隔离，以免发生对地击穿。

（4）外包绝缘是指包在对地绝缘外面的绝缘，主要是保护对地绝缘免受机械损伤并使整个线圈结实平整，也起到了对地绝缘的补强作用。

（5）填充绝缘用于填充线圈的空隙，使整个线圈牢固地形成一个整体，减少振动，也使线圈规矩、平整，以利于包扎对地绝缘，也有利于散热。

（6）衬垫绝缘用于保护绝缘结构在工艺操作时免受机械损伤。

（7）换向器绝缘包含换向片片间绝缘、换向片组对地绝缘、换向片组和压圈间的 V 形云母环及云母套筒、多层优质虫胶塑性云母。

1.3.2　绝缘材料的耐热等级

绝缘材料在电机中的主要作用就是把导电部分（如铜线）与不导电部分（如铁芯）隔开，或把不同电位的导体隔开（如相间绝缘、匝间绝缘）。在热的作用下，绝缘材料会逐渐老化，即逐渐丧失其机械强度和绝缘性能。为了保证电机能在一定的年限内可靠运行，对绝缘材料都规定了允许工作温度。过去将绝缘材料分为 Y、A、E、B、F、H、C 共 7 级，根据 GB/T 20113—2006《电气绝缘结构（EIS）热分级》的规定，原用于 180℃以上所有温度的 C 级，已被新的耐热等级代替并不再有效。各级绝缘的耐热等级（耐热等级用允许工作温度表示，且不加℃符号）和主要材料见表 1-1。

表 1-1　绝缘材料的耐热等级

耐热等级	原标志	绝缘材料
90	Y	棉纱丝绸、天然丝、纸及其制品、木材、再生纤维素纤维等
105	A	浸渍过的 Y 级绝缘材料、Q 型漆包线绝缘、黄漆绸、丁腈橡胶、有机玻璃及油性沥青漆等
120	E	QQ、QA、QAN 型漆包线绝缘，聚酯薄膜，聚酯薄膜玻璃漆布复合箔，热固性聚酯树脂，三聚氰胺甲醛树脂，热固性合成树脂胶，纸层压制品及棉纤维层压制品等
130	B	QZ、QZN 型漆包线绝缘，玻璃纤维，石棉层压制品，聚酯薄膜玻璃漆布复合箔，聚酯无纺布-聚酯薄膜-聚酯无纺布复合箔（DMD），环氧酚醛层压玻璃布板，氨基醇酸绝缘漆，环氧树脂绝缘漆及油改性合成树脂漆等
155	F	QZY 型漆包线绝缘，聚芳纤维纸薄膜复合箔，绝缘漆处理的玻璃纤维和石棉制品，云母制品和硅有机制品，耐热优良的醇酸、环氧、热固性聚酯树脂，有机硅绝缘胶及环氧树脂无溶剂漆等
180	H	无机物填料塑料、硅有机橡胶、聚芳纤维纸薄膜复合箔及有机硅环氧层压玻璃布板等
200	200	QY 型漆包线绝缘，聚酰亚胺薄膜、聚四氟乙烯薄膜、聚酰胺层压玻璃布板、石英、陶瓷及玻璃等
220	220	NHM 绝缘纸
250	250	玻璃丝带

一般电机多用 E 级或 B 级绝缘，如国产 Y 系列异步电机为 B 级绝缘。一些有特殊耐热要求的电机（如起重及冶金用电动机），常采用 F 级或 H 级绝缘。

●●● 任务训练 ●●●

任务　识别常用电工材料

【训练目的】
熟悉电机和变压器中常用的材料。

【训练内容】
（1）认识硅钢片；
（2）认识绝缘材料。

【仪器与设备】
（1）不同形状的硅钢片；

（2）电机和变压器中常用的绝缘材料。

【方法和步骤】

（1）查找资料，填写图 1-11 所示材料的名称［图 1-11（a）］或电气部件名称［图 1-11（b）、图 1-11（c）］。

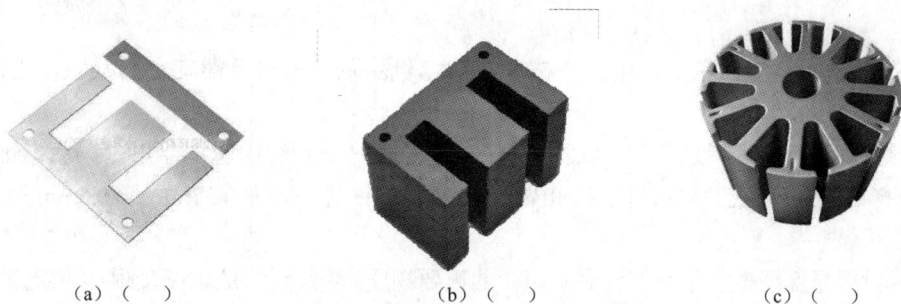

（a）（　　）　　　　　　　　　（b）（　　）　　　　　　　　　（c）（　　）

图1-11　变压器或电机主体材料及部件

（2）查找资料，说明图 1-12 所示的绝缘材料在变压器或电机中的作用。

（a）青稞纸　　　　　　　　　（b）云母带　　　　　　　　　（c）绝缘套管

图1-12　绝缘材料

图 1-12（a）的作用是_____

_____。

图 1-12（b）的作用是_____

_____。

图 1-12（c）的作用是_____

_____。

【检查与评价】

填写表 1-2 所示的任务训练评价表。

表1-2　识别常用电工材料任务训练评价表

内容	学生自评	小组互评	教师评价	总结与改进
能正确识别电机和变压器中用的主体材料，并说出各部件名称				
能正确说出各绝缘材料在变压器或电机中的用途				
6S 职业素养				

注　按优秀、良好、中等、合格、差 5 个等级进行评定。

●●● 小结 ●●●

1．电机和变压器都是通过磁感应原理工作的，电机和变压器的工作原理就是电和磁的相互作用关系。

2．电磁定律主要包含磁变生电——楞次定律、电生磁——右手螺旋定则，以及电磁生力——左手定则。

3．磁滞损耗和涡流损耗之和称为铁损耗，在电机和变压器运行中总是存在的。可以通过电磁材料的选择以及处理工艺减少铁损耗，电机或变压器的铁芯一般为 0.35mm 或 0.5mm 厚的硅钢片。

4．绝缘材料是保证电机正常工作必不可少的重要物质。绝缘材料的耐压及耐热等级直接决定了电机的额定电压及额定电流的高低。常用的 Y 系列电机选用的是 B 级绝缘材料。

●●● 思考题与习题 ●●●

1．图 1-13 所示为电机中的一个线圈，只考虑 ab、cd 有效边，在图 1-13 所示的静止磁场和线圈电流方向下，分析 ab、cd 导体的受力方向。

2．说明铁芯中的磁滞损耗和涡流损耗产生的原因，并思考如何减少铁损耗。

3．实际变压器或电机的铁芯均用硅钢片叠压而成，能否用钢板或整块钢制作？为什么？

4．什么是磁路饱和现象？铁芯的额定工作点应如何选择？

5．如图 1-14 所示，匝数为 N 的线圈与交变的磁通 Φ 交链，如果感应电动势的正方向如图 1-14 所示，写出 e 和 Φ 之间的关系式。

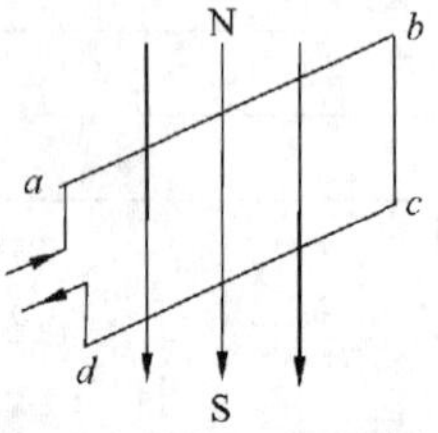

图1-13　1题图

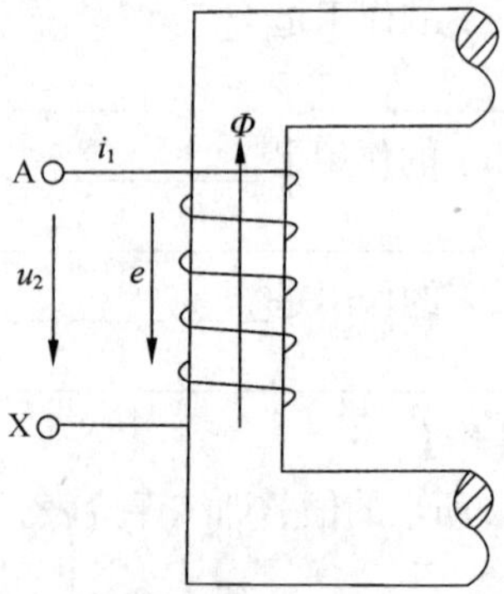

图1-14　5题图

学习导引

学习目标

[知识目标]

1. 了解变压器的用途与分类。
2. 掌握变压器的结构与工作原理。
3. 熟悉变压器的铭牌与额定值参数。
4. 掌握三相变压器的结构及连接组别。
5. 熟悉特殊用途变压器的结构、原理及特性。

[能力目标]

1. 具备绕制小型变压器绕组的能力。
2. 能完成变压器的变比、变压器绕组的测定，以及空载、短路等一般试验。
3. 具备简单计算变压器额定参数、绕组匝数、变比及效率的能力。
4. 具有熟练选择、使用、维护变压器的能力。
5. 能判断变压器故障，能对一般故障进行修理与试验。

[素质目标]

1. 严谨细致、精益求精、追求卓越的工匠精神。
2. 安全意识、标准意识和质量意识。
3. 沟通能力及团队协作精神。

内容导入

　　变压器是一种在电力系统和电子线路中广泛应用的电气设备，尤其是在电能的传输、分配和使用中，变压器是关键设备，具有重要意义。由发电厂发出的电能在向用户输送的过程中，通常需用很长的输电线，根据公式 $P = \sqrt{3}UI\cos\varphi$，当输送的功率 P 和负载的功率因数 $\cos\varphi$ 一定时，输电线路上的电压 U 越高，则流过输电线路中的电流 I 就越小。因此，采用高电压输送电能，不仅可以减小输电线的截面积，节约导体材料，还可减小输电线路的功率损耗。但是，由于发电机本身结构及所用绝缘材料的限制，不可能直接发出很高的电压，那如何将发电厂输出的电压变为更高等级的电压来输送，到了用户端，又如何降到用户所需的电压等级呢?图 2-1 是电力输送过程，由图可见，电力输送过程中使用了升压变压器和降压变压器。电力变压器是如何实现电压转换的，除了电力变压器，在生产生活中还有其他哪些种类的变压器，它们又是如何工作的，这是本模块要学习的内容。

图2-1　电力输送过程

学习导图

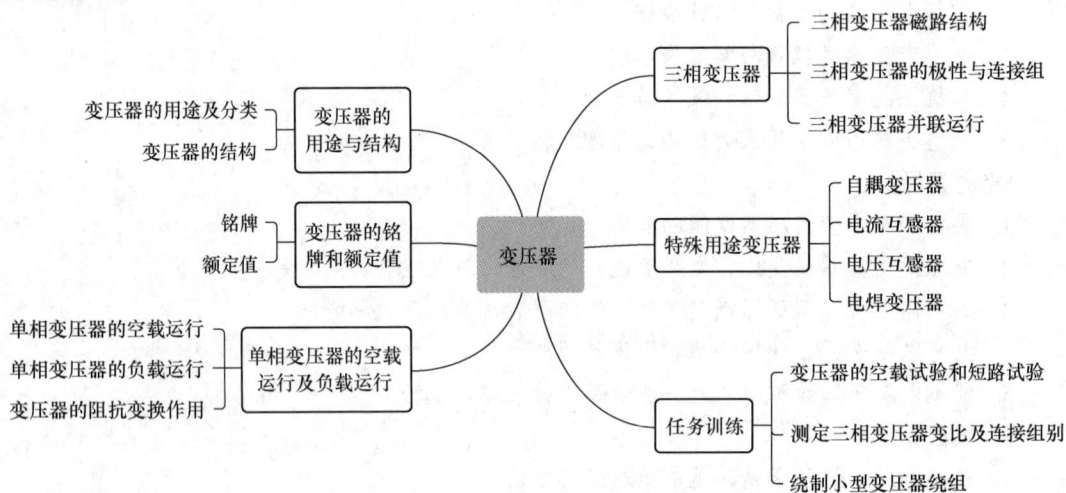

●●● 2.1　变压器的用途与结构 ●●●

2.1.1　变压器的用途及分类

变压器是用来改变交流电压大小的电气设备。它是根据电磁感应原理，把某一等级的交流电压变化成频率相同的另一等级的交流电压，以满足不同负载的需要。变压器的应用使人们能够方便地解决输电和用电之间的矛盾。因此，变压器在电力系统中占有很重要的地位。据统计，在电力系统中每 1kW 的发电功率需配备 5~8kV·A 容量的变压器。电能在传输过程中会有能量的损耗，主要是输电线路的损耗及变压器的损耗，占整个供电容量的 5%~9%，这是一个相当可观的数字。例如，我国 2000 年发电设备的总装机容量约为 3.16 亿 kW，则输电线路及变压器损耗的部分为（1 600~2 800）万 kW，相当于目前我国 10~20 个装机容量最大的火力发电厂的总和。在这个能量损耗中，变压器的损耗最大，占 60%左右，因此，变压器效率的不高成为输、配电系统中一个突出的问题。我国从 20 世纪 70 年代末期开始研制高效节能变压器，其换代过程为 SJ→S5→S7→S9→SCB→SH11。目前大批量生产的是 S9 低损耗节能变压器，并要求逐步淘汰正在使用中的旧型号变压器。据初步估算，采用低损耗变压器所需的投资费用可在 4～5 年时间内从节约的电费中收回。变压器除了用于输、配电系统，还广泛应用于电气控制领域、电子技术领域、测试技术领域、焊接技术领域等。

为了适用不同的使用目的和工作条件，变压器有很多种类，通常可按其用途、绕组构成、铁芯结构、相数、冷却方式等进行分类。

1. 按用途分类

（1）电力变压器。电力变压器用于电能的输送与分配，上面介绍的即属于电力变压器，这是生产数量最多、使用最广泛的变压器。按功能不同又可分为升压变压器、降压变压器、配电变压器等。电力变压器的容量从几十千伏安到几十万千伏安，电压等级从几百伏到几百千伏。

（2）特种变压器。特种变压器指在特殊场合使用的变压器，如作为焊接电源的电焊变压器、专供大功率电炉使用的电炉变压器、将交流电整流成直流电时使用的整流变压器等。

（3）仪用互感器。仪用互感器用于电工测量中，如电流互感器、电压互感器等。

（4）控制变压器。控制变压器的容量一般比较小，用于小功率电源系统和自动控制系统，如电源变压器、输入变压器、输出变压器、脉冲变压器等。

（5）其他变压器。如试验用的高压变压器、输出电压可调的调压变压器、产生脉冲信号的脉冲变压器等。

2. 按绕组构成分类

变压器按绕组构成分类有双绕组变压器、三绕组变压器、多绕组变压器、自耦变压器等。

3. 按铁芯结构分类

变压器按铁芯结构分类有叠片式铁芯变压器、卷制式铁芯变压器和非晶合金铁芯变压器。

4. 按相数分类

变压器按相数分类有单相变压器、三相变压器和多相变压器。

5. 按冷却方式分类

变压器按冷却方式分类有干式变压器、油浸式自冷变压器、油浸式风冷变压器、强迫油循环变压器、充气式变压器等。

2.1.2 变压器的结构

根据用途不同，变压器的结构也有所不同，大功率电力变压器的结构比较复杂，而多数电力变压器是油浸式的。油浸式变压器由绕组和铁芯组成器身，为了解决散热、绝缘、密封、安全等问题，还需要油箱、绝缘套管（见图 2-2 中的高压套管和低压套管）、储油柜、冷却装置、防爆管、温度计、气体继电器等附件，其结构如图 2-2 所示。

1. 变压器绕组

变压器的线圈通常称为绕组，它是变压器中的电路部分。小型变压器一般用具有绝缘的漆包圆铜线绕制而成，对容量稍大的变压器则用扁铜线或扁铝线绕制。

在变压器中，接到高压电网的绕组称为高压绕组，接到低压电网的绕组称为低压绕组。按高压绕组和低压绕组的相互位置和形状不同，绕组可分为同心式和交叠式两种。

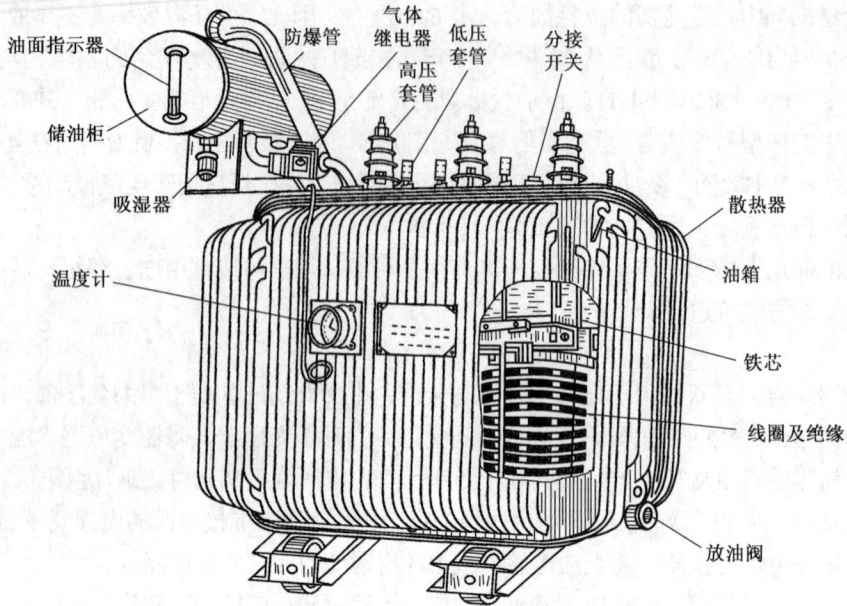

图2-2 油浸式电力变压器结构

（1）同心式绕组。同心式绕组是将高、低压绕组同心地套装在铁芯柱上构成的，如图 2-3 所示。为了便于与铁芯绝缘，把低压绕组套装在里面，高压绕组套装在外面。对低压大电流、大容量的变压器，由于低压绕组引出线很粗，也可以把它放在外面。高、低压绕组之间留有空隙，可作为油浸式变压器的油道，既利于绕组散热，又可作为两绕组之间的绝缘。

同心式绕组按绕制方法的不同又可分为圆筒式、螺旋式、连续式等多种。同心式绕组的结构简单、制造容易，常用于心式变压器中，这是一种最常见的绕组结构形式，国产电力变压器基本上均采用这种结构。

（2）交叠式绕组。交叠式绕组又称为饼式绕组，它是将高压绕组及低压绕组分成若干个线饼，沿着铁芯柱的高度交替排列。为了便于绝缘，一般最上层和最下层安放低压绕组，如图2-4所示。交叠式绕组的主要优点是漏抗小、机械强度高、引线方便。这种绕组形式主要用在低电压、大电流的变压器上，如容量较大的电炉变压器、电阻电焊机（如点焊、滚焊和对焊电焊机）变压器等。

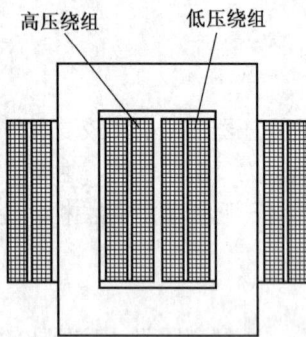

图2-3 同心式绕组

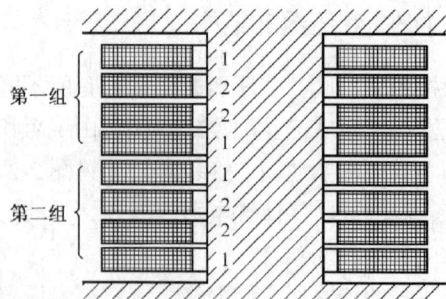

图2-4 交叠式绕组

1—低压绕组；2—高压绕组

三相电力变压器的绕组一般用绝缘纸包的扁铜线或扁铝线绕成，绕组的结构形式也有同心式绕组和交叠式绕组。当前，新型的电力变压器绕组结构为箔式绕组，绕组用铝箔或铜箔氧化技术和特殊工艺绕制，使变压器整体性能得到较大的提高，我国已开始批量生产。

2. 变压器铁芯

铁芯构成变压器磁路系统，并作为变压器的机械骨架。它由铁芯柱和铁轭两部分组成，铁芯柱上套装变压器绕组，铁轭起连接铁芯柱使磁路闭合的作用。对铁芯的要求是导磁性能要好，磁滞损耗及涡流损耗要尽量小，因此均采用 0.35mm 厚的硅钢片制作。目前，国产硅钢片有热轧硅钢片、冷轧无取向硅钢片、冷轧晶粒取向硅钢片。20 世纪 60～70 年代，我国生产的电力变压器主要用热轧硅钢片，由于其铁损耗较大，导磁性能相应地比较差，且铁芯叠装系数低（因硅钢片两面均涂有绝缘漆），现已不用。目前，国产低损耗节能变压器均用冷轧晶粒取向硅钢片，其铁损耗低，且铁芯叠装系数高（因硅钢片表面有氧化膜绝缘，不必再涂绝缘漆）。

根据变压器铁芯柱与绕组的相对位置可分为心式变压器和壳式变压器两大类。心式变压器是在两侧的铁芯柱上放置绕组，形成绕组包围铁芯的形式，如图 2-5 所示。壳式变压器则是在中间的铁芯柱上放置绕组，形成铁芯包围绕组的形状，如图 2-6 所示。

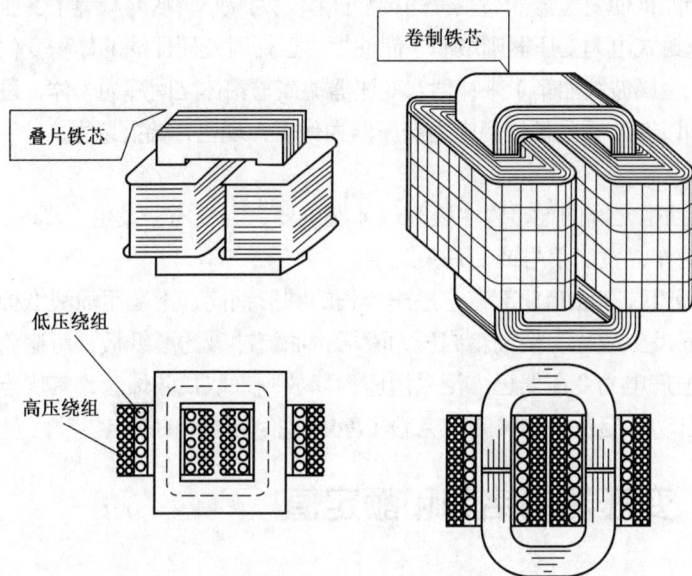

图2-5 心式变压器结构

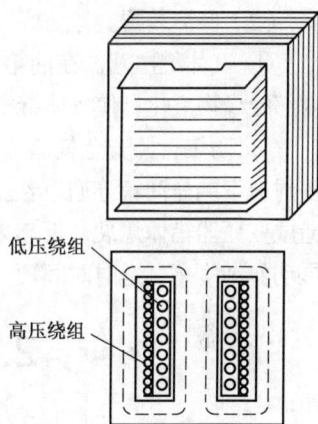

图2-6 壳式变压器结构

根据变压器铁芯的制作工艺可分叠片式铁芯和卷制式铁芯两种。叠片式铁芯的心式变压器及壳式变压器的制作顺序是：先将硅钢片冲剪成图 2-7 所示的形状，再将一片片硅钢片按其接口交错地插入事先绕好并经过绝缘处理的线圈中，最后用夹件将铁芯夹紧。为了减小铁芯磁路的磁阻以减小铁芯损耗，要求铁芯装配时，接缝处的气隙越小越好。

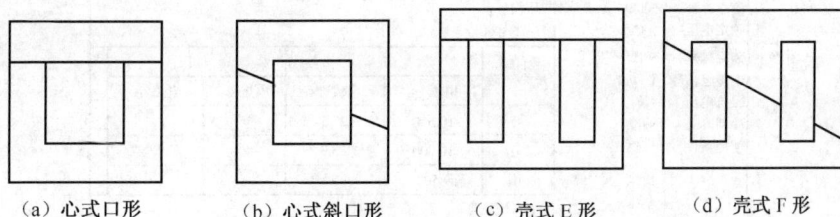

（a）心式口形　　（b）心式斜口形　　（c）壳式 E 形　　（d）壳式 F 形

图2-7 单相小容量变压器铁芯形式

> **思考**
>
> 硅钢片由于工艺复杂、工艺窗口窄、生产难度大，被誉为钢铁产品中的工艺品，特别是取向硅钢片。硅钢片的主要用途是制作各种变压器、电动机和发电机的铁芯，变压器和电机的运行对硅钢片的性能要求主要有哪些呢？

3. 变压器的主要附件

（1）油箱和冷却装置。由于三相变压器主要用于电力系统变换电压等级，因此其容量都比较大，电压也比较高。目前，国产的高电压、大容量三相电力变压器 OSFPSZ-360000/500 已批量生产（容量为 360 000kV·A，电压为 500kV，每台变压器质量达到 250t）。为了铁芯和绕组的散热和绝缘，均将其置于绝缘的变压器油内，而油则盛放在油箱内。为了增加散热面积，一般在油箱四周加装散热装置，旧型号电力变压器采用在油箱四周加焊扁形散热油管，新型电力变压器多采用片式散热器散热。容量大于 10 000kV·A 的电力变压器，采用风吹冷却或强迫油循环冷却装置。

较多的变压器在油箱上部还安装有储油柜，通过连接管与油箱相通。储油柜内的油面高度随变压器油的热胀冷缩而变动。储油柜使变压器油与空气的接触面积大为减小，从而减缓了变压器油的老化速度。新型的全充油密封式电力变压器则取消了储油柜，运行时变压器油的体积变化完全由设在侧壁的膨胀式散热器（金属波纹油箱）来补偿，变压器端盖与箱体之间焊为一体，设备免维护，运行安全可靠，在我国以 S10 系列低损耗电力变压器为代表，现已开始批量生产。

（2）保护装置。

① 气体继电器。在油箱和储油柜之间的连接管中装有气体继电器，当变压器发生故障时，内部绝缘物汽化，使气体继电器动作，发出信号或使开关跳闸。

② 防爆管（安全气道）。防爆管装在油箱顶部，它是一个长的圆形钢筒，上端用酚醛纸板密封，下端与油箱连通。若变压器发生故障，使油箱内压力骤增，油流冲破酚醛纸板，可避免造成变压器箱体爆裂。近年来，国产电力变压器已广泛采用压力释放阀来取代防爆管，其优点是动作精度高，延时时间短，能自动开启及自动关闭，克服了停电更换防爆管的缺点。

••• 2.2 变压器的铭牌和额定值 •••

2.2.1 铭牌

为了使用户对变压器的性能有所了解，制造厂家对每一台变压器都安装了一块铭牌，上面标明了变压器型号及各种额定数据，只有理解了铭牌上各种数据的含义，才能正确使用变压器，以便在运行、维护时减少失误。图 2-8 所示为电力变压器的铭牌。

电力变压器					
产品型号	S7-500/10	标准代号××××			
额定容量	500kV·A	产品代号××××			
额定电压	10kV	出厂序号××××			
额定频率	50Hz 三相	开关位置	高压		低压
连接组标号	Y yn0		电压 /V	电流 /A	电压 /V	电流 /A
阻抗电压	4%	I	10 500	27.5		
冷却方式	油冷	II	10 000	28.9	400	721.7
使用条件	户外	III	9 500	30.4		
×× 变压器厂　　×× 年××月					

图2-8　电力变压器铭牌

2.2.2 额定值

图 2-8 所示的电力变压器是配电站用的降压变压器，将 10kV 的高压降为 400V 的低压，供三相负载使用。铭牌中的主要参数说明如下。

1. 型号

变压器的型号含义如下：

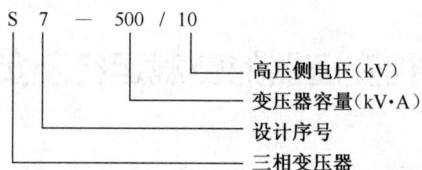

```
S 7  —  500 / 10
                  ├─ 高压侧电压（kV）
                  ├─ 变压器容量（kV·A）
                  ├─ 设计序号
                  └─ 三相变压器
```

2. 额定电压 U_{1N} 和 U_{2N}

高压侧（一次绕组）额定电压 U_{1N} 是指加在一次绕组上的正常工作电压值。它是根据变压器的绝缘强度、允许发热等条件规定的。高压侧标出的 3 个电压值，可以根据高压侧供电电压的实际情况，在额定值的±5%范围内加以选择，当供电电压偏高时可调至 10 500V，偏低时则调至 9 500V，以保证低压侧的额定电压为 400V 左右。

低压侧（二次绕组）额定电压 U_{2N} 是指变压器在空载时，高压侧加上额定电压后，二次绕组两端的电压值。变压器接上负载后，二次绕组的输出电压 U_2 将随负载电流的增加而下降，为保证在额定负载时能输出 380V 的电压，考虑到电压调整率为 5%，故该变压器空载时二次绕组的额定电压 U_{2N} 为 400V。

在三相变压器中，额定电压均指线电压。

3. 额定电流 I_{1N} 和 I_{2N}

额定电流是指根据变压器允许发热的条件而规定的满载电流值。在三相变压器中，额定电流是指线电流。

4. 额定容量 S_N

额定容量是指变压器在额定工作状态下，二次绕组的视在功率，其单位一般为 kV·A。

单相变压器的额定容量为

$$S_N = U_{2N}I_{2N}$$

三相变压器的额定容量为

$$S_N = \sqrt{3}U_{2N}I_{2N}$$

5. 连接组标号

连接组标号是指三相变压器一次绕组、二次绕组的连接方式。

各符号含义：Y 指高压绕组作星形连接，y 指低压绕组作星形连接；D 指高压绕组作三角形连接，d 指低压绕组作三角形连接；N 指高压绕组作星形连接时的中性线，n 指低压绕组作星形连接时的中性线。

6. 阻抗电压

阻抗电压又称为短路电压，它表示额定电流时变压器阻抗压降的大小。通常用它与额定电压 U_{1N} 的百分比来表示。

19

【例 2-1】 一台三相油浸自冷式铝线变压器，已知 $S_N = 560\text{kV·A}$，$U_{1N}/U_{2N} = 10\ 000\text{V}/400\text{V}$，试求一次绕组、二次绕组的额定电流 I_{1N}、I_{2N}。

解： $I_{1N} = \dfrac{S_N}{\sqrt{3}U_{1N}} = \dfrac{560 \times 10^3}{\sqrt{3} \times 10\ 000} \approx 32.33(\text{A})$

$I_{2N} = \dfrac{S_N}{\sqrt{3}U_{2N}} = \dfrac{560 \times 10^3}{\sqrt{3} \times 400} \approx 808.29(\text{A})$

2.3　单相变压器的空载运行及负载运行

2.3.1　单相变压器的空载运行

1. 单相变压器的基本工作原理

单相变压器是指接在单相交流电源上用来改变单相交流电压的变压器，其容量一般都比较小，主要用作控制及照明。实际上变压器是利用电磁感应原理来工作的，图 2-9 所示为其工作原理。变压器的主要部件是铁芯和绕组，两个互相绝缘且匝数不同的绕组分别套装在铁芯上，两绕组间只有磁的耦合而没有电的联系，其中接电源 u_1 的绕组称为一次绕组（曾称为原绕组、初级绕组），用于接负载的绕组称为二次绕组（曾称为副绕组、次级绕组）。

微课 2-2：单相变压器的工作原理

一次绕组加上交流电压 u_1 后，绕组中便有电流 i_1 通过，在铁芯中产生与 u_1 同频率的交变磁通 Φ，根据电磁感应原理，将分别在两个绕组中感应出电动势 e_1 和 e_2，表示为

$$e_1 = -N_1 \frac{\text{d}\Phi}{\text{d}t}$$

$$e_2 = -N_2 \frac{\text{d}\Phi}{\text{d}t}$$

式中，"−"号表示感应电动势总是阻碍磁通的变化。若把负载接在二次绕组上，则在电动势 e_2 的作用下，有电流 i_2 流过负载，实现了电能的传递。由上式可知，一次绕组、二次绕组感应电动势的大小（近似于各自的电压 u_1 及 u_2）与绕组匝数成正比，故只要改变一次绕组、二次绕组的匝数，就可达到改变电压的目的，这就是变压器的基本工作原理。

思考

变压器能否对直流电压进行变换？如果长期在一次绕组上通入与额定值相同的直流电压，会有什么影响？

2. 空载运行时各物理量正方向的规定

变压器一次绕组接在额定频率和额定电压的电网上，而二次绕组开路，即 $I_2 = 0$ 的工作方式称为变压器的空载运行。为了简便起见，将立体图改画成平面图，如图 2-10 所示。

微课 2-3：变压器各物理量正方向的规定

由于变压器接在交流电源上工作，因此通过变压器中的电压、电流、磁通及电动势的大小和方向均随时间在不断地变化，为了正确表示它们之间的相位关系，必须首先规定它们的参考方向。

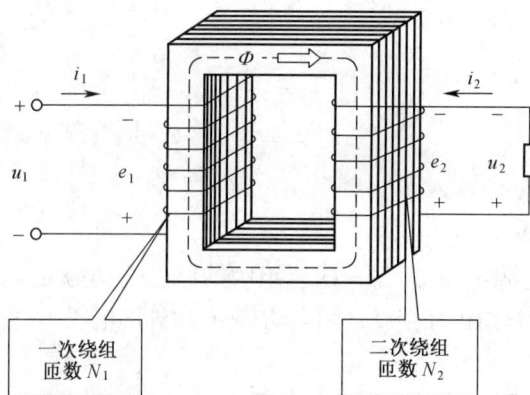

图2-9　单相变压器基本工作原理

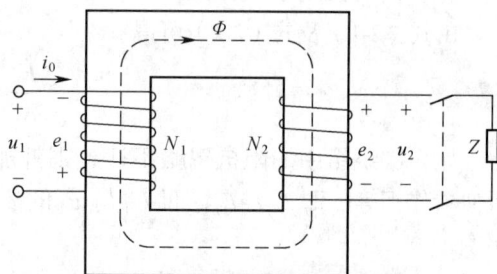

图2-10　单相变压器空载运行

　　原则上可以任意规定参考方向，但是如果规定的方法不同，则同一电磁过程所列出的方程式，其正号、负号也将不同。为了统一起见，习惯上都按照"电工惯例"来规定参考方向。

　　（1）电压的参考方向。在同一支路中，电压的参考方向与电流的参考方向一致。

　　（2）磁通的参考方向。磁通的参考方向与电流的参考方向之间符合右手螺旋定则。

　　（3）感应电动势的参考方向。由交变磁通 Φ 产生的感应电动势 e，其参考方向与产生该磁通的电流参考方向一致（即感应电动势 e 与产生它的磁通 Φ 之间符合右手螺旋定则），如图 2-11 所示。

　　按此参考方向列出的电磁感应定律方程为

$$e=-N\frac{\mathrm{d}\Phi}{\mathrm{d}t}$$

下面分析变压器空载运行时各物理量之间的关系。

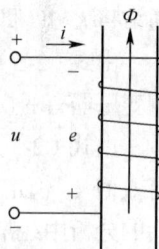

图2-11　参考方向的规定

3. 感应电动势和变比

　　空载时，在外加交流电压 u_1 的作用下，一次绕组中通过的电流称为空载电流 i_0。在电流 i_0 的作用下，铁芯中产生交变磁通 Φ（称为主磁通），主磁通 Φ 同时穿过一次绕组、二次绕组，分别在其中产生感应电动势 e_1 和 e_2，其大小正比于 $\frac{\mathrm{d}\Phi}{\mathrm{d}t}$。

　　设　　　　　　　　　　　　　　　$\Phi=\Phi_{\mathrm{m}}\sin\omega t$

则

$$e=-N\frac{\mathrm{d}\Phi}{\mathrm{d}t}=-N\frac{\mathrm{d}}{\mathrm{d}t}(\Phi_{\mathrm{m}}\sin\omega t)=-\omega N\Phi_{\mathrm{m}}\cos\omega t=2\pi fN\Phi_{\mathrm{m}}\sin(\omega t-90°)=E_{\mathrm{m}}\sin(\omega t-90°)$$

可见在相位上，e 滞后于 Φ 90°；在数值上，其有效值为

$$E=\frac{E_{\mathrm{m}}}{\sqrt{2}}=\frac{2\pi fN\Phi_{\mathrm{m}}}{\sqrt{2}}\approx 4.44fN\Phi_{\mathrm{m}}$$

由此可得

$$E_1=4.44fN_1\Phi_{\mathrm{m}} \tag{2-1}$$

$$E_2=4.44fN_2\Phi_{\mathrm{m}} \tag{2-2}$$

式中　Φ_{m}——交变磁通的最大值；

N_1—— 一次绕组匝数；

N_2——二次绕组匝数；

f——交流电的频率。

由式（2-1）及式（2-2）可得

$$\frac{E_1}{E_2} = \frac{N_1}{N_2}$$

如一次绕组中的阻抗忽略不计，则外加电源电压 U_1 与一次绕组中的感应电动势 E_1 可近似看作相等，即 $U_1 \approx E_1$，而 U_1 与 E_1 的参考方向正好相反，即电动势 E_1 与外加电压 U_1 相平衡。

在空载情况下，由于二次绕组开路，故端电压 U_2 与电动势正好相等，即 $U_2 = E_2$。

因此

$$U_1 \approx E_1 = 4.44 f N_1 \Phi_{\mathrm{m}} \tag{2-3}$$

$$U_2 = E_2 = 4.44 f N_2 \Phi_{\mathrm{m}} \tag{2-4}$$

$$\frac{U_1}{U_2} \approx \frac{E_1}{E_2} = \frac{N_1}{N_2} = K_{\mathrm{u}} = K \tag{2-5}$$

式中，K_{u} 称为变压器的变压比，简称变比，也可用 K 来表示，这是变压器中最重要的参数之一。通常将 $K>1$（即 $U_1>U_2$，$N_1>N_2$）的变压器称为降压变压器，$K<1$ 的变压器称为升压变压器。

由式（2-5）可见：变压器一次绕组、二次绕组的电压与一次绕组、二次绕组的匝数成正比，即变压器有变换电压的作用。

由式（2-3）可见：对某台变压器而言，f 及 N_1 均为常数，因此当加在变压器上的交流电压有效值 U_1 恒定时，变压器铁芯中的磁通 Φ_{m} 基本上保持不变。这个恒磁通的概念很重要，在以后的分析中经常会用到。

4. 空载电流和空载损耗

变压器空载运行时，空载电流 I_0 一方面用来产生主磁通，另一方面用来补偿变压器空载时的损耗。为此，将 I_0 分解成两部分，一部分为无功分量 I_{q}，用来建立磁场，起励磁作用，与主磁通同相位；另一部分为有功分量 I_{d}，用来供给变压器铁损耗，相位超前主磁通 $90°$，即

$$\dot{I}_0 = \dot{I}_{\mathrm{q}} + \dot{I}_{\mathrm{d}}$$

空载电流一般只占额定电流的 2% ~ 10%，而 $I_{\mathrm{d}}<10\%I_0$，因此 $I_0 \approx I_{\mathrm{q}}$，所以空载电流 I_0 主要用来建立主磁通，故近似称为励磁电流。变压器空载时没有输出功率，它从电源获取的全部功率都消耗在其内部，称为空载损耗。空载损耗 P_0 绝大部分是铁损耗，即磁滞损耗与涡流损耗，只有极少部分是一次绕组电阻上的铜损耗 $I_0^2 R$，它只占空载损耗的 2%，故可认为变压器的空载损耗就是变压器的铁损耗。

5. 空载运行时的相量图

单相变压器电路原理如图 2-12 所示，其中一次绕组的两个接线端用 U_1、U_2 表示，二次绕组的两个接线端用 u_1、u_2 表示。

在不计一次绕组的阻抗及变压器中的损耗时，空载电流 $\dot{I}_0$ 只用来产生磁通 $\dot{\Phi}_{\mathrm{m}}$，一次绕组电路为纯电感电路，空载电流 $\dot{I}_0$ 滞后于电压 $\dot{U}_1$ $90°$，又由于感应电动势 $\dot{E}_1$ 滞后于电压 $\dot{U}_1$ $180°$，故 $\dot{E}_1$ 滞后于电流 $\dot{I}_0$ $90°$。另外，由前面分析知道 $\dot{E}_1$ 也滞后于 $\dot{\Phi}_{\mathrm{m}}$ $90°$，故 $\dot{I}_0$ 与 $\dot{\Phi}_{\mathrm{m}}$ 同相位，由此可以做出理想变压器（不计损耗的变压器）空载运行时的相量图，如图 2-13 所示。

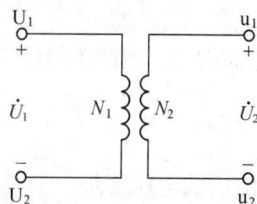

图2-12 单相变压器电路原理

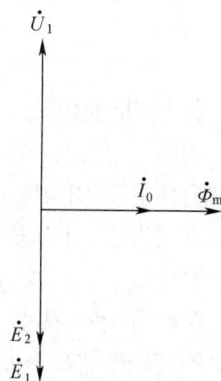

图2-13 理想变压器空载运行相量图

【例 2-2】 如图 2-12 所示，低压照明变压器一次绕组匝数 $N_1=660$ 匝，一次绕组电压 $U_1=220V$，现要求二次绕组输出电压 $U_2=36V$，求二次绕组匝数 N_2 及变比 K。

解：由式（2-5）得

$$N_2 = \frac{U_2}{U_1}N_1 = \frac{36}{220} \times 660 = 108(\text{匝})$$

$$K = \frac{U_1}{U_2} = \frac{220}{36} \approx 6.1$$

2.3.2 单相变压器的负载运行

1. 磁动势平衡方程及变流比

变压器一次绕组接额定电压，二次绕组与负载相连的运行状态称为变压器的负载运行，如图 2-14 所示。此时二次绕组中有电流 I_2 通过，由于该电流是依据电磁感应原理由一次绕组感应而产生的，因此一次绕组中的电流也由空载电流 I_0 变为负载电流 I_1。下面分析一次绕组、二次绕组中电流的关系。

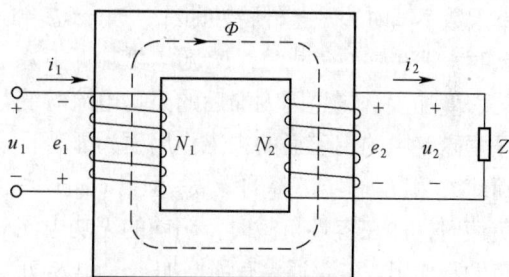

二次绕组中的电流 I_2 所产生的磁动势 N_2I_2 将在铁芯中产生磁通 Φ_2，它力图改变铁芯中的主磁通 Φ_m。但由前面分析的恒磁通的概念可

图2-14 单相变压器负载运行

知，由于加在一次绕组上的电压有效值 U_1 不变，因此主磁通 Φ_m 基本不变，故随着 I_2 的出现，一次绕组中通过的电流将从 I_0 增加到 I_1，一次绕组的磁动势也将由 N_1I_0 增加到 N_1I_1，它所增加的部分正好与二次绕组的磁动势 N_2I_2 相抵消，从而维持铁芯中的主磁通 Φ_m 的大小不变。由此可得变压器负载运行时的磁动势平衡方程式为

$$N_1\dot{I}_1 + N_2\dot{I}_2 = N_1\dot{I}_0$$

由于变压器的空载电流 $\dot{I}_0$ 很小，特别是在变压器接近满载时，$N_1\dot{I}_0$ 相对于 $N_1\dot{I}_1$ 或 $N_2\dot{I}_2$ 而言基本上可以忽略不计，于是可得变压器一次绕组、二次绕组磁动势的有效值关系为

$$N_1I_1 \approx N_2I_2$$

$$\frac{I_1}{I_2} \approx \frac{N_2}{N_1} = \frac{1}{K} = K_1 \tag{2-6}$$

式中　K_1——变压器的变流比。

式（2-6）表明，变压器一次绕组、二次绕组中的电流与一次绕组、二次绕组的匝数成反比，即变压器也有变换电流的作用，且电流的大小与匝数成反比。

由式（2-6）可得出：变压器的高压绕组匝数多，通过的电流就小，因此绕组所用的导线细；反之，低压绕组匝数少，通过的电流大，所用的导线较粗。

2. 变压器的外特性及电压变化率

配电站中的变压器将高压（10 000V）变为用户电气设备使用的电压等级，一般其变压器二次侧的额定电压为 400V，而我们知道，低压动力负荷的三相额定电压一般为 380V，照明的单相电压为 220V，为什么变压器二次侧的额定电压不是 380V 呢？

要正确、合理地使用变压器，必须了解变压器在运行时的主要特性及性能指标。变压器在运行时的主要特性有外特性与效率特性，而表征变压器运行性能的主要指标则有电压变化率和效率。下面分别加以讨论。

变压器空载运行时，若一次绕组电压 U_1 不变，则二次绕组电压 U_2 也是不变的。变压器加上负载之后，随着负载电流 I_2 的增加，I_2 在二次绕组内部的阻抗压降也会增加，使二次绕组输出的电压 U_2 随之发生变化。另外，由于一次绕组电流 I_1 随 U_2 增加，因此 I_2 增加时，使一次绕组漏阻抗上的压降也增加，一次绕组电动势 E_1 和二次绕组电动势 E_2 也会有所下降，这也会影响二次绕组的输出电压 U_2。变压器的外特性用来描述输出电压 U_2 随负载电流 I_2 的变化而变化的情况。

当一次绕组电压 U_1 和负载的功率因数 $\cos\varphi_2$ 一定时，二次绕组电压 U_2 与负载电流 I_2 的关系，称为变压器的外特性，它可以通过试验求得。变压器外特性如图 2-15 所示，图中给出了功率因数不同时的几条外特性曲线，当 $\cos\varphi_2=1$ 时，U_2 随 I_2 的增加而下降得并不多；当 $\cos\varphi_2$ 降低时，即在感性负载时，U_2 随 I_2 增加而下降的程度加大，这是因为滞后的无功电流对变压器磁路中的主磁通的去磁作用更为显著，而使 E_1 和 E_2 有所下降的缘故；但当 $\cos\varphi_2$ 为负值时，即在容性负载时，超前的无功电流有助磁作用，主磁通会有所增加，E_1 和 E_2 亦相应加大，使得 U_2 随 I_2 的增加而提高。以上叙述表明，负载的功率因数对变压器外特性的影响是很大的。

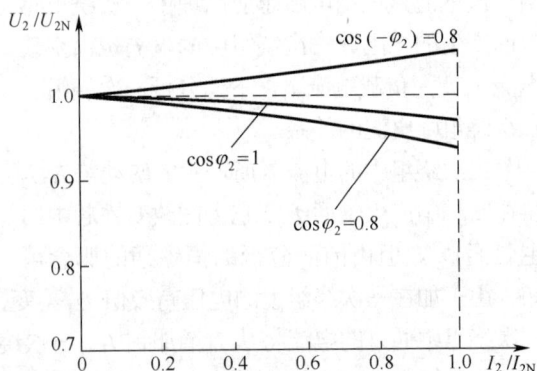
图2-15　变压器外特性

在图 2-15 中，纵坐标用 U_2/U_{2N} 表示，而横坐标用 I_2/I_{2N} 表示，这使得在坐标轴上的数值都在 0～1，或稍大于 1，这样做是为了便于不同容量和不同电压的变压器相互比较。

一般情况下，变压器的负载大多数是感性负载，因而当负载增加时，输出电压 U_2 总是下降的，其下降的程度常用电压变化率来描述。当变压器从空载到额定负载（$I_2=I_{2N}$）运行时，二次绕组输出电压的变化值 ΔU 与空载电压（额定电压）U_{2N} 之比的百分值就称为变压器的电压变化率，用 $\Delta U\%$ 来表示，公式为

$$\Delta U\% = \frac{U_{2N} - U_2}{U_{2N}} \times 100\% \qquad (2\text{-}7)$$

式中　U_{2N}——变压器空载时二次绕组的电压（称为额定电压）；

　　　U_2——二次绕组输出额定电流时的电压。

电压变化率反映了供电电压的稳定性，是变压器的一个重要性能指标。$\Delta U\%$越小，说明变压器二次绕组输出的电压越稳定，因此要求变压器的$\Delta U\%$越小越好。常用的电力变压器从空载到满载，电压变化率为3%～5%。

【例2-3】　某台供电电力变压器将$U_{1N}=10\,000V$的高压降压后对负载供电，要求该变压器在额定负载下的输出电压为$U_2=380V$，该变压器的电压变化率$\Delta U\%=5\%$，求该变压器二次绕组的额定电压U_{2N}及变比K。

解：由式（2-7）得

$$\Delta U\% = \frac{U_{2N} - 380}{U_{2N}} \times 100\% = 5\%$$

则　　　　　　　　　　　　　　　$U_{2N} = 400V$

$$K = U_{1N}/U_{2N} = 10\,000/400 = 25$$

这样，就能理解为什么给电力变压器铭牌中的额定线电压为380V的负载供电时，变压器二次绕组的额定电压不是380V，而是400V。

3. 变压器的损耗及效率

变压器从电源输入的有功功率P_1和向负载输出的有功功率P_2可分别用下式计算

$$P_1 = U_1 I_1 \cos\varphi_1$$

$$P_2 = U_2 I_2 \cos\varphi_2$$

两者之差为变压器的损耗ΔP，它包括铜损耗P_{Cu}和铁损耗P_{Fe}两部分，即

$$\Delta P = P_{Cu} + P_{Fe}$$

（1）铁损耗P_{Fe}。变压器的铁损耗包括基本铁损耗和附加铁损耗两部分。基本铁损耗包括铁芯中的磁滞损耗和涡流损耗，它取决于铁芯中的磁感应强度的大小、磁通交变的频率、硅钢片的质量等。附加损耗则包括铁芯叠片间因绝缘损伤而产生的局部涡流损耗、主磁通在变压器铁芯以外的结构部件中引起的涡流损耗等，附加铁损耗为基本铁损耗的15%～20%。

变压器的铁损耗与一次绕组上所加的电源电压大小有关，而与负载电流的大小无关。当电源电压一定时，铁芯中的磁通基本不变，故铁损耗也就基本不变，因此铁损耗又称为不变损耗。

（2）铜损耗P_{Cu}。变压器的铜损耗也分为基本铜损耗和附加铜损耗两部分。基本铜损耗是由电流在一次绕组、二次绕组电阻上产生的损耗，附加铜损耗是指由漏磁通产生的集肤效应使电流在导体内分布不均匀而产生的额外损耗。附加铜损耗占基本铜损耗的3%～20%。因为在变压器中铜损耗与负载电流的二次方成正比，所以铜损耗又称为可变损耗。

（3）效率。变压器的输出功率P_2与输入功率P_1之比称为变压器的效率η，即

$$\eta = \frac{P_2}{P_1} \times 100\% = \frac{P_2}{P_2 + \Delta P} \times 100\% = \frac{P_2}{P_2 + P_{Cu} + P_{Fe}} \times 100\% \qquad (2\text{-}8)$$

由于变压器没有旋转的部件，不像电机那样有机械损耗存在，因此变压器的效率一般都比较高，中小型电力变压器的效率在95%以上，大型电力变压器的效率可达99%以上。

【例2-4】 S9-500/10 低损耗三相电力变压器额定容量为 500kV·A，设功率因数为 1，二次绕组的电压 U_{2N}=400V，铁损耗 P_{Fe}=0.98kW，额定负载时铜损耗 P_{Cu}=4.1kW，求二次侧额定电流 I_{2N} 及变压器效率 η。

解：
$$I_{2N} = \frac{S_N}{\sqrt{3} U_{2N}} = \frac{500 \times 1\,000}{\sqrt{3} \times 400} \approx 722(A)$$

$$P_2 = S_N \cos\varphi = 500kW$$

$$\eta = \frac{P_2}{P_1} \times 100\% = \frac{P_2}{P_2 + \Delta P} \times 100\% = \frac{P_2}{P_2 + P_{Cu} + P_{Fe}} \times 100\% = \frac{500}{500 + 0.98 + 4.1} \times 100\% \approx 99\%$$

降低变压器本身的损耗，提高其效率是供电系统中一个极为重要的课题，世界各国都在大力研究高效节能变压器。主要途径一是采用低损耗的冷轧硅钢片来制作铁芯，如容量相同的两台电力变压器，用热轧硅钢片制作铁芯的 SJ1-1000/10 变压器的铁损耗约为 4 440W，用冷轧硅钢片制作铁芯的 S7-1000/10 变压器的铁损耗仅为 1 700W。后者比前者每小时可减少 2.7kW·h的损耗，仅此一项每年可节电 23 652kW·h。这就是为什么我国要强制推行使用低损耗变压器。二是减小铜损耗，如果能用超导材料来制作变压器绕组，则可使其电阻为零，铜损耗也就不存在了。世界上许多国家正在致力于该项研究，目前已有 330kV 单相超导变压器问世，其体积比普通变压器要小 70% 左右，损耗可降低 50%。

（4）效率特性。变压器在不同的负载电流 I_2 时，输出功率 P_2 及铜损耗 P_{Cu} 都在变化，因此变压器的效率 η 也随负载电流 I_2 的变化而变化，其变化规律通常用变压器的效率特性曲线来表示，如图 2-16 所示，图中 $\beta = \dfrac{I_2}{I_{2N}}$ 称为负载系数。

通过数学分析可知：当变压器的不变损耗等于可变损耗时，变压器的效率最高，通常变压器效率最高时的负载系数为 $\beta = 0.5 \sim 0.6$。

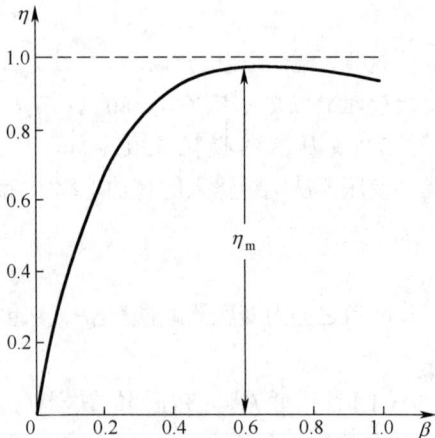

图2-16　变压器效率特性曲线

2.3.3 变压器的阻抗变换作用

变压器不但具有电压变换和电流变换的作用，还具有阻抗变换的作用。如图 2-17 所示，当变压器二次绕组接上阻抗为 Z 的负载后，可得

$$Z = \frac{U_2}{I_2} = \frac{\dfrac{N_2}{N_1} U_1}{\dfrac{N_1}{N_2} I_1} = \left(\frac{N_2}{N_1}\right)^2 \frac{U_1}{I_1} = \frac{1}{K^2} Z'$$

$Z' = \dfrac{U_1}{I_1}$ 相当于直接接在一次绕组上的等效阻抗，故

$$Z' = K^2 Z \qquad\qquad (2-9)$$

可见接在变压器二次绕组上的负载 Z 与不经过变

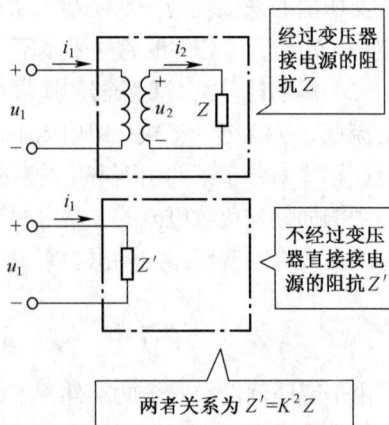

图2-17　变压器的阻抗变换

压器直接接在电源上的负载 Z' 相比，减小到 $1/K^2$。换句话说也就是负载阻抗通过变压器接电源时，相当于阻抗增加到 K^2 倍。

在电子电路中，为了获得较大的功率输出，往往对输出电路的输出阻抗与所接的负载阻抗之间有一定的要求。例如，对于音响设备，为了能在扬声器中获得最好的音响效果（获得最大的功率输出），要求音响设备输出的阻抗与扬声器的阻抗尽量相等。但实际上，扬声器的阻抗往往只有几欧到十几欧，而音响设备等信号的输出阻抗恰恰很大，在几百欧甚至几千欧以上，为此通常在两者之间加接一个变压器（称为输出变压器、线间变压器）来达到阻抗匹配的目的。

【例 2-5】 某晶体管收音机输出电路的输出阻抗为 $Z'=392\Omega$，接入的扬声器阻抗为 $Z=8\Omega$，现加接一个输出变压器使两者实现阻抗匹配，求该变压器的变比 K；若该变压器一次绕组匝数 $N_1=560$ 匝，问二次绕组匝数 N_2 为多少？

解：由式（2-9）得

$$K = \sqrt{\frac{Z'}{Z}} = \sqrt{\frac{392}{8}} = 7$$

$$N_2 = \frac{N_1}{K} = \frac{560}{7} = 80(匝)$$

2.4 三相变压器

2.4.1 三相变压器磁路结构

现代的电力系统都采用三相制供电，因而广泛采用三相变压器来实现电压的转换。三相变压器可以由 3 台同容量的单相变压器组成，再按需要将一次绕组及二次绕组分别接成星形或三角形。图 2-18 所示为一次绕组、二次绕组均用星形连接的三相变压器组。三相变压器的另一种结构形式是把 3 个单相变压器合成一个三铁芯柱的结构形式，称为三相心式变压器，如图 2-19（a）所示。由于三相绕组接入对称的三相交流电源时，三相绕组中产生的主磁通也是对称的，故三相磁通之和等于零，即中间铁芯柱的磁通为零，因此中间铁芯柱可以省略，成为图 2-19（b）所示的形式。在实践中为了简化变压器铁芯的剪裁及叠装工艺，均采用将 U、V、W 3 个铁芯柱置于同一个平面上的结构形式，如图 2-19（c）所示。

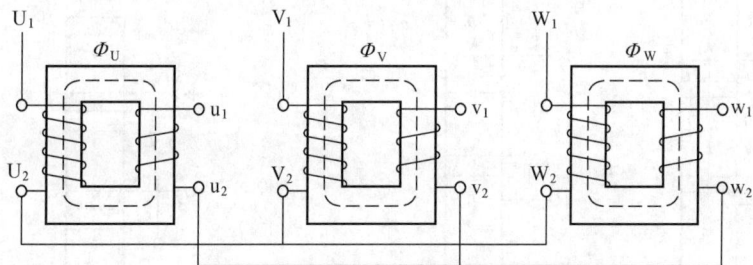

图2-18 三相变压器组

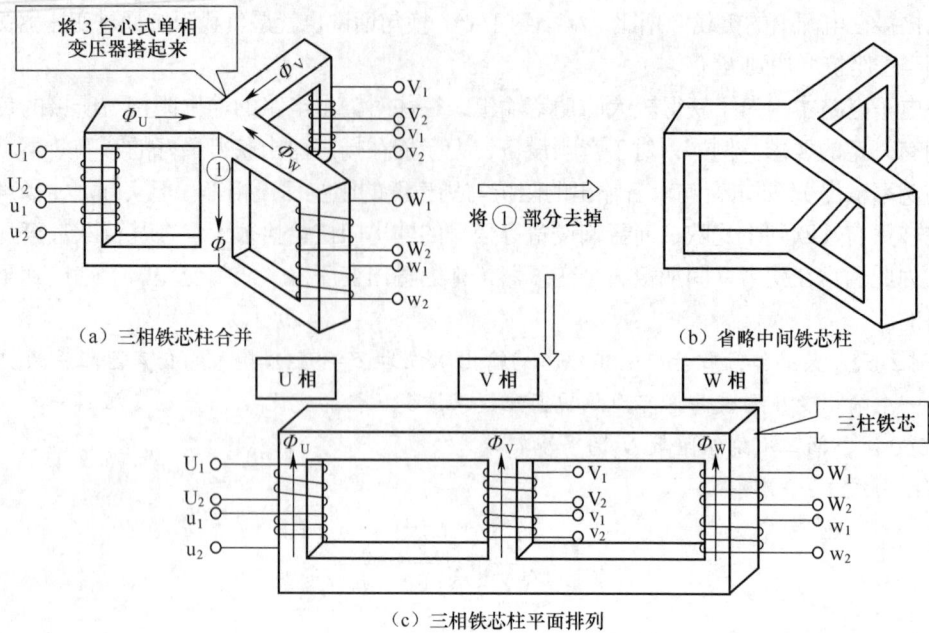

图2-19　三相心式变压器

2.4.2　三相变压器的极性与连接组

1．变压器的极性

因为变压器的一次绕组、二次绕组绕在同一个铁芯上，都被磁通 ϕ 交链，故当磁通交变时，在两个绕组中感应出的电动势有一定的方向关系，即当一次绕组的某一端点瞬时电位为正时，二次绕组也必有一个电位为正的对应端点。这两个对应的端点，称为同极性端或同名端，通常用符号"·"表示。

在使用变压器或其他磁耦合线圈时，经常会遇到两个线圈极性的正确连接问题，如某变压器的一次绕组由两个匝数相等、绕向一致的绕组组成，如图 2-20（a）所示的绕组 1—2 和 3—4。如每个绕组的额定电压为 110V，则当电源电压为 220V 时，应把两个绕组串联起来使用，接法如图2-20（b）所示；如电源电压为 110V，则应将它们并联起来使用，接法如图2-20（c）所示。当接法正确时，两个绕组产生的磁通方向相同，它们在铁芯中互相叠加。如果接法错误，如图 2-21 所示，则两个绕组产生的磁通方向相反，它们在铁芯中互相抵消，使铁芯中的合成磁通为零，在每个绕组中也就没有感应电动势产生，相当于短路状态，会把变压器烧毁。因此，同名端的判定是相当重要的。

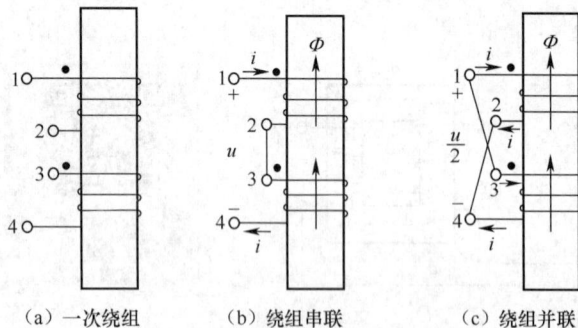

图2-20　变压器绕组的正确连接　　　　　　图2-21　变压器绕组的错误连接

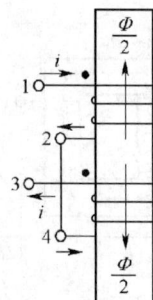

2. 变压器极性的判定

（1）对两个绕向已知的绕组。当电流从两个同极性端流入（或流出）时，铁芯中产生的磁通方向是一致的。如图 2-20 所示，1 端和 3 端为同名端，电流从这两个端点流入时，它们在铁芯中产生的磁通方向相同。同样可判断图 2-22 中的两个绕组，1 端和 4 端为同名端。理解同名端的概念以后，就不难理解为什么在图 2-9 及图 2-14 中一次绕组的绕向及电压电流方向均一样，而二次绕组中的电压和电流方向在两个图中却正好相反。

（2）对一台已经制成的变压器，无法从外部观察其绕组的绕向，因此无法辨认其同名端，此时可用试验的方法测定，测定的方法有交流法和直流法两种。

① 交流法。如图 2-23 所示，将一次绕组、二次绕组各取一个接线端连接在一起，如图中的 2 和 4，并在一个绕组上（图中为 N_1 绕组）加一个较低的交流电压 U_{12}，再用交流电压表分别测量 U_{12}、U_{13}、U_{34} 各值，如果测量结果为 $U_{13}=U_{12}-U_{34}$，则说明 N_1、N_2 绕组为同极性串联，故 1 和 3 为同名端。如果 $U_{13}=U_{12}+U_{34}$，则 1 和 4 为同名端。

② 直流法。用 1.5V 或 3V 的直流电源，按图 2-24 所示方法连接，直流电源接在高压绕组上，而直流毫伏表接在低压绕组两端。在开关 S 合上的一瞬间，如毫伏表指针向正方向摆动，则接直流电源正极的端子与接直流毫伏表正极的端子为同名端。

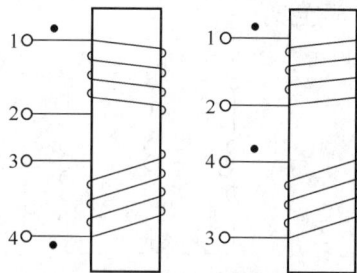

图2-22　同名端的判定

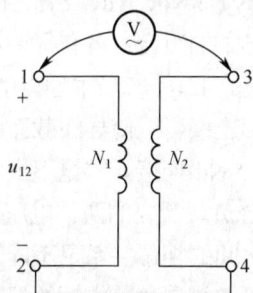

图2-23　交流法测定同名端

图2-24　直流法测定同名端

3. 三相变压器的连接组

（1）三相变压器绕组的连接方法。三相电力变压器高、低压绕组的出线端都分别予以标记，以供正确连接及使用变压器，绕组的首端和末端的标记如表 2-1 所示。

表 2-1　绕组的首端和末端的标记

绕组名称	单相变压器		三相变压器		中性点
	首端	末端	首端	末端	
高压绕组	U_1	U_2	U_1、V_1、W_1	U_2、V_2、W_2	N
低压绕组	u_1	u_1	u_1、v_1、w_1	u_2、v_2、w_2	n
中压绕组	U_{1m}	U_{2m}	U_{1m}、V_{1m}、W_{1m}	U_{2m}、V_{2m}、W_{2m}	N_m

在三相电力变压器中，不论是高压绕组，还是低压绕组，我国均采用星形连接及三角形连接两种方法。

星形连接是把三相绕组的末端 U_2、V_2、W_2（或 u_2、v_2、w_2）连接在一起，而把它们的首端 U_1、V_1、W_1（或 u_1、v_1、w_1）分别用导线引出，如图 2-25（a）所示。

三角形连接是把一相绕组的末端和另一相绕组的首端连接在一起，顺次连接成一个闭合回路，然后从首端 U_1、V_1、W_1（或 u_1、v_1、w_1）用导线引出，如图 2-25（b）及图 2-25（c）所示。其中图 2-25（b）的三相绕组按 U_2W_1、W_2V_1、V_2U_1 的次序连接，称为逆序（逆时针）三角形连接。而图 2-25（c）的三相绕组按 U_2V_1、V_2W_1、W_2U_1 的次序连接，称为顺序（顺时针）三角形连接。

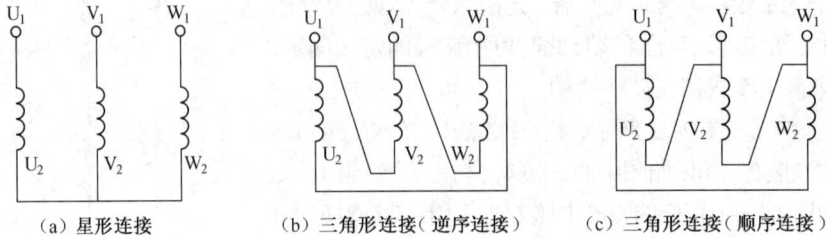

| （a）星形连接 | （b）三角形连接（逆序连接） | （c）三角形连接（顺序连接） |

图2-25　三相绕组连接方法

三相变压器高、低压绕组用星形连接和三角形连接时，在旧的国家标准中分别用 Y 和 △ 表示。新的国家标准规定：高压绕组星形连接用 Y 表示，三角形连接用 D 表示，中性线用 N 表示。低压绕组星形连接用 y 表示，三角形连接用 d 表示，中性线用 n 表示。

三相变压器一次绕组、二次绕组不同接法的组合形式有 Yy、YNd、Yd、Yyn、Dy、Dd 等，其中最常用的组合形式有 3 种，即 Yyn、YNd 和 Yd。不同形式的组合，各有优缺点。对于高压绕组来说，接成星形最为有利，因为它的相电压只有线电压的 $1/\sqrt{3}$，当中性点引出接地时，绕组对地的绝缘要求降低了。大电流的低压绕组，采用三角形连接可以使导线截面比星形连接时小 $1/\sqrt{3}$，便于绕制，所以大容量的变压器通常采用 Yd 或 YNd 连接。容量不太大而且需要中性线的变压器，广泛采用 Yyn 连接，以适应照明与动力混合负载需要的两种电压。

在上述各种接法中，一次绕组线电压与二次绕组线电压之间的相位关系是不同的，这就是所谓三相变压器的连接组别。三相变压器连接组别不仅与绕组的绕向和首末端的标记有关，而且与三相绕组的连接方式有关。理论与实践证明，无论怎样连接，一次绕组、二次绕组线电动势的相位差总是 30° 的整数倍。因此，国际上规定，标志三相变压器一次绕组、二次绕组线电动势的相位关系用时钟表示法，即规定一次绕组线电动势 $\dot{E}_{UV}$ 为长针，永远指向钟面上的 "12"，二次绕组线电动势 $\dot{E}_{uv}$ 为短针，它指向钟面上的哪个数字，该数字就为该三相变压器连接组别的标号。下面就 Yy 连接和 Yd 连接的变压器分别加以分析。

（2）Yy 连接组。如图 2-26（a）所示，变压器一次绕组、二次绕组都采用星形连接，而且首端为同名端，故一次绕组、二次绕组相互对应的相电动势之间相位相同，因此对应的线电动势之间的相位也相同，如图 2-26（b）所示。当一次绕组线电动势 $\dot{E}_{UV}$（长针）指向时钟的 "12" 时，二次绕组线电动势 $\dot{E}_{uv}$（短针）也指向 "12"，这种连接方式称为 Yy0 连接组，如图 2-26（c）所示。

若在图 2-26 所示的连接绕组中，变压器一次绕组、二次绕组的首端不是同名端，而是异名端，则一次绕组、二次绕组相互对应的电动势相量均反向，$\dot{E}_{UV}$ 将指向时钟的 "6"，成为 Yy6 连接组，如图 2-27 所示。

（a）接线图　　　　　　（b）相量图　　　　　　（c）时钟表示法

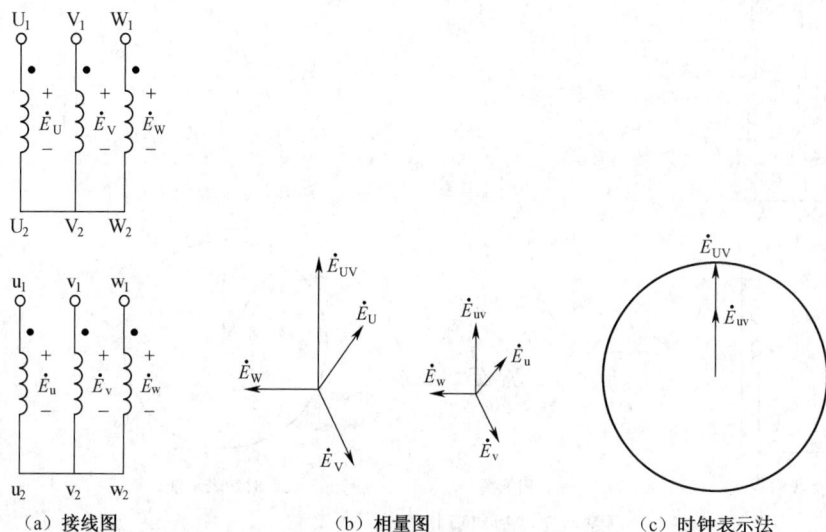

图2-26　Yy0连接组

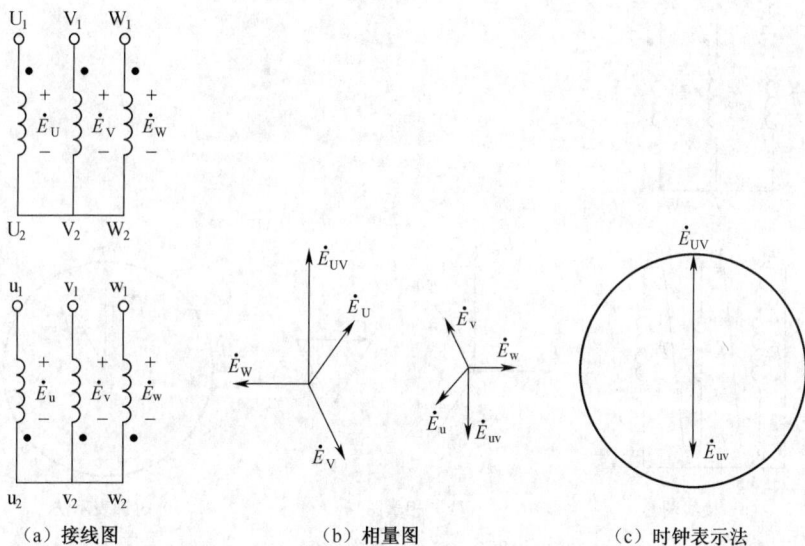

（a）接线图　　　　　　（b）相量图　　　　　　（c）时钟表示法

图2-27　Yy6连接组

（3）Yd 连接组。如图 2-28 所示，变压器一次绕组用星形连接，二次绕组用三角形连接，且二次绕组 u 相的首端 u_1 与 v 相的末端 v_2 相连，即如图 2-28（a）所示的逆序连接，如一次绕组、二次绕组的首端为同名端，则对应的相量图如图 2-28（b）所示。其中 $\dot{E}_{uv} = -\dot{E}_v$，它超前 $\dot{E}_{UV}$ 30°，指向时钟"11"，故为 Yd11 连接组，如图 2-28（c）所示。

在图 2-29 中，变压器一次绕组仍用星形连接，二次绕组仍为三角形连接，但二次绕组 u 相的首端 u_1 与 w 相末端 w_2 相连，即按图 2-29（a）所示的顺序连接，且一次绕组、二次绕组的首端为同名端，则对应的相量图如图 2-29（b）所示。其中 $\dot{E}_{uv}$ 就是 $\dot{E}_u$，它滞后 $\dot{E}_{UV}$ 30°，指向时钟"1"，故为 Yd1 连接组，如图 2-29（c）所示。

三相电力变压器的连接组别还有许多种，但实际上为了便于制造及运行，国家标准规定了三相电力变压器只采用 5 种标准连接组，即 Yyn0、YNd11、YNy0、Yy0 和 Yd11。

（a）接线图　　　　　　　（b）相量图　　　　　　　（c）时钟表示法

图2-28　Yd11连接组

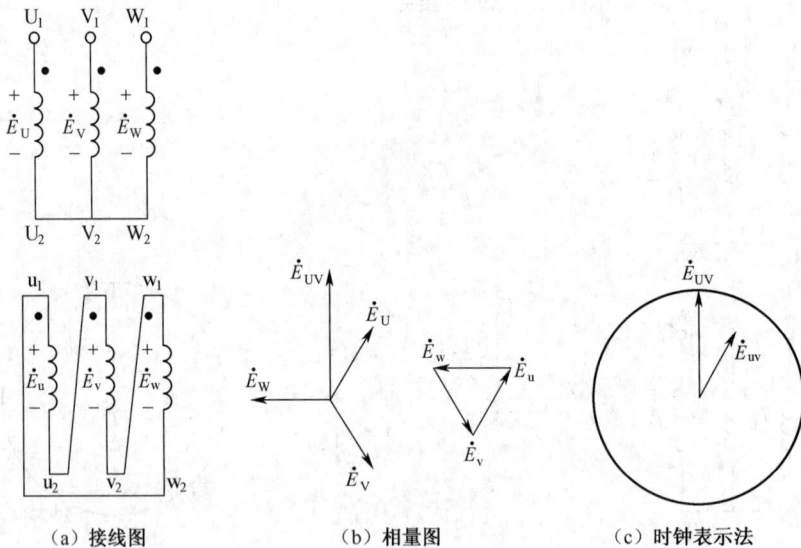

（a）接线图　　　　　　　（b）相量图　　　　　　　（c）时钟表示法

图2-29　Yd1连接组

在上述 5 种连接组中，Yyn0 连接组是经常用到的，它用于容量不大的三相配电变压器，低压侧电压为 40～230V，用以供给动力和照明的混合负载。一般这种变压器的最大容量为 1 800kV·A，高压侧的额定电压不超过 35kV。此外，Yy0 连接组不能用于三相变压器组，只能用于三铁芯的三相变压器。

2.4.3　三相变压器并联运行

三相变压器的并联运行是指几台三相变压器的高压绕组及低压绕组分别连接到高压电源及低压电源母线上，共同向负载供电的运行方式。

在变电站中，总的负载经常由两台或多台三相电力变压器并联供电，原因如下。

（1）变电站所供的负载一般总是在若干年内不断发展、不断增加的，随着负载的不断增加，可以相应地增加变压器的台数，这样做可以减少建站、安装时的一次投资。

（2）当变电站所供的负载有较大的昼夜或季节波动时，可以根据负载的变动情况，随时调整投入并联运行的变压器台数，以提高变压器的运行效率。

（3）当某台变压器需要检修（或故障）时，可以切换下来，用备用变压器投入并联运行，以提高供电的可靠性。

为了使变压器能正常地投入并联运行，各并联运行的变压器必须满足以下条件。

（1）一次绕组、二次绕组电压应相等，即变比应相等。

（2）连接组别必须相同。

（3）短路阻抗（即短路电压）应相等。

实际并联运行的变压器，其变比不可能绝对相等，其短路电压也不可能绝对相等，允许有极小的差别，但变压器的连接组别必须相同。下面分别说明这些条件。

1. 变比不等时变压器的并联运行

设两台同容量的变压器 T_1 和 T_2 并联运行，如图 2-30（a）所示，其变比有微小的差别。一次绕组接在同一电源电压 U_1 下，二次绕组并联后，也应有相同的 U_2，但由于变比不同，两个二次绕组之间的电动势有差别，设 $E_1 > E_2$，则电动势差值 $\Delta \dot{E} = \dot{E}_1 - \dot{E}_2$ 会在两个二次绕组之间形成环流 $\dot{I}_c$，如图 2-30（b）所示，这个电流称为平衡电流，其值与两台变压器的短路阻抗 Z_{S1} 和 Z_{K2} 有关，即 $\dot{I}_c = \dfrac{\Delta E}{Z_{K1} + Z_{K2}}$。

变压器的短路阻抗不大，故在不大的 ΔE 下也会有很大的平衡电流。变压器空载运行时，平衡电流流过绕组，会增大空载损耗，平衡电流越大，损耗会越多。当变压器负载时，二次侧电动势高的那一台电流增大，另一台则减少，可能使前者超过额定电流而过载，后者则小于额定电流值。所以，有关变压器的标准中规定，并联运行的变压器，其变比误差不允许超过±0.5%。

2. 连接组别不同时变压器的并联运行

如果两台变压器的变比和短路阻抗均相等，但是连接组别不同，则并联运行的后果十分严重。因为连接组别不同时，两台变压器二次绕组电压的相位差就不同，它们线电压的相位差至少为 30°，因此会产生很大的电压差 $\Delta \dot{U}_2$。图 2-31 所示为 Yy0 和 Yd11 两台变压器并联，二次绕组线电压之间的电压差 $\Delta \dot{U}_2$ 为

$$\Delta \dot{U}_2 = 2 \dot{U}_{2N} \sin \frac{30°}{2} = 0.518 \dot{U}_{2N} \tag{2-10}$$

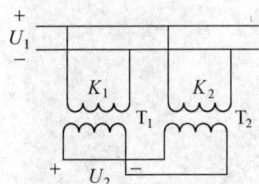 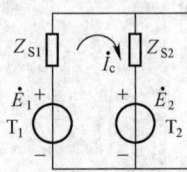 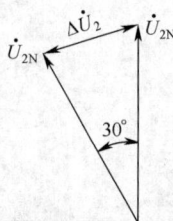

（a）接线图 　　　　（b）电路图

图2-30 变比不等时变压器的并联运行 　　　图2-31 两台变压器并联运行的电压差

这样大的电压差将在两台并联变压器二次绕组中产生比额定电流大得多的空载环流，导致变压器损坏，故连接组别不同的变压器绝对不允许并联运行。

3. 短路阻抗（短路电压）不等时变压器的并联运行

设两台容量相同、变比相等、连接组别也相同的三相变压器并联运行，现在来分析它们的

负载如何均衡分配。设负载为对称负载，则可取其一相来分析。

如果这两台变压器的短路阻抗也相等，则流过两台变压器中的负载电流也相等，即负载均匀分布，这是理想情况。如果短路阻抗不等，设 $Z_{K1}I_1 > Z_{K2}I_2$，则由于两台变压器一次绕组接在同一电源上，变比及连接组别又相同，故二次绕组的感应电动势及输出电压均应相等，但由于 Z_K 不等，参考图 2-30（b），由欧姆定律可得 $Z_{K1}I_1 = Z_{K2}I_2$，其中 I_1 为流过变压器 T_1 绕组的电流（负载电流），I_2 为流过变压器 T_2 绕组的电流（负载电流）。由此公式可见，并联运行时，负载电流的分配与各台变压器的短路阻抗成反比，短路阻抗小的变压器输出的电流大，短路阻抗大的输出电流小，则其容量得不到充分利用。因此，国家标准规定：并联运行的变压器的短路电压比不应超过10%。

变压器的并联运行，还存在负载分配的问题。两台同容量的变压器并联，由于短路阻抗的差别很小，可以做到接近均匀地分配负载。当容量差别较大时，合理分配负载是困难的，特别是担心小容量的变压器过载，而使大容量的变压器得不到充分利用。为此，要求投入并联运行的各变压器中，最大容量与最小容量之比不宜超过3:1。

🎓 科学严谨、精益求精

世界最大容量的白鹤滩电站首台500kV主变压器高压试验顺利通过。

2021年1月14日凌晨，白鹤滩右岸电站15号500kV主变压器顺利通过安装完成后的高压电气试验，各项试验数据结果均优于国家标准，达到三峡集团精品标准，这也是白鹤滩电站首台500kV主变压器。

主变压器是电能转换的核心设备，白鹤滩右岸电站25台500kV单相主变压器运输到现场后需重新安装和试验，安装质量决定着电能输送的安全可靠性。为高标准、高质量完成主变压器安装施工，三峡机电工程技术有限公司组织机电安装各相关单位开展主变压器安装技术攻关，优化了安装工艺流程，研究制订局部环境质量控制工装等，施工工期较原计划节省了45天。主变压器的安装和试验现场如图2-32所示。此次15号机主变压器顺利通过高压试验，质量达到精品标准，验证了现场安装工艺和质量控制措施，也为后续其他主变压器的安装积累了丰富的经验。

图2-32 白鹤滩电站主变压器安装和试验现场

【启示】该主变压器是三峡集团联合保定天威保变电气股份有限公司，为满足白鹤滩水电站16台100万kW水轮发电机组电能外送"量身定制"的，是目前世界单相变压器容量最大的升压变压器。同学们是不是为这个高标准、高质量的主变压器的安装工艺、试验标准和质量精度而感到惊叹和自豪呢？我们应该以此为标杆，学好变压器的结构与工作原理等相关知识与技能，安全谨慎、标准规范地完成变压器的空载、短路等试验，树立质量意识，培养科学严谨、精益求精等工匠精神。

2.5 特殊用途变压器

随着工业的不断发展，除了前面介绍的普通双绕组电力变压器外，还出现了各种用途的特殊变压器，虽然种类和规格很多，但是其基本原理与普通双绕组变压器相同或相似，不再一一讨论。本节主要介绍较常用的自耦变压器、电流互感器、电压互感器和电焊变压器的工作原理及特点。

2.5.1 自耦变压器

1. 结构、特点及用途

前面叙述的变压器，其一次绕组、二次绕组是分开绕制的，它们虽装在同一铁芯上，但相互之间是绝缘的，即一次绕组、二次绕组之间只有磁的耦合，没有电的直接联系，这种变压器称为双绕组变压器。如果把一次绕组、二次绕组合二为一，使二次绕组成为一次绕组的一部分，这种只有一个绕组的变压器称为自耦变压器，如图2-33所示。可见自耦变压器的一次绕组、二次绕组之间除了磁的耦合外，还有电的直接联系。自耦变压器可节省铜和铁的消耗量，从而减小变压器的体积、质量，降低制造成本，且有利于大型变压器的运输和安装。在高压输电系统中，自耦变压器主要用来连接两个电压等级相近的电力网，作为联络变压器使用。在实验室常用具有滑动触点的自耦调压器获得可任意调节的交流电压。此外，自耦变压器还常用作异步电动机的起动补偿器，对电动机进行降压起动。

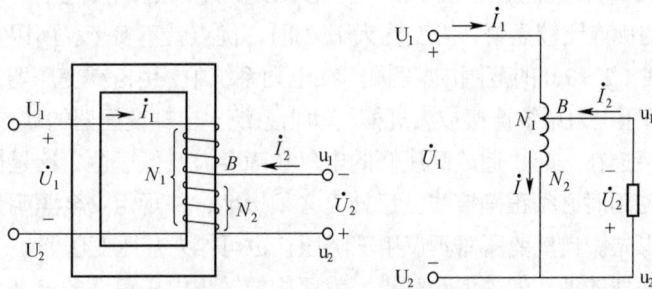

图2-33 自耦变压器工作原理

2. 电压、电流及容量关系

自耦变压器也是利用电磁感应原理工作的，当一次绕组 U_1U_2 两端加交变电压 U_1 时，铁芯中产生交变的磁通，并分别在一次绕组及二次绕组中产生感应电动势 E_1 及 E_2，它们也有下述关系

$$U_1 \approx E_1 = 4.44 f N_1 \Phi_m$$
$$U_2 = E_2 = 4.44 f N_2 \Phi_m$$

故自耦变压器的变比 K 为

$$\frac{U_1}{U_2} \approx \frac{E_1}{E_2} = \frac{N_1}{N_2} = K_u = K \tag{2-11}$$

当自耦变压器二次绕组加上负载后，由于外加电源电压不变，故主磁通近似不变，因此总的励磁磁动势仍等于空载磁动势，即

$$N_1 \dot{I}_1 + N_2 \dot{I}_2 = N_1 \dot{I}_0 \tag{2-12}$$

若忽略空载磁动势，则

$$N_1 \dot{I}_1 + N_2 \dot{I}_2 = 0$$

$$\dot{I}_1 = -\frac{N_2}{N_1} \dot{I}_2 = -\frac{\dot{I}_2}{K} \tag{2-13}$$

式（2-13）说明，自耦变压器一次绕组、二次绕组中的电流大小与匝数成反比，在相位上差180°。因此，流经公共绕组中的电流 I 的大小为

$$I = I_2 - I_1 \tag{2-14}$$

可见流经公共绕组中的电流总是小于输出电流 I_2。当变比 K 接近于 1 时，I_1 与 I_2 的数值相差不大，即公共绕组中的电流 I 很小，因而这部分绕组可用截面积较小的导线绕制，以节约用铜量，并减小自耦变压器的体积与质量。

自耦变压器输出的视在功率为

$$S_2 = U_2 I_2 = U_2(I + I_1) = U_2 I + U_2 I_1 \tag{2-15}$$

从式（2-15）可看出，自耦变压器的输出功率由两部分组成，其中 $U_2 I$ 部分是依据电磁感应原理从一次绕组传递到二次绕组的视在功率，而 $U_2 I_1$ 则是通过电路的直接联系从一次绕组直接传递到二次绕组的视在功率。由于 I_1 只在一部分绕组的电阻上产生铜损耗，因此自耦变压器的损耗比普通变压器要小，效率较高，较为经济。

理论分析和实践都可以证明：当一次绕组、二次绕组电压之比接近于 1 时，或者说不大于 2 时，自耦变压器的优点比较显著，当变比大于 2 时，优点就不多了。所以实际应用的自耦变压器，其变比一般在 1.2～2.0 的范围内。例如，在电力系统中，用自耦变压器把 110kV、150kV、220kV、330kV 的高压电力系统连接成大规模的动力系统。自耦变压器的缺点在于：一次绕组、二次绕组的电路直接连在一起，造成高压侧的电气故障会波及低压侧，这是很不安全的，因此要求自耦变压器在使用时必须正确接线，且外壳必须接地，并规定安全照明变压器不允许采用自耦变压器的结构形式。自耦变压器不仅用于降压，也可作为升压变压器。

如果把自耦变压器的抽头做成滑动触点，就可构成输出电压可调的自耦变压器。为了使滑动接触可靠，这种自耦变压器的铁芯做成圆环形，其上均匀分布绕组，滑动触点由碳刷构成，由于其输出电压可调，因此称为自耦调压器，其外形和电路原理如图 2-34 所示。自耦调压器的一次绕组匝数 N_1 固定不变，并与电源相连，一次绕组的另一端点 U₂ 和滑动触点 a 之间的绕组 N_2 就作为二次绕组。当滑动触点 a 移动时，输出电压 U_2 随之改变，这种调压器的输出电压 U_2 可低于一次绕组电压 U_1，也可稍高于一次绕组电压，如实验室中常用的单相调压器，一次绕组输入电压 $U_1 = 220V$，二次绕组输出电压 $U_2 = 0～250V$。在使用时要注意一次绕组、二次绕组的公共端 U₂ 或 u₂ 接中性线，U₁ 端接电源相线，u₁ 端和 u₂ 端作为输出。此外还必须注意自耦调压器在接电源之前，必须把手柄转到零位，使输出电压为零，以后再慢慢顺时针转动手柄，使输

出电压逐步上升。

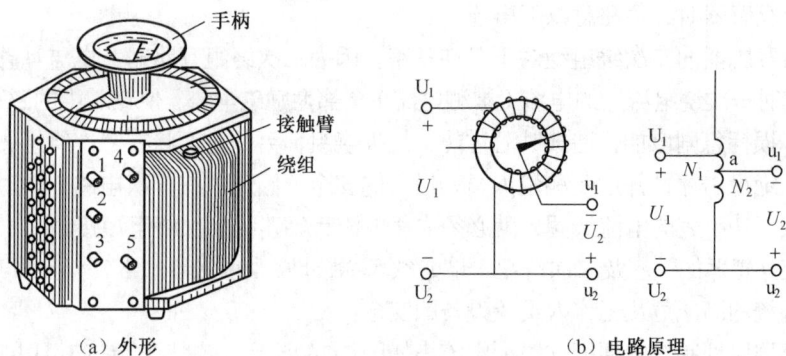

（a）外形 　　　　　　　　　　　　（b）电路原理

图2-34　自耦调压器

2.5.2　电流互感器

在电工测量中用来按比例变换交流电流的仪器称为电流互感器。

电流互感器的基本结构形式及工作原理与单相变压器相似，如图 2-35 所示。它也有两个绕组：一次绕组串联在被测的交流电路中，流过的是被测电流 I_1，它一般只有一匝或几匝，用粗导线绕制；二次绕组匝数较多，与交流电流表（或瓦时计、功率表）相接。

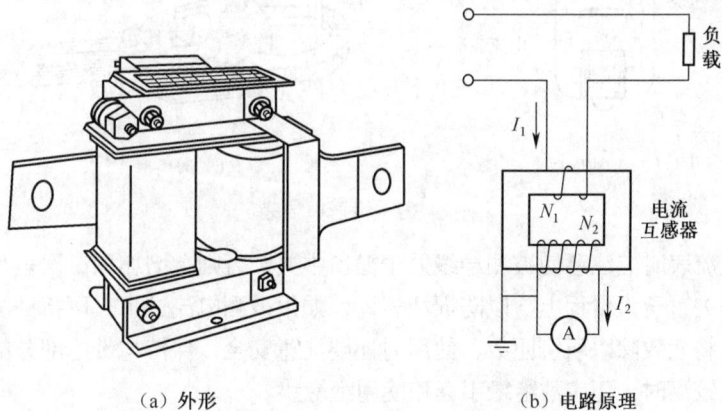

微课 2-7：电流互感器

（a）外形 　　　　　　　　　　　　（b）电路原理

图2-35　电流互感器

由变压器工作原理可得

$$\frac{I_1}{I_2} = \frac{N_2}{N_1} = K_I$$

$$I_1 = K_I I_2 \tag{2-16}$$

K_I 称为电流互感器的额定电流比，标在电流互感器的铭牌上，只要读出接在电流互感器二次绕组一侧电流表的读数，则一次电路的待测电流就很容易由式（2-16）得到。一般二次电流表用量程为 5A 的仪表。只要改变接入的电流互感器的变流比，就可测量大小不同的一次电流。

在实际应用中，与电流互感器配套使用的电流表已换算成一次电流，其标度尺即按一次电流分度，这样可以直接读数，不必再进行换算。例如，按 5A 制造的但与额定电流比 600A/5A

的电流互感器配套使用的电流表，其标度尺即按 600A 分度。

使用电流互感器时必须注意以下事项。

（1）电流互感器的二次绕组绝对不允许开路。因为二次绕组开路时，电流互感器处于空载运行状态，此时一次绕组流过的电流（被测电流）全部为励磁电流，使铁芯中的磁通急剧增大，一方面使铁芯损耗急剧增加，造成铁芯过热，烧损绕组；另一方面将在二次绕组感应出很高的电压，可能使绝缘击穿，并危及测量人员和设备的安全。因此，在一次电路工作时，如需检修或拆换电流表、功率表的电流线圈，就必须先将电流互感器的二次绕组短接。

（2）电流互感器的铁芯及二次绕组一端必须可靠接地，如图 2-35（b）所示，以防止绝缘击穿后，电力系统的高压危及工作人员及设备的安全。

利用互感器原理制造的便携式钳形电流表如图 2-36 所示。它的闭合铁芯可以张开，将被测载流导线嵌入铁芯窗口中，被测导线相当于电流互感器的一次绕组，铁芯上绕二次绕组，与测量仪表相连，可直接读出被测电流的数值。其优点是测量线路电流时不必断开电路，使用方便。

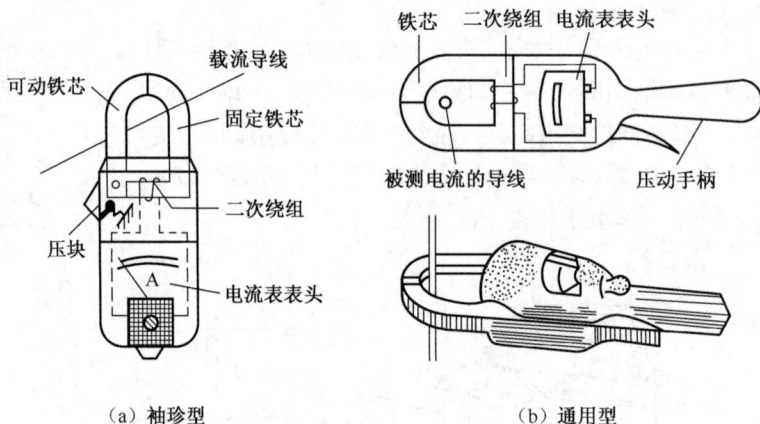

（a）袖珍型　　　　　　　（b）通用型

图2-36　钳形电流表

使用钳形电流表时应注意使被测导线处于窗口中央，否则会增加测量误差；不知电流大小时，应将选挡开关置于大量程上，以防损坏表计；如果被测电流过小，可将被测导线在钳口内多绕几圈，然后将读数除以所绕匝数；使用时还要注意安全，保持与带电部分的安全距离，如被测导线的电压较高时，还应戴绝缘手套和使用绝缘垫。

与变压器一样，$I_1 = K_I I_2$ 仅是一个近似计算公式，即用电流互感器测量电流时存在一定的误差，根据误差的大小，电流互感器分下列各级：0.2、0.5、1.0、3.0、10.0。如 0.5 级的电流互感器，表示在额定电流时测量误差最大不超过±0.5%。电流互感器精确度等级越高，测量误差越小，其价格也越贵。

2.5.3　电压互感器

在电工测量中用来按比例变换交流电压的仪器称为电压互感器，如图 2-37 所示。

电压互感器的基本结构形式及工作原理与单相变压器很相似。它的一次绕组匝数为 N_1，与待测电路并联；二次绕组匝数为 N_2，与电压表并联。一次电压为 U_1，二次电压为 U_2，电压互感器实际上是一台降压变压器，其变

微课 2-8：电压互感器

比 K 为

$$K = \frac{U_1}{U_2} = \frac{N_1}{N_2}$$ （2-17）

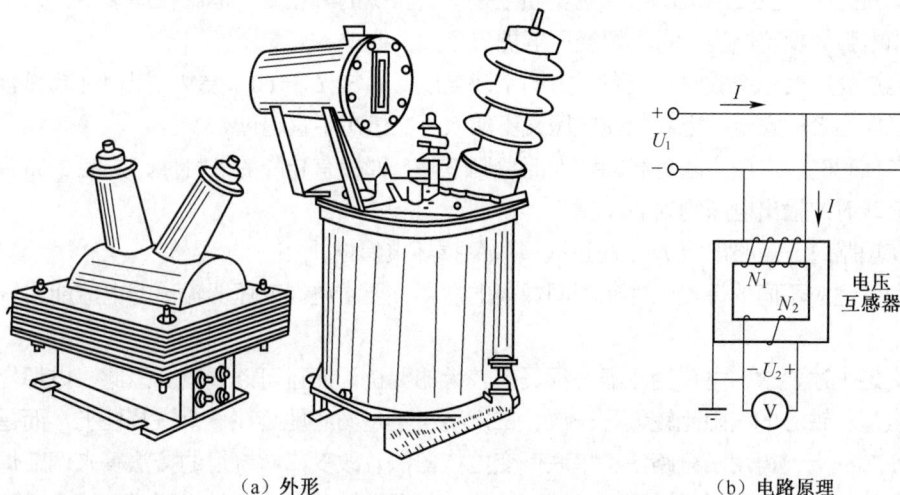

（a）外形 　　　　　　　　　（b）电路原理

图2-37　电压互感器

K 常标在电压互感器的铭牌上，只要读出二次电压表的读数，一次电路的电压即可由式（2-17）得出。一般二次电压表均采用量程为 100V 的仪表。只要改变接入的电压互感器的变比，就可测量高低不同的电压。在实际应用中，与电压互感器配套使用的电压表已换算成一次电压，其标度尺即按一次电压分度，这样可以直接读数，不必再进行换算。例如，按 100V 制造但与额定变比为 10 000V/100V 的电压互感器配套使用的电压表，其标度尺即按 10 000V 分度。

使用电压互感器时必须注意以下事项。

（1）电压互感器的二次绕组在使用时绝不允许短路。如果二次绕组短路，将产生很大的短路电流，导致电压互感器烧坏。

（2）电压互感器的铁芯及二次绕组的一端必须可靠地接地，如图 2-37（b）所示，以保证工作人员及设备的安全。

（3）电压互感器有一定的额定容量，使用时二次绕组回路不宜接入过多的仪表，以免影响电压互感器的测量精度。

【例 2-6】 用变比为 10 000V/100V 的电压互感器，变流比为 100A/5A 的电流互感器扩大量程，其电流表读数为 3.5A，电压表读数为 96V，试求被测电路的电流、电压各为多少。

解：因为电流互感器负载电流等于电流表读数乘以电流互感器电流比，即

$$I_1 = \frac{N_2}{N_1} I_2 = K_1 I_2 = \frac{100}{5} \times 3.5 = 70(\text{A})$$

而电压互感器所测高电压等于电压表读数乘以电压比，即

$$U_1 = \frac{N_1}{N_2} U_2 = K U_2 = \frac{10\ 000}{100} \times 96 = 9\ 600(\text{V})$$

被测电路的电流为 70A，电压为 9 600V。

2.5.4 电焊变压器

交流弧焊机由于结构简单、成本低廉、制造容易、维护方便等特点而被广泛采用。电焊变压器是交流弧焊机的主要组成部分，它实质上是一台特殊的降压变压器。在焊接中，为了保证焊接质量和电弧的稳定燃烧，对电焊变压器提出了如下要求。

（1）电焊变压器在空载时，应有一定的空载电压，通常 $U_0 = 60 \sim 75\text{V}$，以保证起弧容易。另外，为了操作者的安全，空载起弧电压又不能太高，最高不宜超过 85V。

（2）在负载时，电压应随负载的增大而急剧下降，即应有陡降的外特性，如图 2-38 所示。通常额定负载时的输出电压约为 30V。

（3）在短路时，短路电流 I_K 不应过大，以免损坏电焊机。

（4）为了适应不同的焊接工件和不同焊条的需要，要求电焊变压器输出的电流能在一定范围内调节。

为了满足上述要求，电焊变压器必须具有较大的漏抗，而且可以调节。因此，电焊变压器的结构特点是：铁芯的气隙比较大，一次、二次绕组不是同心地套在一个铁芯柱上，而是分装在不同的铁芯柱上，再用磁分路法、串联可变电抗器法及改变二次绕组的接法等来调节焊接电流。工业上使用的交流弧焊机类型很多，如抽头式、可动铁芯式、可动线圈式、综合式等，它们都是依据上述原理制造的。

磁分路动铁芯式弧焊机是较具代表性的一类交流弧焊机。

图 2-39 所示为 BX1 系列磁分路动铁芯式弧焊机的外形，其基本结构及工作原理如下。

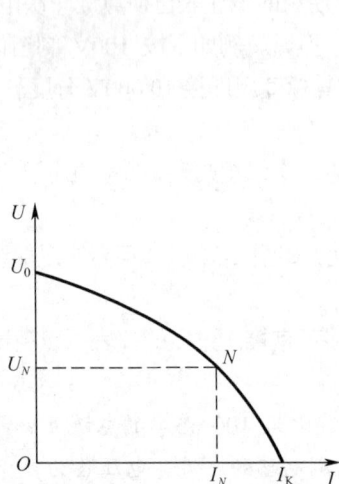

图2-38　焊接电流与电弧电压的关系曲线

U_0—空载电压；I_K—短路电流；

I_N、U_N—曲线上任一点 N 的焊接电流与电压

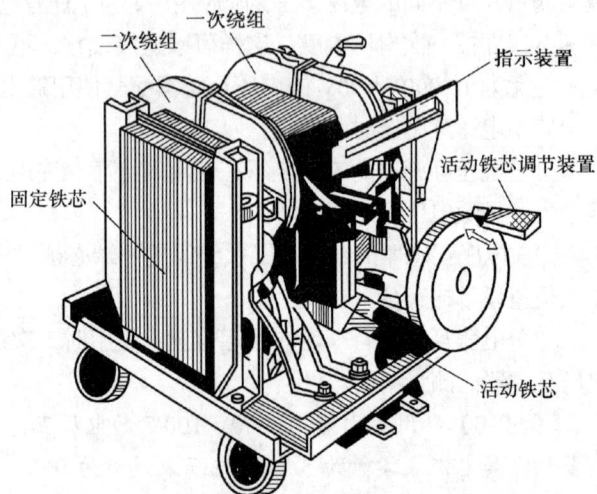

图2-39　磁分路动铁芯式弧焊机外形

该型电焊机的电焊变压器为磁分路动铁芯式结构，它的铁芯由固定铁芯和活动铁芯两部分组成。固定铁芯为"口"字形，在固定铁芯两边的方柱上绕有一次绕组和二次绕组。活动铁芯装在固定铁芯中间的螺杆上，当摇动铁芯调节装置手轮时，螺杆转动，活动铁芯就沿着导杆在固定铁芯的方口中移动，从而改变固定铁芯中的磁通，调节焊接电流。它的绕组由一次绕组及

二次绕组组成，一次绕组绕在固定铁芯的一边。二次绕组由两部分组成，一部分与一次绕组绕在同一边，另一部分绕在铁芯的另一边，如图 2-40 所示。前一部分起建立电压的作用，后一部分相当于电感线圈。焊接电流的粗调是靠变更二次绕组接线板上的连接片的接法来实现的，接法Ⅱ用于焊接电流大的场合，接法Ⅰ用于焊接电流小的场合。焊接电流的细调则是通过手轮移动铁芯的位置，改变漏抗，从而实现均匀的电流调节。

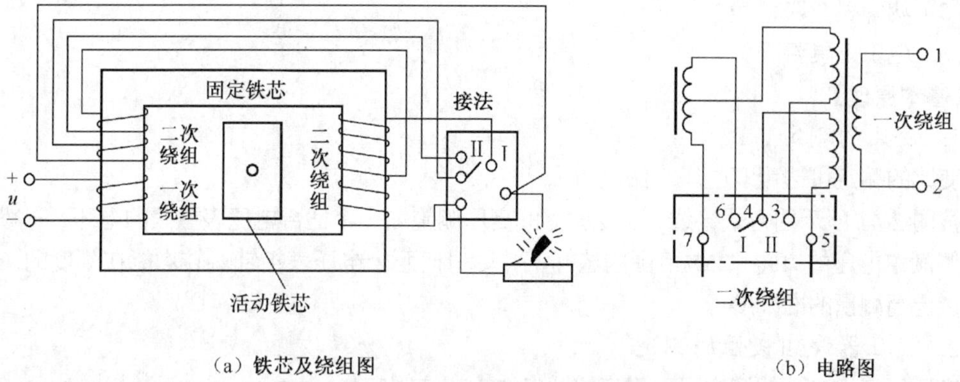

（a）铁芯及绕组图   （b）电路图

图2-40 磁分路动铁芯式弧焊机原理

BX1 系列弧焊机有 3 种型号，其中 BX1-35 的焊接电流调节范围为 25～150A，用于薄钢片的焊接；BX1-330 的焊接电流调节范围为 50～450A；BX1-500 的焊接电流调节范围为 50～680A，可用来焊接不同厚度的低碳钢板。

动圈式弧焊机的典型产品是 BX3 系列。它的焊接电流调节是靠改变一次绕组和二次绕组之间的距离（从而改变它们之间的漏抗大小）来实现的，还可将一次绕组、二次绕组串联或并联来扩大电流调节范围。

••• 任务训练 •••

任务一 变压器的空载试验和短路试验

一台新生产或经维修后的变压器，必须按照相关的标准来检验，检验合格后方可使用。检验的内容主要有：铁芯材料、装配工艺的质量是否达标；绕组的匝数是否正确、匝间是否有短路；铁芯和绕组的铁损耗、铜损耗是否达到设计要求；变压器运行性能是否良好等。为掌握变压器的运行性能，可以通过对变压器的空载试验与短路试验中得出的技术参数来分析和检验。下面以单相变压器为例，通过试验来掌握运行性能和相关参数的测定。

【训练目的】

（1）熟悉和掌握单相变压器参数的试验测定方法；

（2）根据单相变压器的空载和短路试验数据，计算变压器的等值参数，了解其运行性能；

（3）了解仪表的选用及不同的接法对试验准确度的影响。

【训练内容】

（1）变比和变压绕组极性的测定；

（2）变压器空载试验和短路试验。

【仪器与设备】

（1）单相变压器1套；

（2）电流表2块；

（3）电压表2块；

（4）调压器1块；

（5）功率表2块；

（6）电工工具若干。

【基本原理】

1. 变比的测定

变比的测定可选用双电压表法。

按图2-41所示的方式接线，在变压器的高压侧施加一个适合电压表量限的电压，一般可在高压侧额定电压的1%～25%范围内选择，并尽量使两个电压表指针偏转均能在刻度的一半以上，以提高测量的准确度。

2. 变压器绕组极性的测定

变压器绕组极性的测定可采用直流感应法或交流感应法。

（1）采用直流感应法时，按图2-42所示的方式接线。将变压器高压侧U_1端接电池的正极，U_2端接到电池的负极，低压侧接检流计（G）。当按下开关（Q）后，若检流计指针正向偏转，则与检流计正端相连的接线柱为u_1，另一端为u_2；若检流计指针反向偏转，则与检流计正端相连的接线柱为u_2，与负端相连的接线柱为u_1。

（2）采用交流感应法时，可按图2-43所示的方式接线。在变压器高压侧施加交流电压，u_2端与高压侧的U_2端相连接，读取电压表数值。如果$U=U_1+U_2$，则表示接于高压端U_2的低压端为u_1，另一端为尾端u_2；如果$U=U_1-U_2$，则表示接于高压端U_2的低压端为尾端u_2，另一端为u_1。

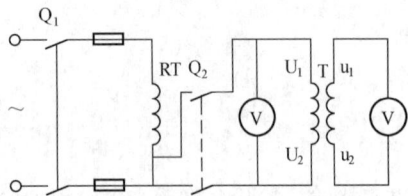

图2-41　变压器双电压表测变比　　图2-42　直流感应法测极性　　图2-43　交流感应法测极性

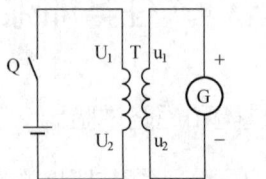

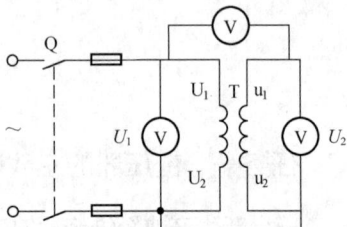

3. 变压器的空载试验

变压器空载试验的目的是用来测定空载电流I_0、空载损耗功率P_0、励磁阻抗Z_m等参数。通常是将高压侧开路，低压侧通电进行测量。由于空载时功率因数较低，所以测量功率最好采用低功率因数瓦特表。因为变压器空载阻抗很大，故电压表应该接在电流表的外侧，以免分流而引起误差，如图2-44所示。

4. 变压器的短路试验

变压器短路试验的目的是用来测定或计算变压器的额定铜损耗、短路电压、短路阻抗等参数。通常是将低压侧短路，高压侧通电进行测量。调压器的输出电压应从低值逐步上调，以免电压过高、电流过大而损坏仪表。由于短路阻抗较小，所以电流表应接在电压表的外侧，以免分压而引起误差，如图2-45所示。

【方法和步骤】

（1）用双电压表法测定实验室单相变压器的变比。

（2）极性的测定按上述"基本原理"中的方法进行。

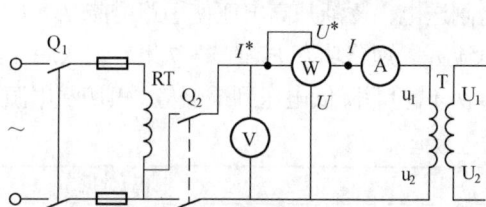

图2-44　空载试验接线　　　　　　　　　　图2-45　短路试验接线

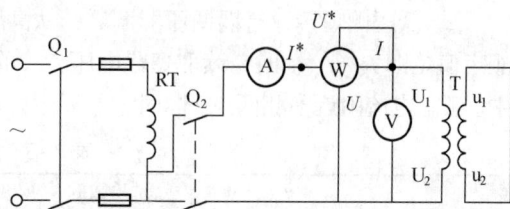

（3）空载试验。

① 按图 2-44 所示的方式接线。

② 将自耦调压器调零，低压侧合闸通电，逐步将电压调至低压侧额定值（即 $U_0 = U_{2N}$）时，读取空载电压 U_0、空载电流 I_0、空载功率 P_0 值 5~7 组，记入表 2-2 中。额定电压值附近多测两点。

表 2-2　空载特性数据

序号	试验数据			计算数据
	U_0/V	I_0/A	P_0/W	$\cos\varphi_0$
1				
2				
3				
4				
5				
6				
7				

③ 读取数据后，降低电压到最低值，然后切断电源。

④ 试验说明。

a．空载试验可以测出变压器的铁损耗 P_{Fe}。因为空载损耗是铁损耗和铜损耗之和，即 $P_0 = P_{Fe} + P_{Cu}$，空载电流 I_0 很小，为（0.02~0.1）I_N，所以铜损耗可以忽略不计，可以近似认为 $P_0 \approx P_{Fe}$。而 $P_{Fe} \propto \Phi_m^2$，当一次侧电压 U_1 不变时，Φ_m 不变，P_{Fe} 为常数，所以 P_{Fe} 也称不变损耗。

b．通过空载损耗 P_0 的测试，可以检查铁芯材料、装配工艺的质量，绕组的匝数是否正确，是否匝间短路。如果空载损耗 P_0 和空载电流 I_0 过大，则说明铁芯质量差，气隙太大。如果 K 太小或太大，则说明绕组的绝缘或匝数有问题。还可以通过示波器观察开路侧电压或空载电流 I_0 的波形，如果不是正弦波，失真过大，则说明铁芯过于饱和。

c．通过空载试验可以计算出变压器的励磁阻抗或空载阻抗，它是变压器一次绕组额定电压 U_{1N} 和空载电流 I_0 的比值，即

$$Z_m = \frac{U_{1N}}{I_0}$$

（2-18）

由于空载试验通常将高压侧开路，低压侧通电进行测量，所以这时应将低压侧的阻抗值 $Z_2\left(Z_2 = \dfrac{U_{2N}}{I_0}\right)$ 通过阻抗变换折算成高压侧的阻抗 Z_1，即

$$Z_1 = K^2 Z_2 \qquad (2\text{-}19)$$

（4）短路试验。

① 按图 2-45 所示的方式接线。

② 低压侧短接，自耦调压器调零，从高压侧合闸送电，逐渐升高电压使短路电流 I_K 等于额定值（即 $I_K = I_{1N}$）时，读取短路电压 U_K、短路电流 I_K、短路功率 P_K 值 5～7 组，记入表 2-3 中。额定电流附近多测两点，同时记录周围介质温度 θ，试验后降低电压到最低值，再切断电源。

表 2-3　短路特性数据

试验数据			计算数据
U_k/V	I_k/A	P_k/W	$\cos\varphi_k$

③ 试验说明。

a．由于短路试验时外加电压很低，主磁通很小，所以铁损耗和励磁电流均可忽略不计，这时输入的功率（短路损耗）P_K 可认为完全消耗在绕组的电阻损耗上，即 $P_K = P_{Cu}$。若取 $I_K = I_{1N}$ 时的数据计算室温下的短路参数，则

短路阻抗
$$Z_K = \frac{U_K}{I_K} = \frac{U_K}{I_{1N}} \qquad (2\text{-}20)$$

短路电阻
$$r_K = \frac{P_{Cu}}{I_K^2} \approx \frac{P_K}{I_{1N}^2} \qquad (2\text{-}21)$$

短路电抗
$$X_K = \sqrt{Z_K^2 - r_K^2} \qquad (2\text{-}22)$$

b．由于绕组的电阻随温度而变，而短路试验一般在室温下进行，故测得的电阻必须换算到基准工作温度的数值。一般取参考温度为 75℃，则换算公式为

对铜线变压器
$$r_{K75℃} = r_K \frac{235 + 75}{235 + \theta} \qquad (2\text{-}23)$$

对铝线变压器
$$r_{K75℃} = r_K \frac{228 + 75}{228 + \theta} \qquad (2\text{-}24)$$

式中　θ——试验时的室温，℃；

235——铜导线温度系数；

228——铝导线温度系数。

⚠ 注意

（1）试验中按图接好试验线路后，一定要认真检查，确保无误后方可动手操作。

（2）合上开关通电前，一定要注意将调压器的手柄置于输出电压为零的位置，注意高阻抗和低阻抗仪表的布置。

（3）短路试验时，操作、读数应尽量快，以免温升对电阻产生影响。

（4）遇异常情况，应立即断开电源，处理好故障后再继续试验。

【检查与评价】

填写表 2-4 所示的任务训练评价表。

表 2-4　变压器的空载试验和短路试验任务训练评价表

内容	学生自评	小组互评	教师评价	总结与改进
能正确判断变压器高压侧和低压侧				
会正确选择仪表量程				
能熟练完成试验线路接线				
会正确进行仪表读数				
会根据读数完成参数计算				
6S 职业素养				

注　按优秀、良好、中等、合格、差 5 个等级进行评定。

思考

变压器试验包括型式试验、例行试验和特殊试验。空载试验和短路试验属于哪一类试验？现行的国标试验标准是哪一个？

任务二　测定三相变压器变比及连接组别

【训练目的】

（1）熟悉三相变压器的连接方法，测量并判断单相与三相变压器一次绕组、二次绕组电压间的相量关系；

（2）掌握用交流电压表确定变压器连接组别的方法。

【训练内容】

（1）测定极性；

（2）连接并判定以下连接组：Yy12，Yy6。

【仪器与设备】

（1）三相变压器 1 套；

（2）电压表 1 块；

（3）调压器 1 个；

（4）电工工具若干。

【方法和步骤】

1. 测定极性

（1）测定相间极性。被测变压器选用 Yy 接法的三相心式变压器，其中测得直流阻值大的为高压绕组，用 A、B、C、X、Y、Z 标记，阻值小的为低压绕组，用 a、b、c、x、y、z 标记。

① 按图 2-46 所示的方式接线。其中 A、X 接到电源的 U、V 两端子上，Y、Z 短接。

② 接通交流电源，在绕组 A、X 间施加约 50%U_N 的电压。

③ 用电压表测出电压 U_{BY}、U_{CZ}、U_{BC}，若 $U_{BC}=|U_{BY}-U_{CZ}|$，则首末端标记正确；若 $U_{BC}=|U_{BY}+U_{CZ}|$，则标记不对，须将 B、C 两相任一相绕组的首末端标记对调。

④ 用同样的方法，将 B、C 两相中的任一相施加电压，另外两相末端相连，测定出每相首末端正确的标记。

（2）测定一次绕组、二次绕组极性。

① 暂时标出三相低压绕组的标记 a、b、c、x、y、z，然后按图 2-47 所示的方式接线，一次绕组、二次绕组中点用导线相连。

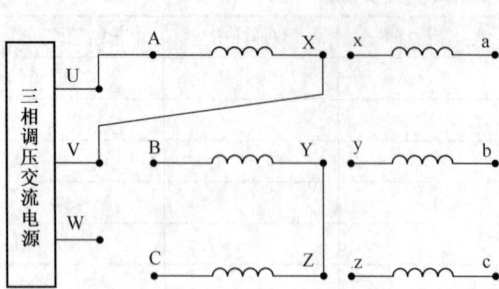

图2-46　测定相间极性接线

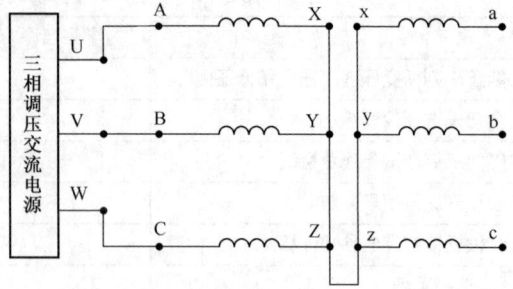

图2-47　测定一次绕组、二次绕组极性接线

② 在高压三相绕组上施加约 50%的额定电压，用电压表测量电压 U_{AX}、U_{BY}、U_{CZ}、U_{ax}、U_{by}、U_{cz}、U_{Aa}、U_{Bb}、U_{Cc}。若 $U_{Aa}=U_{AX}-U_{ax}$，则 A 相高、低压绕组同相，并且首端 A 与 a 端点为同极性。若 $U_{Aa}=U_{AX}+U_{ax}$，则 A 与 a 端点为异极性。

③ 用同样的方法判别出 B、b、C、c 两相一次绕组、二次绕组的极性。

④ 高、低压三相绕组的极性确定后，根据要求连接出不同的连接组。

2.　三相变压器连接组别的测定

测定变压器连接组时，可采用双电压表法，在高压侧施加一低于 250V 的三相交流电压（为了计算方便，一般加 100V），用电压表依次测量电压 U_{AB}、U_{ab}、U_{Bb}、U_{Cc} 及 U_{Bc}。然后根据经验公式判断是何种连接组别。

（1）Yy12 连接组。按图 2-48（a）所示的方式接好线。A、a 两端点用导线连接，在高压侧施加三相对称的额定电压，测出 U_{AB}、U_{ab}、U_{Bb}、U_{Cc} 及 U_{Bc}，将数据记录于表 2-5 中。

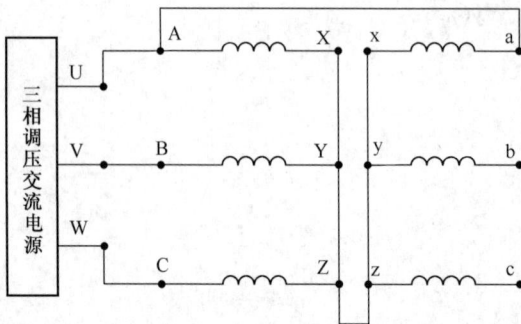

（a）接线图

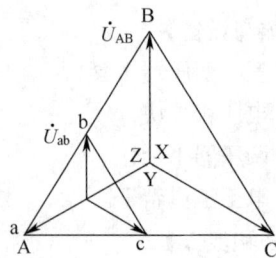

（b）电压相量图

图2-48　Yy12连接组

表 2-5　Yy12 连接组测量数据表

试验数据					计算数据			
U_{AB}/V	U_{ab}/V	U_{Bb}/V	U_{Cc}/V	U_{Bc}/V	$K_L = \dfrac{U_{AB}}{U_{ab}}$	U_{Bb}/V	U_{Cc}/V	U_{Bc}/V

根据图 2-48（b）所示 Yy12 连接组的电压相量图，应用余弦定理可求得

$$U_{Bb} = U_{Cc} = (K_L - 1)U_{ab}$$

$$U_{Bc} = U_{ab}\sqrt{K_L^2 - K_L + 1}$$

式中 　$K_L = \dfrac{U_{AB}}{U_{ab}}$——线电压之比。

若试验测取的数值 U_{Bb}、U_{Cc}、U_{Bc} 与用上述两公式计算出的电压相同，则表示绕组连接正确，属 Yy12 连接组。

（2）Yy6 连接组。将 Yy12 连接组的二次绕组首末端标记对调，A、a 两点用导线相连，如图 2-49（a）所示。按前面方法测出电压 U_{AB}、U_{ab}、U_{Bb}、U_{Cc} 及 U_{Bc}，将数据记录于表 2-6 中。

表 2-6　Yy6 连接组测量数据表

试验数据					计算数据			
U_{AB}/V	U_{ab}/V	U_{Bb}/V	U_{Cc}/V	U_{Bc}/V	$K_L = \dfrac{U_{AB}}{U_{ab}}$	U_{Bb}/V	U_{Cc}/V	U_{Bc}/V

根据图 2-49（b）所示 Yy6 连接组的电压相量图，应用余弦定理可求得

$$U_{Bb} = U_{Cc} = (K_L + 1)U_{ab}$$

$$U_{Bc} = U_{ab}\sqrt{(K_L^2 + K_L + 1)}$$

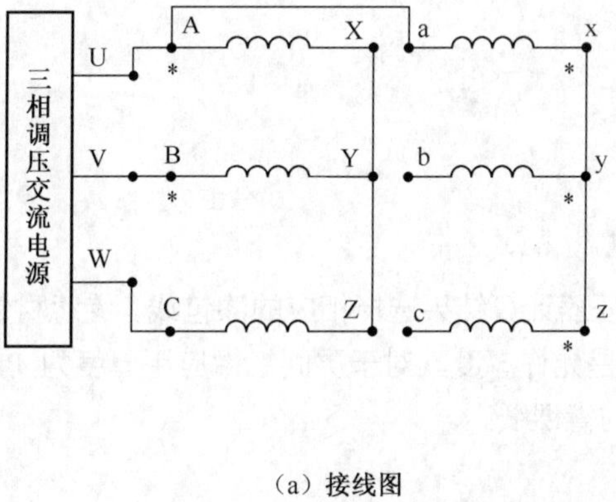

（a）接线图 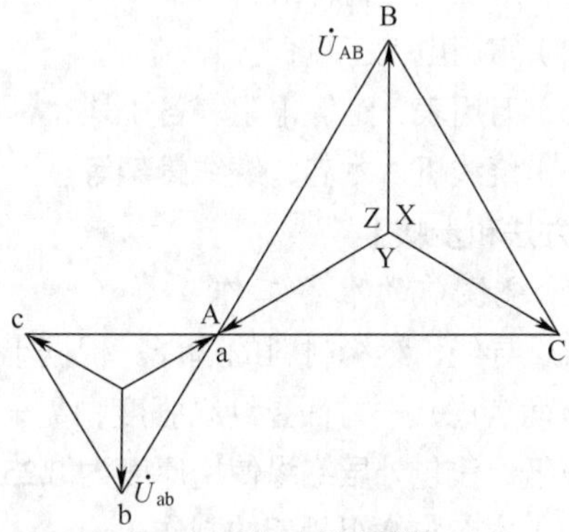　　　　　　　　　　　　　（b）电压相量图

图2-49　Yy6连接组

若实测电压 U_{Bb}、U_{Cc}、U_{Bc} 的数值与由上两式计算出的电压相同，则绕组连接正确，属于 Yy6 连接组。

⚠ **注意**

（1）试验前注意观察变压器出线端头标号。

（2）使用电压表测量各电压数据时，手持导线的绝缘部分。

（3）测量低压侧的线电压时，使用合适量程的电压表。

（4）实验室中的三相变压器有同名端和异名端两种，使用时应先测定变压器极性。

【检查与评价】

填写表 2-7 所示的任务训练评价表。

表 2-7 测定三相变压器变比及连接组别任务训练评价表

内容	学生自评	小组互评	教师评价	总结与改进
能使用交流法正确判断同一侧绕组极性及一次绕组、二次绕组对应极性				
能正确使用仪表和读数				
能根据测量数据正确计算并判断三相变压器连接组别				
6S 职业素养				

注　按优秀、良好、中等、合格、差 5 个等级进行评定。

任务三　绕制小型变压器绕组

【训练目的】

（1）熟悉变压器的基本结构和原理；

（2）熟悉小型变压器绕组绕制的基本方法及测试过程。

【仪器与设备】

（1）通用硅钢片若干；

（2）符合设计要求的漆包线若干；

（3）绝缘纸、青稞纸若干；

（4）常用电工工具；

（5）万用表、绝缘电阻表各 1 块；

（6）绕线机、木芯、绕线骨架等。

【方法和步骤】

1. 绕线前的准备工作

（1）导线、绝缘材料的选择。根据小型变压器计算结果选择相应的漆包线。绝缘材料应从两个方面考虑，一方面是绝缘强度，另一方面是允许厚度。对于层间绝缘应用厚度为 0.08mm 的牛皮纸，线包外层绝缘使用厚度为 0.25mm 的青稞纸。

（2）木芯与绕组骨架的制作。

① 木芯的制作。在绕制变压器绕组时，将漆包线绕在预先做好的绕组骨架上，但骨架本身不能直接套在绕线机轴上绕线，它需要一个塞在骨架内腔中的木质芯子，木芯的正中心要钻有供绕线机轴穿过的直径 $\phi = 10mm$ 的孔，孔不能偏斜，以免由于偏心造成绕组不平稳而影响线包的质量。

木芯的尺寸为截面宽度要比硅钢片的舌宽略大 0.2mm，截面长度比硅钢片叠厚尺寸略大 0.3mm，高度比硅钢片窗口约高 2mm。木芯的外表要做得光滑平直。

② 骨架的制作。一种是简易骨架，用青稞纸在木芯上绕 1～2 圈，用胶水粘牢，其高度略低于铁芯窗口高度。骨架干燥以后，木芯在骨架中能插得进、抽得出。最后用硅钢片插试，以硅钢片刚好能插入为宜。绕制时要特别注意绕组绕到两端时，在绕制层数较多时容易散塌而造成返工。

另一种是积木式骨架，形状如图 2-50 所示，它能方便地绕线和增强线包的对地绝缘性能。材料以厚度为 0.5～1.5mm 的胶木板、环氧树脂板、塑料板等绝缘板为宜，骨架的内腔与简易骨架尺寸相同，具体下料如图 2-51 所示。

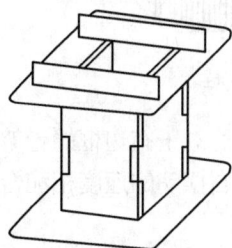

图2-50　积木式骨架　　　　　图2-51　积木式骨架下料图

厚材料下好后，打光切口的毛刺，在要黏合的边缘，特别是榫头上涂好黏合剂进行组合，待黏合剂固化后，再用硅钢片在内腔中插试，如尺寸合适，即可使用。

2. 绕制

（1）裁剪好各种绝缘纸。绝缘纸的宽度应稍长于骨架的宽度，而长度应稍大于骨架周长。还应考虑到绕制后所需的余量。

（2）起绕。

① 起绕时，在导线引线头上压入一条用青稞纸或牛皮纸做成的长绝缘折条，待绕几匝后抽紧起始头，如图 2-52（a）所示。

② 绕线时，通常按照一次绕组→静电屏蔽→二次高压绕组→二次低压绕组的顺序，依次叠绕。当二次绕组的组数较多时，每绕制一组用万用表检查测量一次。

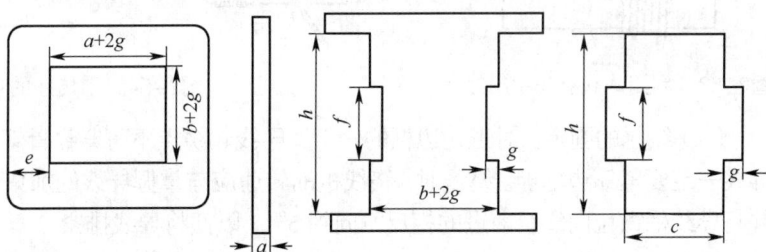

（a）绕组线头的紧固　　（b）绕组线尾的紧固

图2-52　绕组的绕制

③ 每绕完一层导线，应安放一层层间绝缘，并处理好中间抽头，导线自左向右排列整齐、紧密，不得有交叉或叠线现象，绕到规定匝数为止。

④ 当绕组绕至近末端时，先垫入固定出线用的绝缘带折条，待绕至末端时，把线头穿入折条内，然后抽紧末端线头，如图 2-52（b）所示。

⑤ 取下绕组，抽出木芯，包扎绝缘，并用胶水粘牢。

（3）绕制方法。

① 导线和绝缘材料的选用。导线选用缩醛或聚酯漆包圆铜线。绝缘材料的选用受耐压要求和允许厚度的限制，层间绝缘按 2 倍层间电压的绝缘强度选用，常采用电话纸、电缆纸、电容器纸等，在要求较高处可采用聚酯薄膜、聚四氟乙烯或玻璃漆布；铁芯绝缘及绕组间绝缘按对地电压的 2 倍选用，一般采用绝缘纸板、玻璃漆布等，要求较高的则采用层压板或云母制品。

② 制作引出线。变压器每组线圈都有两个或两个以上的引出线，一般用多股软线、较粗的铜线或用铜皮剪成的焊片制成，将其焊在线圈端头，用绝缘材料包扎好后，从骨架端面预先打好的孔中伸出，以备连接外电路。

对于绕组线径在 0.35mm 以上的都可用本线直接引出，方法如图 2-53 所示；线径在 0.35mm 以下的，要用多股软线制作引出线，也可用薄铜皮做成的焊片作为引出线头。引出线的连接方法如图 2-54 所示。

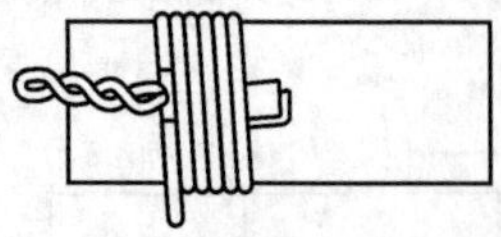

图2-53 利用本线制作引出线

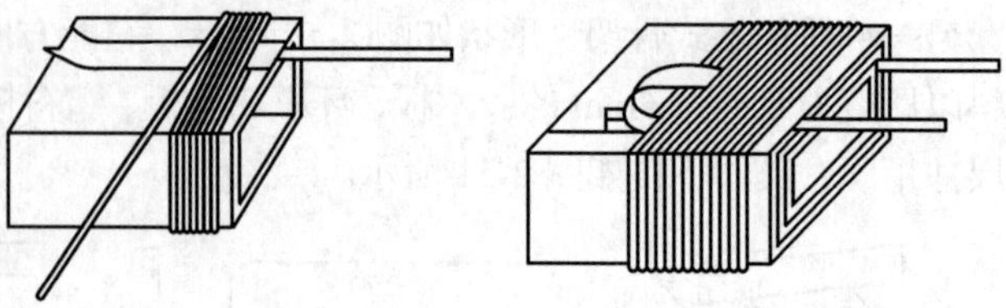

图2-54 引出线的连接方法

（4）线尾的固定。对于无边框的骨架，导线起绕点不可紧靠骨架边缘；对于有边框的骨架，导线一定要紧靠边框板。绕线时，绕线机的转速应与掌握导线的那只手左右摆动的速度相配合，并将导线稍微拉向绕组前进的相反方向约5°，以便将导线排紧。

（5）层间绝缘的安放。每绕完一层导线，应安放一层绝缘材料（绝缘纸或黄蜡绸等）。注意安放绝缘纸时必须从骨架对应的铁芯舌宽面开始安放。若绕组所绕层次很多，还应在两个舌宽面分别均匀安放，这样可以控制线包厚度，少占铁芯窗口位置。绝缘纸必须放平、放正和拉紧，两边正好与骨架端面内侧对齐，围绕线包一周，允许起始处有少量重叠。

（6）静电屏蔽层（静电隔离层）的安放。在绕完一次绕组、安放好绝缘层后，还要加一层金属材料的静电屏蔽层，以减弱外来电磁场对电路的干扰。

静电屏蔽层的材料最好用紫铜箔，其宽度比骨架宽度小 1～3mm。长度应是围绕骨架一周但短 10mm 左右，在对应铁芯的舌宽面焊上引出线作为接地极。注意，绝不能让屏蔽层首尾相接，否则将形成短路，变压器通电后发热，以致烧毁绝缘。

若没有现成的铜箔，也可用较粗的导线在应安放静电屏蔽层的位置排绕一层，一端开路，另一端接地，同样能起屏蔽外界电磁场的作用。

（7）绕组的抽头。

① 在绕组抽头处刮去一小段绝缘漆，焊上引出线并包上绝缘纸即可。

② 也可在绕组抽头处不刮绝缘漆，而是将导线拖长，两股绞在一起作为引出线，并套上绝缘套管。

③ 对于较粗的漆包线，若将漆包线绞在一起，势必使线包中间隆起，影响绕线和线包的平整，这时可将导线平行对折成两股作为引出线。

（8）绕组的中心抽头。绕组的中心抽头，是将一个绕组分成两个完全对称的绕组。若用单股线绕制，绕在内层的线圈漆包线的长度比绕在外层漆包线的长度要短，会引起两部分绕组直流电阻不等。采用双股并绕，绕制方法与单股线绕制相同，绕完后将两股并绕中的一个绕组的头和另一线圈的尾并接，再引出作中心抽头。

（9）绕组的初步检查。绕组制作完成后，要进行初步检查。

① 用量具测量绕组各部分尺寸与设计是否相符，以保证铁芯的装配。

② 用电桥测量绕组的直流电阻，以保证负载用电的需要。

③ 用眼睛观察绕组的各部分引线及绝缘是否完好，以保证可靠地使用。

（10）绝缘处理。变压器绕组绕制完成后，为了提高绕组的绝缘强度、耐潮性、耐热性及导热能力，必须对绕组进行浸漆处理。

① 绝缘处理用漆。绕组绝缘处理所用的漆，一般采用三聚氰胺醇酸树脂漆。

② 绝缘处理所用工艺。变压器的绝缘处理工艺与电机基本相同。所不同的是变压器绕组可采用简易绝缘处理方法，即涂刷法：在绕制过程中，每绕完一层导线，就涂刷一层绝缘漆，然

后垫上层间绝缘继续绕线，绕完后通电烘干即可。

③ 绝缘处理的步骤。变压器绝缘处理的步骤也与电机的步骤一样，分为预烘→浸漆→烘干。对小型变压器绕组通电烘干可采用一种简易办法：用一台 500V·A 的自耦变压器作电源，将该绕组与自耦变压器二次绕组相接，并将一次绕组短接，逐步升高自耦变压器二次侧电压，用钳形电流表监视电流值，使电流达到待烘干变压器高压绕组额定电流的 2~3 倍，0.5h 后绕组将发热烫手，持续通电约 10h，即可烘干层间涂刷的绝缘漆。

3. 铁芯的装配

（1）装配铁芯的要求。

① 铁芯要装得紧，不仅可防止铁芯从骨架中脱出，还能保证有足够的有效截面和避免绕组通电后因铁芯松动而产生杂音。

② 装配铁芯时不得划破或胀破骨架，误伤导线，造成绕组断路或短路。

③ 铁芯磁路中不应有气隙，各片开口处要衔接紧密，以减少铁芯磁阻。

④ 要注意装配平整、美观。

⚠ 注意

装配铁芯前，应先检查和选择硅钢片。

（2）硅钢片的检查及挑选。

① 检查硅钢片是否平整，冲压时是否留下毛刺。不平整将影响装配质量，毛刺容易损坏片间绝缘，导致铁芯涡流增大。

② 检查表面是否锈蚀。锈蚀后的斑块会增加硅钢片的厚度，减小铁芯有效截面，同时又容易吸潮，从而降低变压器的绝缘性能。

③ 检查硅钢片表面绝缘是否良好，如有剥落，应重新涂刷绝缘漆。

④ 检查硅钢片的含硅量是否满足要求。铁芯的导磁性能主要取决于硅钢片的含硅量，含硅量高的导磁性能好，反之则导磁性能差，会造成变压器的铁耗增大。但含硅量也不能太高，因为含硅量过高的硅钢片容易碎裂，机械性能差。因此，一般要求硅钢片的含硅量（质量分数）为 3%~4%。

硅钢片的含硅量，可用简单的折弯方法检查，用钳子夹住硅钢片的一角将其弯成直角时即能折断，表明含硅量在 4% 以上；弯成直角又恢复到原位才折断的，表明含硅量接近 4%；如反复弯三四次才能折断的，含硅量约 3%；当含硅量在 2% 以下时，硅钢片就很软了，难以折断。

（3）铁芯的插片。小型变压器的铁芯装配通常用交叉插片法，如图 2-55 所示。先在绕组骨架左侧插入 E 形硅钢片，根据情况可插 1~4 片，接着在骨架右侧也插入相应的片数，这样左右两侧交替对插，直到插满。最后将 I 形硅钢片（横条）按铁芯剩余空隙厚度叠好插进去即可。插片的关键是插紧，最后几片不容易插进，这时可将已插进的硅钢片中容易分开的两片间撬开一条缝隙，嵌入 1~2 片硅钢片，用木锤慢慢敲进去。同时，在另一侧与此相对应的缝隙中加入片数相同的横条。嵌完铁芯后在铁芯螺孔中穿入螺栓固定即可。也可将铁皮剪成一定的形状，包套在铁芯外边用于固定，如图 2-56 所示。

（4）抢片与错位现象。

① 抢片现象。抢片是在双面插片时一层的硅钢片插入另一层中间，如图 2-57 所示。如出现抢片未及时发现，继续敲打，势必将硅钢片敲坏。因此，一旦发生抢片，应立即停止敲打，将抢片的硅钢片取出，整理平直后重新插片，否则这一侧硅钢片敲不进去，另一侧的横条也插不进来。

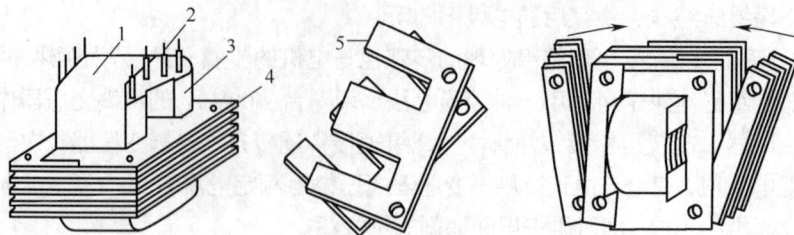

图2-55 交叉插片法

1—线包；2—引出线；3—绝缘衬片；4、5—E形硅钢片

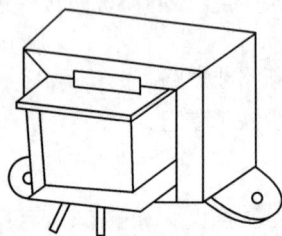

图2-56 夹包变压器的铁芯

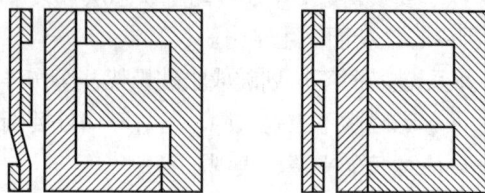

（a）抢片 （b）不抢片

图2-57 抢片和不抢片

② 错位现象。图 2-58 所示的现象为硅钢片错位，产生原因是安放铁芯时，硅钢片的舌片未与线圈骨架空腔对准。这时舌片抵在骨架上，敲打时往往给制作者铁芯已插紧的错觉，这时如果强行将这块硅钢片敲进去，必然会损坏骨架和割断导线。

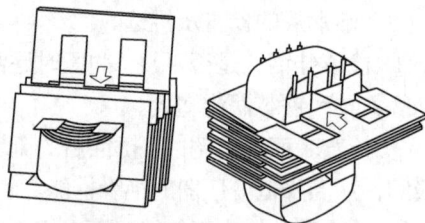

图2-58 硅钢片错位

？ 思考

变压器制造时，若叠片松散、片数不足或接缝增大，分别对变压器铁芯饱和程度、励磁电流和铁损耗有何影响？

4. 调整测试

由于小型单相变压器比较简单，制成之后一般只调整外表和进行空载测试。

（1）调整。在不通电的情况下，观察外表，查看铁芯是否紧密、整齐，有无松动等，绕组和绝缘层有无异常。发现问题及时调整处理。

空载通电后，观察有无异常噪声，对铁芯不紧、铁片不够所造成的噪声要进行夹紧整理。

（2）测试。

① 测量绝缘电阻。用绝缘电阻表测量各绕组对地，各绕组间的绝缘电阻应不低于 $50M\Omega$。

② 测量额定电压。在一次侧加额定电压，测量二次侧各个绕组的开路电压，该开路电压就是二次侧的额定电压，再与设计值相比，是否在允许范围内。二次侧高压绕组允许误差$\Delta U\% \leqslant \pm 5\%$，二次侧低压绕组允许误差$\Delta U\% \leqslant \pm 5\%$，中心抽头电压允许误差$\Delta U\% \leqslant \pm 2\%$。

③ 测空载损耗功率 P_0。测试电路如图 2-59 所示，在被测变压器未接入电路时，合上开关 Q_1，调节调压器 T，使它的输入电压为额定电压（由电压表 PV_1 显示出来），此时在功率表上的读数为电压表、电流表的线圈所损耗的功率 P_1。

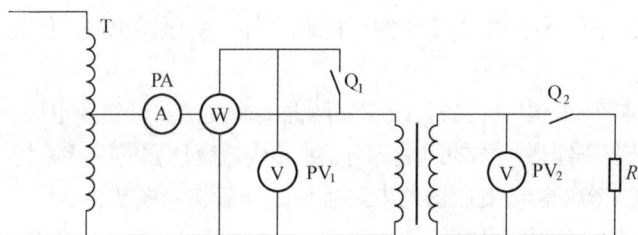

图2-59 变压器测试电路

将被测变压器接在图 2-59 所示位置，重新调节调压器 T，直至 PV_1 读数为额定输入电压，这时功率表上的读数为 P_2，则空载损耗功率 $P_0=P_2-P_1$。

④ 测空载电流。将图 2-59 所示的待测变压器接入电路，断开 Q_2，接通电源使其空载运行，当 PV_1 示数为额定电压时，交流电流表 PA 的读数即为空载电流。一般变压器的空载电流为满载电流的 10%～15%。空载电流偏大，变压器损耗也将增大，温升增高。

⑤ 测实际输出电压。按照图 2-59，将待测变压器接入，合上 Q_2，使其带上额定负载 R，当 PV_1 示数为额定电压时，PV_2 的读数即为该变压器的实际输出电压。将所测的实际输出电压值与前面所测的额定电压值比较，对于电子电器用的小型电源变压器，二者的误差要求是高电压±3%，灯丝电压和其他线圈电压±5%，有中心抽头的绕组，不对称度应小于 2%。

⑥ 检测温升。按图 2-59 所示加上额定负载，通电数小时后，温升不得超过 40～50℃。变压器温升可用下述方法测试：先用万用表（或电桥）测出一次绕组的冷态直流电阻 R_1（因一次绕组常绕在变压器线包内层，不易散热，温升高，所以以它为测试对象比较适宜）；然后加上额定负载，接通电源，通电数小时后，切断电源，再测一次侧热态直流电阻 R_2；这样连续测几次，在几次热态直流电阻值近似相等时，可认为所测温度是终端温度，用下列经验公式可求出温升 ΔT。

$$\Delta T = \frac{R_2 - R_1}{3.9 \times 10^{-3} R_1} \tag{2-25}$$

【检查与评价】

填写表 2-8 所示的任务训练评价表。

表 2-8　绕制小型变压器绕组任务训练评价表

内容	学生自评	小组互评	教师评价	总结与改进
能正确完成骨架制作				
能正确完成绕组绕制				
能正确装配铁芯				
绝缘电阻、空载电压、电流、温升参数符合要求				
6S 职业素养				

注　按优秀、良好、中等、合格、差 5 个等级进行评定。

● ● ● ● 小结 ● ● ● ●

1.变压器是利用电磁感应原理对交流电压、交流电流等进行数值变换的一种常用电气设备，它主要用于输、配电方面，称为电力变压器。除此之外，变压器也被广泛用于电工测量、电焊和电子技术领域中。

2．变压器是一种静止的电气设备，改变变压器的变比 K，可变换电压、电流、阻抗。

3．铁芯和绕组是变压器最基本的组成部分。铁芯构成变压器的磁路系统，一般均用 0.35mm 冷轧硅钢片叠装而成；绕组构成变压器的电路系统，一般均用铜或铝线绕制而成。绕组套装在铁芯上，铁芯与绕组之间必须有良好的绝缘。

4．变压器一次绕组接额定交流电压，二次绕组开路时的运行方式称为空载运行。变压器一次绕组接额定交流电压，而二次绕组与负载相连的运行方式则称为负载运行。

5．变压器运行时电压、电流变换的基本公式为 $\dfrac{U_1}{U_2}=\dfrac{I_2}{I_1}=\dfrac{N_1}{N_2}=K$，阻抗变换的基本公式为 $Z'=K^2 Z$。

6．电力变压器在运行中，其输出电压将随输出电流的变化而变化，从实际应用出发，希望输出电压的变化越小越好，即希望变压器的外特性曲线尽量平坦，或变压器的电压变化率尽量小。

7．变压器在运行过程中有能量的损耗，其中铁损耗主要是指铁芯中的磁滞损耗及涡流损耗。铁损耗与变压器输出电流的大小无关，又称为不变损耗。铜损耗主要是指电流在一次绕组、二次绕组中电阻上的损耗，它随电流变化而变化，因此又称为可变损耗。

8．通常变压器的损耗比电机的损耗要小得多，因此变压器的效率很高。变压器的铁损耗及铜损耗可通过变压器的空载试验及短路试验测定。当变压器的不变损耗和可变损耗相等时，变压器效率达到最高。

9．决定三相变压器连接组的 3 个因素是：绕组的接线方式、绕组的相对极性和出线端的标志。

10．电力变压器在实际运行时，会遇到几台变压器并联运行的问题。进行并联运行最关键的一点是变压器的连接组必须相同，同时变压器的一次绕组、二次绕组电压应相等，变压器的短路阻抗也应尽量相等。

11．自耦变压器、仪用互感器与弧焊变压器的基本工作原理与普通双绕组变压器相同。

12．一次绕组、二次绕组共用一个绕组的变压器称为自耦变压器，它结构比较简单。输出电压可自由调节的自耦变压器称为自耦调压器，它主要在实验室中使用。

13．仪用互感器分为电压互感器和电流互感器两大类，它们主要用于扩大交流电压表和交流电流表的测量范围。它实质上是一个变比或变流比大的特殊变压器，电流互感器运行于短路状态，电压互感器是运行于空载状态的双绕组变压器。使用互感器的原因一是保障操作人员安全，使测量回路与高压电源隔离；二是使用小量程电流表测量大电流，或用低量程电压表测量高电压。

14．弧焊变压器是一台特殊的降压变压器，为满足弧焊要求，弧焊变压器须有较大的阻抗可以调节。为此，一次绕组、二次绕组分装在两个铁芯柱上，还采用带电抗器和带磁分路两种结构来获得迅速下降的外特性和调节焊接电流，还可改变变压器一次绕组或二次绕组抽头来改变起弧电压大小。

●●● 思考题与习题 ●●●

1．什么叫变压器？变压器的基本工作原理是什么？

2．有一台三相变压器，$S_N=5\,000\text{kV·A}$，$U_{1N}/U_{2N}=10.5\text{kV}/6.3\text{kV}$，Yd 连接，求一次绕组、二次绕组的额定电流。

3．一台单相变压器 $U_{1N}/U_{2N}=220V/110V$，如果不慎将低压侧误接到 220V 的电源上，变压器会发生什么后果？为什么？

4．不用变压器来改变交流电压，而用一个滑线电阻来变压，问：能否变压？在实际中是否可行？

5．某低压照明变压器 $U_1=380V$，$I_1=0.263A$，$N_1=1\,010$ 匝，$N_2=103$ 匝，求二次绕组对应的输出电压 U_2 和输出电流 I_2。该变压器能否给一个 60W 且电压相当的低压照明灯供电？

6．某晶体管扩音机的输出阻抗为 250Ω（即要求负载阻抗为 250Ω 时能输出最大功率），接负载为 8Ω 的扬声器，求线间变压器变比。

7．什么叫变压器的外特性？一般希望电力变压器的外特性曲线呈什么形状？

8．三相电力变压器的电压变化率 $\Delta U\%=5\%$，要求该变压器在额定负载下输出的相电压为 $U_2=220V$，求该变压器二次绕组的额定定相电压 U_{2N}。

9．变压器在运行中有哪些基本损耗？它们各与哪些因素有关？

10．图 2-60 所示为变压器出厂前的极性试验接线圈。在 U_1 与 U_2 间加电压，将 U_2、u_2 相连，测 U_1、u_1 间的电压。设定变比为 220V/110V，如果 U_1、u_1 为同名端，电压表读数是多少？如果 U_1、u_1 为异名端，电压表读数又是多少？

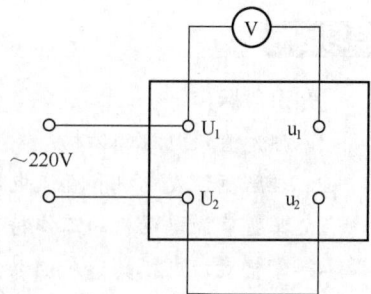

图2-60　10题图

11．一台三相变压器 $S_N=300kV\cdot A$，$U_1=10kV$，$U_2=0.4kV$，Yyn 连接，求 I_1 及 I_2。

12．试用相量图判别图 2-61 中的连接组别。

13．什么叫变压器的并联运行？变压器并联运行必须满足哪些条件？

14．自耦变压器的结构特点是什么？使用自耦变压器的注意事项有哪些？

15．电流互感器的作用是什么？能否在直流电路中使用？为什么？

16．电压互感器的作用是什么？能否在测量直流电压时使用？

17．电弧焊工艺对焊接变压器有何要求？如何满足这些要求？电焊变压器的结构特点有哪些？

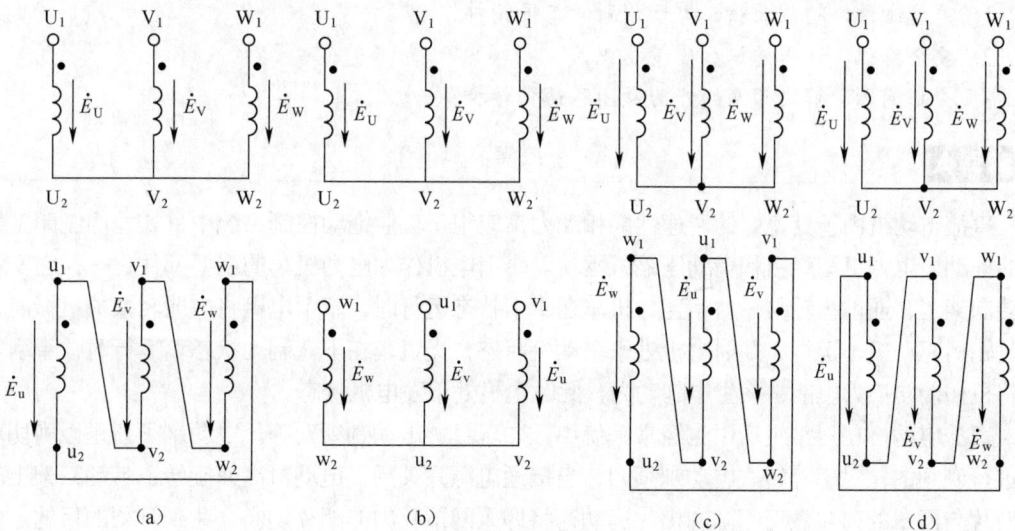

图2-61　12题图

直流电机

••• 学习导引 •••

学习目标

[知识目标]

1. 熟悉直流电机的结构。
2. 理解直流发电机和直流电动机的工作原理与可逆性。
3. 掌握直流电动机的工作特性与机械特性。
4. 掌握直流电机的感应电动势、电磁转矩与功率平衡方程式。
5. 掌握直流电动机的起动、调速、反转及制动的原理与方法。

[能力目标]

1. 能熟练起动直流电动机。
2. 能熟练进行直流电动机的调速和制动。
3. 能完成直流电动机的一般维护。
4. 会通过试验测定并励直流电动机的工作特性与机械特性。

[素质目标]

1. 严谨细致、精益求精、勇于创新的工匠精神。
2. 安全意识、环保意识和质量意识。
3. 分析问题、解决问题的能力及团队协作精神。

内容导入

直流电动机由于其良好的调速性能和动力常应用于工业拖动控制系统中，如龙门刨床工作台的拖动、电力机车牵引和辅助压缩机驱动。牵引电机作为电力机车的重要部件之一，它安装在转向架上，通过齿轮与轮对相连；机车在牵引状态运行时，牵引电机将电能转换成机械能，通过轮对驱动机车运行，此时电机处于电动机状态；当机车在电气制动状态下运行时，牵引电机将机械能转换为电能，产生电制动力，此时电机处于发电机状态。

直流电动机在日常生活中也经常被使用，如玩具、电动剃须刀等。电动剃须刀是以剪切动作进行剃须的，对于旋转式电动剃须刀，当接通电源开关后，电动机高速旋转，带动刀架上的内刀片与网罩的刃口做无间隙的相对运动，将伸入网罩孔内的胡须切断，达到剃须的目的。电动剃须刀的电动机一般采用永磁式直流电动机，额定电压一般为 1.5V 或 3V，转速为 6 000～

8 000r/min，对电动机的要求是运转平稳。在工业控制和日常生活中，不同的直流电机是如何工作的，什么样的工作特性与机械特性能保证直流电机稳定高效运行，其起动、调速、反转及制动的原理与方法为本模块重点学习的内容。

学习导图

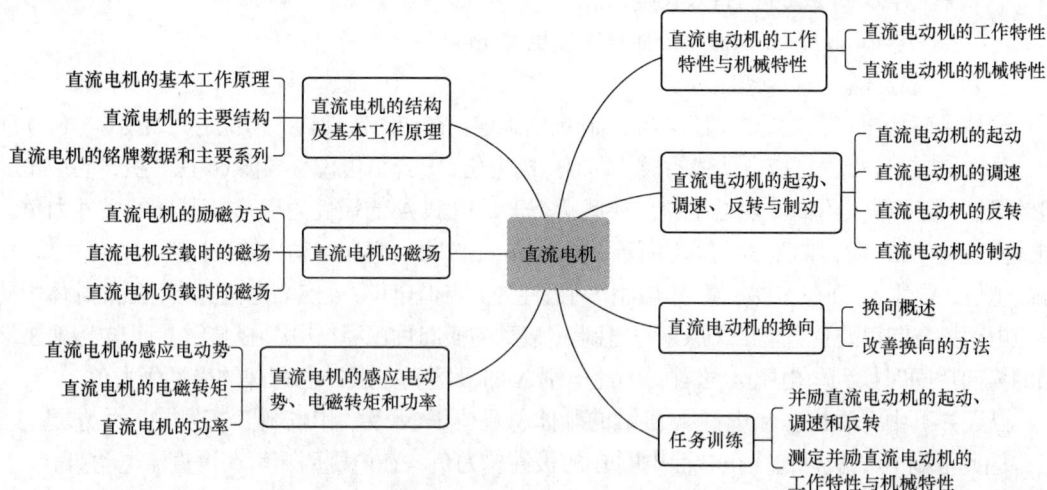

3.1　直流电机的结构及基本工作原理

3.1.1　直流电机的基本工作原理

直流电机分为直流发电机和直流电动机两大类。

1. 直流发电机的工作原理

图 3-1 所示为直流发电机的模型，其中 N、S 为磁极，磁极固定不动，称为直流发电机的定子。abcd 是固定在可旋转导磁圆柱体上的线圈，线圈连同导磁圆柱体是直流发电机的可转动部分，称为发电机转子（又称电枢）。线圈的首末端 a、d 连接到两个相互绝缘并随线圈一同转动的导电片上，该导电片称为换向片。转子线圈与外电路是通过放置在换向片上固定不动的电刷进行连接的。在定子和转子间有间隙存在，称为空气隙，简称气隙。

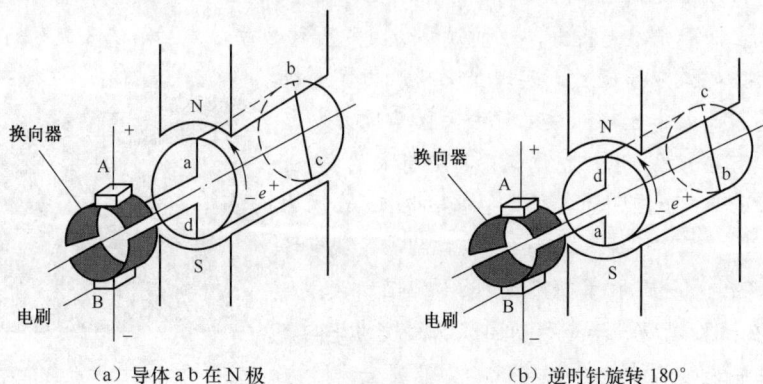

（a）导体 ab 在 N 极　　　　　　　（b）逆时针旋转 180°

图3-1　直流发电机模型

当有原动机拖动转子以一定的转速逆时针旋转时，根据电磁感应定律可知，在线圈 abcd 中将产生感应电动势。每边导体的感应电动势的大小可通过下式求得

$$e = B_x l v \tag{3-1}$$

式中　B_x——导体所在处的磁感应强度，Wb/m²；

　　　l——导体 ab 或 cd 的有效长度，m；

　　　v——导体 ab 或 cd 与 B_x 间的相对线速度，m/s；

　　　e——导体感应电动势，V。

导体中感应电动势的方向可用右手螺旋定则确定。在逆时针旋转的情况下，如图 3-1（a）所示，导体 ab 在 N 极，感应电动势的极性为 a 点高电位，b 点低电位；导体 cd 在 S 极，感应电动势的极性为 c 点高电位，d 点低电位。在此状态下，电刷 A 的极性为正，电刷 B 的极性为负。当线圈旋转 180° 后，如图 3-1（b）所示，导体 ab 在 S 极，感应电动势的极性为 a 点低电位，b 点高电位，导体 cd 则在 N 极，感应电动势的极性为 c 点低电位，d 点高电位。此时虽然导体中的感应电动势方向已改变，但由于原来与电刷 A 接触的换向片已经与电刷 B 接触，而与电刷 B 接触的换向片同时换到与电刷 A 接触，因此电刷 A 的极性仍为正，电刷 B 的极性仍为负。

从图 3-1 中可看出，和电刷 A 接触的导体总是位于 N 极，和电刷 B 接触的导体总是在 S 极，因此电刷 A 的极性总为正，而电刷 B 的极性总为负，在电刷两端可获得直流电动势。

直流发电机的电枢根据实际应用情况，需要多个线圈分布于电枢铁芯表面的不同位置，并按照一定的规律连接起来。构成发电机的磁极也是根据需要 N、S 极交替放置多对。

🎓 技术创新、精准施策

我国大型永磁直流发电机整体充磁技术获突破。

2021 年 6 月 9 日，华中科技大学国家脉冲强磁场科学中心研制的国内首台套大型永磁电机整体充磁装备，在湘潭电机股份有限公司成功完成了 2.5MW 直驱永磁风力发电机转子的整体充磁，充磁后的永磁风力发电机通过了型式试验，所有测试指标均达到产品技术要求。这是我国大型永磁电机整体充磁技术的重大突破，相关技术及装备研制水平位居世界前列。

永磁风力发电机的转子共有 84 个永磁磁极，每个磁极由 20 多个磁钢块拼装而成。传统制造工艺的拼装难度大、工艺复杂、操作危险、生产效率低。整体充磁技术则可有效改善这些问题，该技术通过脉冲强磁场装备对磁极整体充磁，从而降低了组装难度，提高了装配精度，生产效率相比传统制造工艺提高了 8 倍以上，安全性也得到了保证。整体充磁技术由国家强磁场中心主任李亮率先提出，他带领科研团队历时 8 年，先后解决了充磁过程中极间相互干扰、涡流去磁效应等问题，实现了永磁风力发电机磁极的高质量、高效率充磁，该系统给大功率风力发电机产业带来了重要影响，风机整体充磁将会有大的发展。整体充磁技术还可广泛应用于各种类型永磁电机，在风力发电、电动汽车、家用电器、工业驱动与控制等领域市场潜力巨大。永磁电机充磁技术研究现场如图 3-2 所示。

图3-2　永磁电机充磁技术研究现场

【启示】在试验现场，李亮科研团队以问题为导向，切中大型产品制造过程中生产效率低和生产安全风险大的痛点，采用新技术新工艺，精准施策，努力实现科研与应用场景落地。这次技术上的突破

可实现整极充磁，避免了分段充磁过程中的局部退磁，技术更先进。同学们在本模块学习直流电机的相关知识和任务训练中，要以李亮团队为榜样，学习他们不畏艰难、勇于创新的工匠精神，树立安全意识、环保意识和质量意识，培养分析问题、解决问题的能力及团队协作的精神。

2. 直流电动机的工作原理

将电刷 A、B 接到一个直流电源上，电刷 A 接电源的正极，电刷 B 接电源的负极，此时在电枢线圈中将有电流流过。

如图 3-3（a）所示，设线圈的 ab 边位于 N 极，线圈的 cd 边位于 S 极，根据电磁力定律可知导体每边所受电磁力的大小为

$$f = B_x l I \tag{3-2}$$

式中　B_x——导体所在处的磁感应强度，Wb/m^2；

　　　l——导体 ab 或 cd 的有效长度，m；

　　　I——导体中流过的电流，A；

　　　f——电磁力，N。

导体受力方向由左手定则确定。在图 3-3（a）所示的情况下，位于 N 极的导体 ab 的受力方向为从右向左，而位于 S 极的导体 cd 的受力方向为从左向右。该电磁力和转子半径之积即为电磁转矩，该转矩的方向为逆时针。当电磁转矩大于阻力矩时，线圈按逆时针方向旋转。

当电枢旋转到图 3-3（b）所示的位置时，原位于 S 极的导体 cd 转到 N 极，其受力方向变为从右向左；而原位于 N 极的导体 ab 转到 S 极，导体 ab 受力方向变为从左向右，该转矩的方向仍为逆时针方向，线圈在此转矩的作用下继续按逆时针旋转。这样虽然导体中流通的电流为交变的，但 N 极的导体受力方向和 S 极导体所受力的方向并未发生变化，电动机在此方向不变的转矩作用下转动。

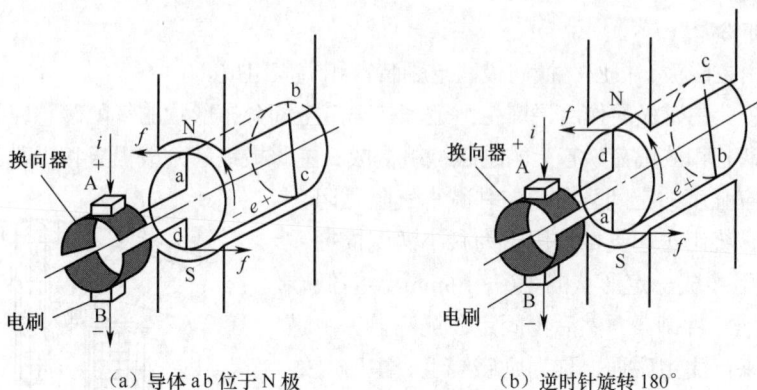

(a) 导体 ab 位于 N 极　　　　　　(b) 逆时针旋转 180°

图 3-3　直流电动机模型

与直流发电机相同，实际的直流电动机的电枢并非单一线圈，磁极也并非一对。

?　思考

根据以上分析，判断同一台直流电机能否根据需要既作为发电机使用，又作为电动机使用，直流电机电刷内绕组导体中的电流与电刷外部电路中电流有什么不同？

3.1.2 直流电机的主要结构

微课 3-1：直流电机的结构

直流电机可作为电动机运行，也可作为发电机运行。不管是电动机还是发电机，其结构基本是相同的，即都有旋转部分和静止部分，旋转部分称为转子，静止部分称为定子。小型直流电机的结构如图 3-4 所示。

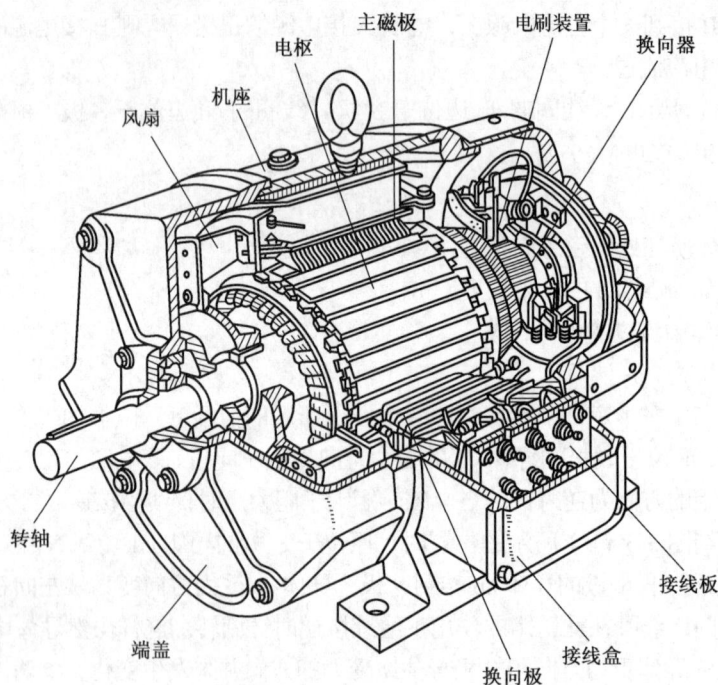

图3-4 小型直流电机的结构

1. 定子部分

定子主要由主磁极、机座、换向极、电刷装置和端盖组成。

（1）主磁极。主磁极的作用是产生恒定、有一定空间分布形状的气隙磁感应强度。主磁极一般由主磁极铁芯和放置在铁芯上的励磁绕组构成。主磁极铁芯分成极身和极靴。极靴的作用是使气隙磁感应强度的空间分布均匀并减小气隙磁阻，同时极靴对励磁绕组也起支撑作用。为减小涡流损耗，主磁极铁芯采用冲成一定形状的 1.0～1.5mm 厚的低碳钢板，用铆钉把冲片铆紧，然后再固定在机座上。主磁极上的线圈用来产生主磁通，称为励磁绕组。主磁极的结构如图 3-5 所示。

当给励磁绕组通入直流电时，各主磁极均产生一定极性，相邻两主磁极的极性为 N、S 交替出现。

（2）机座。直流电机的机座有两种形式，一种是整体机座，另一种是叠片机座。

① 整体机座。整体机座是用导磁效果较好的铸钢材

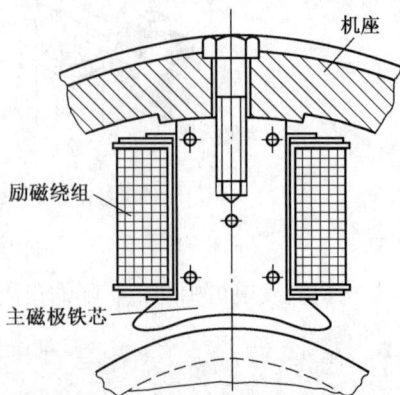

图3-5 主磁极的结构

料制成的，这种机座能同时起到导磁和机械支撑的作用。由于机座起导磁作用，因此机座是主磁路的一部分，称为定子磁轭。主磁极、换向极及端盖均固定在机座上，机座起机械支撑作用。一般直流电机均采用整体机座。

②叠片机座。叠片机座是用薄钢板冲片叠压成定子铁轭，再把定子铁轭固定在一个专起支撑作用的机座里，这样定子铁轭和机座是分开的。机座只起支撑作用，可用普通钢板制成；叠片机座主要用于主磁通变化快、调速范围较大的场合。

（3）换向极。换向极又称为附加极，其结构如图3-6所示。它的作用是改善直流电机的换向，一般电机容量超过1kW时均应安装换向极。

换向极的铁芯结构比主磁极的结构简单，一般用整块钢板制成，在其上放置换向极绕组。换向极安装在相邻的两主磁极之间。

（4）电刷装置。电刷装置是直流电机的重要组成部分。通过电刷装置把电机电枢中的电路和外部静止电路相连，或把外部电源与电机电枢相连。电刷装置与换向片一起完成机械整流，把电枢中的交变电流变成电刷上的直流，或把外部电路中的直流变换成电枢中的交流。电刷装置的结构如图3-7所示。

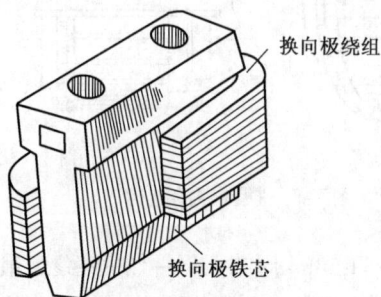

图3-6 换向极的结构　　　　图3-7 电刷装置的结构

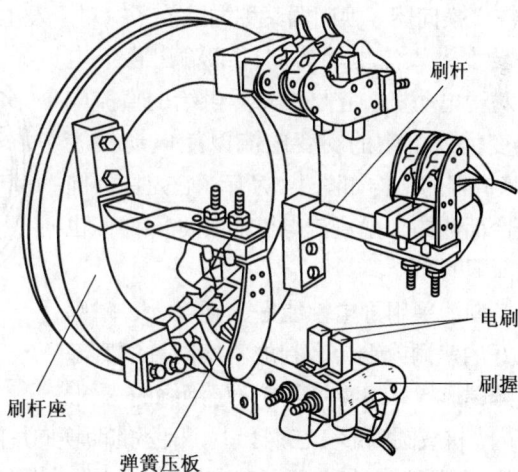

（5）端盖。电机中的端盖主要起支撑作用。端盖固定于机座上，其上放置轴承支撑直流电机的转轴，使直流电机能够旋转。

2. 转子部分

直流电机的转子是电机的转动部分，由电枢铁芯、电枢绕组、换向器、电机转轴、轴承等部分组成。

（1）电枢铁芯。电枢铁芯是主磁路的一部分，同时对放置在其上的电枢绕组起支撑作用。为减少电机旋转时铁芯中的磁通方向发生变化引起的磁滞损耗和涡流损耗，电枢铁芯通常用0.5mm厚的低硅硅钢片或冷轧硅钢片冲压成形。为减少损耗而在硅钢片的两侧涂绝缘漆，为放置绕组而在硅钢片中冲出转子槽。冲制好的硅钢片叠装成电枢铁芯。直流电机的电枢如图3-8所示。

（2）电枢绕组。电枢绕组是直流电机的重要组成部分。绕组由带绝缘体的导体绕制而成，小型电机常采用铜导线绕制，大中型电机常采用成形绕组。电机中每一个线圈称为一个元件，

61

多个元件有规律地连接起来形成电枢绕组。绕制好的绕组或成形绕组放置在电枢铁芯的槽内。放置在铁芯槽内的直线部分在电机运转时将产生感应电动势，称为元件的有效部分。在电枢槽两端把有效部分连接起来的部分称为端接部分。端接部分仅起连接作用，在电机运行过程中不产生感应电动势。

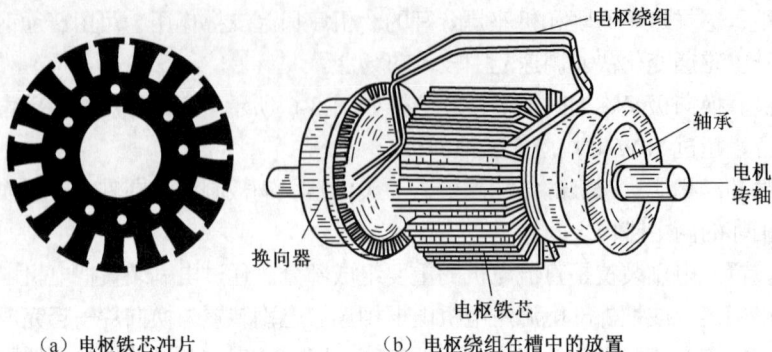

（a）电枢铁芯冲片　　　　　　（b）电枢绕组在槽中的放置

图3-8　直流电机的电枢

（3）换向器。换向器又称为整流子，对于发电机，换向器的作用是把电枢绕组中的交变电动势转变为直流电动势向外部输出直流电压；对于电动机，它是把外界供给的直流电流转变为绕组中的交变电流以使电动机旋转。换向器的结构如图3-9所示，它是由换向片组合而成的，是直流电机的关键部件，也是最薄弱的部分。

换向器采用导电性能好、硬度大、耐磨性能好的紫铜或铜合金制成。换向片的底部做成燕尾形状，镶嵌在含有云母绝缘的V形

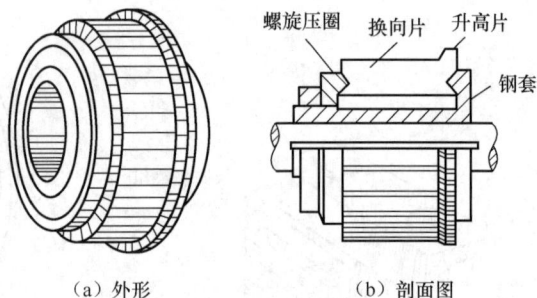

（a）外形　　　　　（b）剖面图

图3-9　换向器的结构

钢环内，拼成圆筒形套在钢套上，相邻的两换向片间以0.6～1.2mm厚的云母片作为绝缘，最后用螺旋压圈压紧。换向器固定在转轴的一端，换向片靠近电枢绕组一端的部分与绕组引出线相焊接。

3.1.3　直流电机的铭牌数据和主要系列

铭牌钉在电机机座的外表面，其上标明电机主要额定数据及电机产品数据，供使用者使用时参考。铭牌数据主要包括电机产品型号、额定功率、额定电压、额定电流、额定转速、额定励磁电流、励磁方式等，此外还有电机的出厂数据，如出厂编号、出厂日期等。

电机产品型号表示电机的结构和使用特点，国产电机的型号一般采用大写的汉语拼音字母和阿拉伯数字表示，格式为：第一部分用大写的汉语拼音表示产品代号，第二部分用阿拉伯数字表示设计序号，第三部分用阿拉伯数字表示机座代号，第四部分用阿拉伯数字表示电枢铁芯长度代号。下面以Z2-92为例说明。

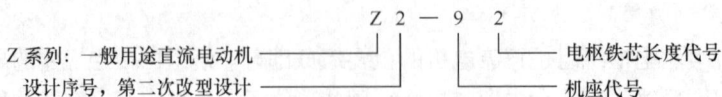

Z系列：一般用途直流电动机　电枢铁芯长度代号
设计序号，第二次改型设计　机座代号

第一部分字符的含义如下：

Z 系列——一般用途直流电动机（如 Z2、Z3、Z4 等系列）；

ZJ 系列——精密机床用直流电动机；

ZT 系列——广调速直流电动机；

ZQ 系列——直流牵引电动机；

ZH 系列——船用直流电动机；

ZA 系列——防爆安全性直流电动机；

ZKJ 系列——挖掘机用直流电动机；

ZZJ 系列——冶金起重机用直流电动机。

电机铭牌上所标的数据称为额定数据，具体含义如下。

电机额定功率 P_N：在额定条件下电机所能供给的功率。对于电动机而言，额定功率是指电动机轴上输出的额定机械功率；对于发电机而言，额定功率是指电刷间输出的额定电功率。额定功率的单位为 kW。

额定电压 U_N：在额定条件下，电机出线端的平均电压。对于电动机而言是指输入额定电压，对于发电机而言是指输出额定电压。额定电压的单位为 V。

额定电流 I_N：电机在额定电压情况下，运行于额定功率时对应的电流值。额定电流的单位为 A。

额定转速 n_N：对应于额定电压、额定电流，电机运行于额定功率时对应的转速。额定转速的单位为 r/min。

额定励磁电流 I_{fN}：对应于额定电压、额定电流、额定转速及额定功率时的励磁电流。额定励磁电流的单位为 A。

励磁方式：直流电机的励磁线圈与其电枢线圈的连接方式。根据电枢线圈与励磁线圈的连接方式不同，直流电机励磁有并励、串励、复励等方式。

此外，电机的铭牌上还标有其他数据，如励磁电压、出厂日期、出厂编号等。

在电机运行时，若所有的物理量均与其额定值相同，则称电机运行于额定状态。若电机的运行电流小于额定电流，则称电机为欠载运行；若电机的运行电流大于额定电流，则称电机为过载运行。电机长期欠载运行使电机的额定功率不能全部发挥作用，造成浪费；长期过载运行会缩短电机的使用寿命，因此长期欠载或过载运行都不好。电机最好运行于额定状态或额定状态附近，此时电机的运行效率、工作性能都比较好。

••• 3.2 直流电机的磁场 •••

直流电机在工作过程中既有主磁极产生的主磁极磁动势，也有电枢电流产生的电枢磁动势，电枢磁动势的存在必然影响主磁极磁动势产生的磁场分布。电枢磁动势对主磁极磁动势的影响称为电枢反应。

3.2.1 直流电机的励磁方式

直流电机在发电状态下运行，除需要原动机拖动外，还需要供给励磁绕组励磁电流。供给励磁绕组电流的方式称为励磁方式。直流电机的励磁方式分为他励和自励两大类。电机的励磁电流由其他直流电源单独供给的称为他励电机。电机的励磁电流由电机自身供给的称为自励电机。自励电机根据励磁绕组与电枢绕组的连接方式又可分为并励电机、串励电机和复励电机 3种。并励电机的励磁绕组与电枢绕组并联，串励电机的励磁绕组与电枢绕组串联，而复励电机是并励和串励两种励磁方式相结合。图 3-10 所示为直流电机的励磁方式。

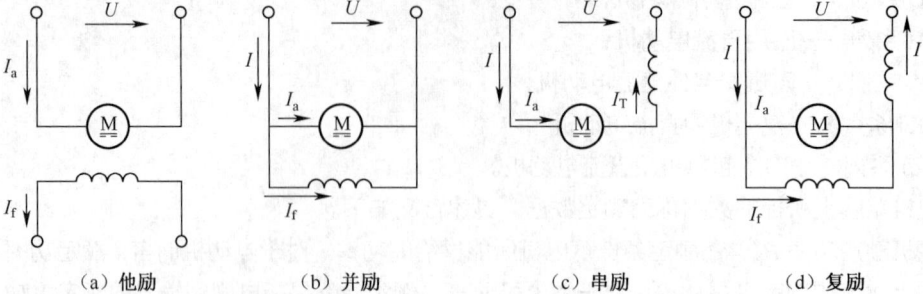

（a）他励　　　　　（b）并励　　　　　（c）串励　　　　　（d）复励

图3-10　直流电机的励磁方式

3.2.2　直流电机空载时的磁场

直流电机在负载运行时，它的磁场是由电机中各个绕组，包括励磁绕组、电枢绕组、换向极绕组、补偿绕组等共同产生的。其中励磁绕组起主要作用。为研究电枢反应对直流电机特性的影响，先研究励磁绕组有励磁电流，其他绕组无电流时的磁场情况，把这种情况称为电机的空载运行，此时的磁场称为空载磁场。

1. 直流电机空载时的磁路

图 3-11 所示为一台 4 极直流电机空载时的磁场分布示意图。当励磁绕组流过励磁电流 I_f 时，每极的励磁磁动势为

$$F_f = I_f N_f \qquad (3-3)$$

式中　N_f——一个磁极上励磁绕组的串联匝数；

　　　　F_f——励磁磁动势。

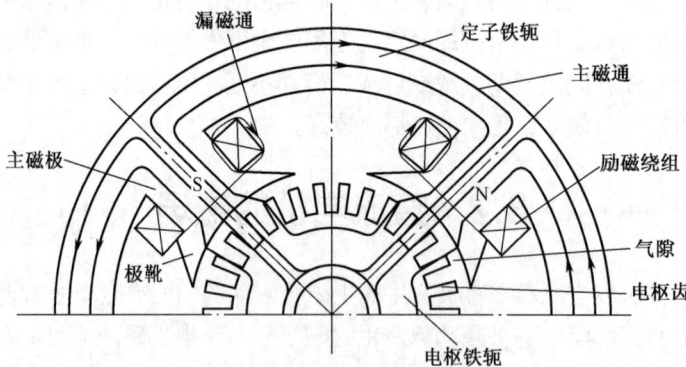

图3-11　4极直流电机空载时的磁场分布

如图 3-11 所示，大部分磁感应线的路径是由 N 极出来，经气隙进入电枢齿部，再经过电枢铁芯的铁轭到另外的电枢齿，又通过气隙进入 S 极，再经定子铁轭回到原来的 N 极。这部分磁路通过的磁通称为主磁通，主磁通经过的磁路称为主磁路。还有一小部分磁通，它们不进入电

枢铁芯，直接经过气隙、相邻磁极或者定子铁轭形成闭合回路，这部分磁通称为漏磁通，所经过的磁路称为漏磁路。在直流电机中，进入电枢里的主磁通是主要的，它能在电枢绕组中产生感应电动势或者产生电磁转矩，而漏磁通却没有这个作用，它只是增加主磁极磁路的饱和程度。关于主、漏磁通也可以这样定义：同时交链励磁绕组和电枢绕组的磁通是主磁通，只交链励磁绕组本身的是主磁极漏磁通。由于相邻的两个磁极之间的气隙较大，漏磁通在数量上比主磁通要小得多，大约是主磁通的 20%。

根据前面的分析，从图 3-11 中可以看出，直流电机的主磁路可分为 5 段：定、转子之间的气隙；电枢齿；电枢铁轭；主磁极和定子铁轭。在 5 段磁路中，除了气隙是空气介质，它的磁导率 μ_0 是常数外，其余各段用的材料均为铁磁材料。

2. 空载时气隙磁感应强度的分布

直流电机空载时，主磁极的励磁磁动势主要消耗在气隙上，当忽略主磁路中铁磁性材料的磁阻时，主磁极下气隙磁感应强度的分布就取决于气隙的大小和形状。在一般情况下，磁极极靴宽度约为极距 τ 的 75%。磁极中心附近的气隙较小且均匀不变，磁感应强度较大且基本为常数。靠近两边极尖处，气隙逐渐变大，磁感应强度减小；在极尖以外，气隙明显增大，磁感应强度显著减小。在磁极之间的几何中性线处，气隙磁感应强度为零。因此，空载时的气隙磁感应强度分布为一平顶波，如图 3-12（b）所示。

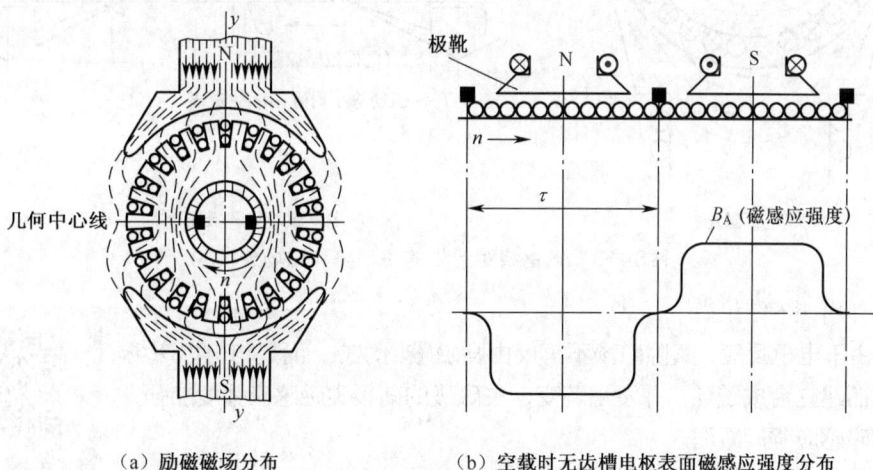

（a）励磁磁场分布　　　　　　　　　（b）空载时无齿槽电枢表面磁感应强度分布

图3-12　直流电机空载时磁场气隙磁感应强度分布

3.2.3　直流电机负载时的磁场

当直流电机带上负载后，电枢绕组中就有电流通过，电枢绕组也将产生磁动势，该磁动势称为电枢磁动势。电枢磁动势的出现使得磁路里的磁场发生变化。

1. 电枢磁场

以电动机为例，为了分析方便，把电机的气隙圆周展开成直线，如图 3-13 所示。把直角坐标放在电枢的表面上，横坐标表示沿气隙圆周方向的空间距离，用 x 表示，坐标原点放在电刷所在位置；纵坐标表示气隙消耗的磁动势的大小，用 F 表示，并规定以磁动势出电枢、进定子的方向作为磁动势的正方向，反之，出定子、进电枢的方向为负方向。以此画出气隙的磁动势波形如图 3-13（b）所示。当元件中流过的电流为 i_a，元件匝数为 N_y 时，元件产生的磁动势为

$N_y i_a$，若忽略电枢铁芯磁阻，则全部磁动势均消耗在气隙里，每段气隙消耗的磁动势为 $\frac{1}{2}N_y i_a$。

2. 电枢反应

从图 3-12 和图 3-13 可以看出，空载磁场和电枢磁场轴线刚好正交，但在主磁极的前极尖处（电枢进入主磁极的极边）两磁场方向相同，而在后极尖处（电枢离开主磁极的极边）两磁场方向相反。因此，在前极尖处磁场被加强，而在后极尖处磁场被削弱，使气隙的磁场畸变，如图 3-14 所示。这就是电枢磁场对励磁磁场的影响，称为电枢反应。

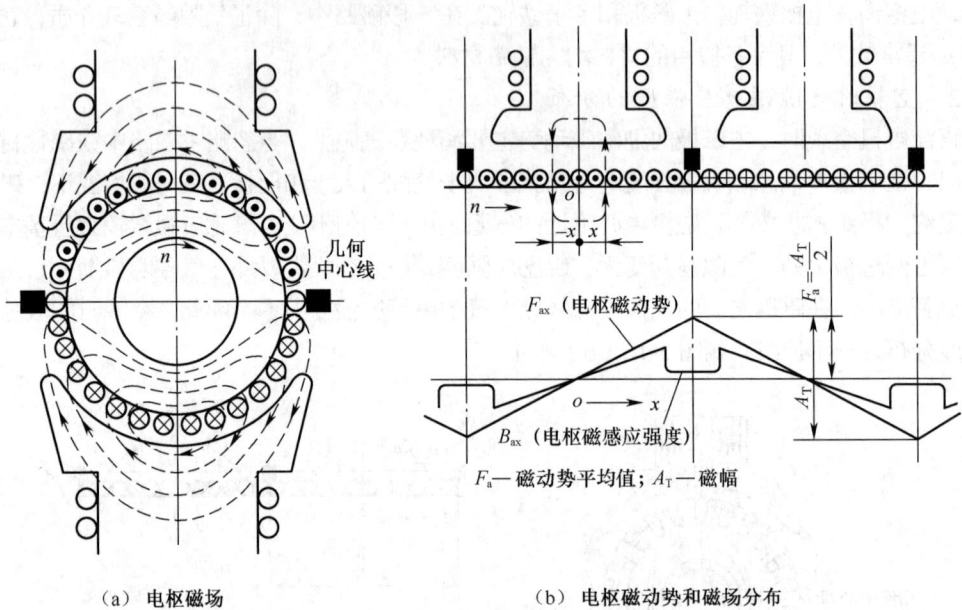

（a）电枢磁场　　　　　　　（b）电枢磁动势和磁场分布

图3-13　电枢绕组产生的磁动势和磁场分布

由此得出如下结论。

（1）由于电枢反应，气隙磁场不再仅由励磁磁场建立，而是与电枢磁场共同作用而建立合成磁场，并发生畸变，主磁极的前极尖磁感应强度加强，后极尖的磁感应强度减弱。

（2）合成磁场的物理中心线逆着旋转方向移动一个角度 β（见图3-14），但必须注意，此时电刷轴线仍在几何中心线上，也就是说，电流的分界线仍未变，但磁场的分界线（即物理中心线）移动之后，产生电动势的分界线也移动，不再像空载那样与几何中心线重合。

（3）在几何中心线划分的极区范围内，当磁路为线性时，极轴两边的助磁效应恰与去磁效应相补偿，故合成磁场的磁通——有效磁通，仍与励磁磁通——主磁通 Φ_0 相等，也就是说，电枢反应只引起磁场分布曲线畸变，而不改变有效磁通的大小。因此，当电机带负载而磁路不饱和时，电枢绕组产生的感应电动势仍与空载时相等。如果磁路是非线性的，则前极尖可能达到饱和，磁感应强度加强不多，出现去磁现象，如图 3-14（b）所示的阴影部分，合成磁通将比 Φ_0 小，那么电枢绕组的感应电动势便有所下降。

（4）由于合成磁感应强度波形是非线性的，所以电枢绕组中每个元件的感应电动势不等，造成换向片间电位差不等，增加换向难度。

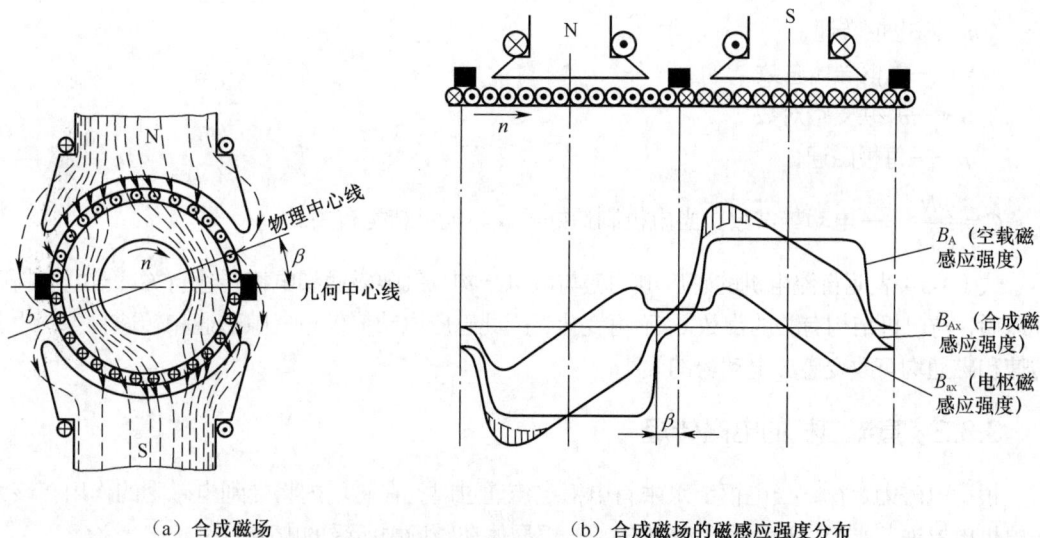

（a）合成磁场   （b）合成磁场的磁感应强度分布

图3-14　电刷在几何中心线上的电枢磁动势和磁场分布

假如电机为发电机带负载运行，分析方法也相似，读者可自行讨论。

••• 3.3 直流电机的感应电动势、电磁转矩和功率 •••

直流电机运行时，其电枢中产生电磁转矩和感应电动势。当直流电机作为电动机运行时，电磁转矩为拖动转矩，通过电机轴带动负载，电枢感应电动势为反向电动势，与电枢所加外电压相平衡；当其作为发电机运行时，电磁转矩为阻转矩，电枢感应电动势为正向电动势，向外输出电压，供给直流负载。

3.3.1 直流电机的感应电动势

电枢绕组中的感应电动势也叫作电枢电动势，是指直流电机正、负电刷之间的感应电动势，也就是每个支路里的感应电动势。

每个支路所含的元件数是相等的，而且每个支路里的元件都是分布在同极性磁极下的不同位置上。这样，先求出一根导体在一个极矩范围内切割气隙磁感应强度的平均感应电动势，再乘以一个支路里总的导体数，就是感应电动势。

一根导体中的感应电动势可通过电磁感应定律求得，其表达式为

$$e_{av}=B_{av}lv \tag{3-4}$$

式中　B_{av}——一个主磁极下的平均磁感应强度；

    v——电枢导体运动的线速度；

    l——导体的有效长度。

每个支路中的感应电动势为

$$E_a = \frac{N}{2a}e_{av} = \frac{pN}{60a}\Phi n = C_e\Phi n \tag{3-5}$$

式中　p——磁极对数；

n——电枢转速；

N——电枢导体总数；

a——并联支路对数；

Φ——每极磁通；

$C_e = \dfrac{pN}{60a}$ ——电动势常数，当电机制造好后仅与电机结构有关。

式（3-5）表明直流电机的感应电动势与电机结构、气隙磁通和电机转速有关。当电机制造好以后，与电机结构有关的常数 C_e 不再变化，因此感应电动势仅与气隙磁通和转速有关，改变转速和磁通均可改变感应电动势的大小。

3.3.2 直流电机的电磁转矩

根据电磁力定律，当电枢绕组中有电枢电流通过时，在磁场内将受到电磁力的作用，该力与电机电枢铁芯半径之积称为电磁转矩。一根导体在磁场中所受的电磁力为

$$f_{av} = B_{av} l i_a \tag{3-6}$$

式中　$i_a = \dfrac{I_a}{2a}$ ——导体中通过的电流；

　　　　I_a——电枢电流。

每根导体的电磁转矩为

$$T_c = f_{av} \dfrac{D}{2} \tag{3-7}$$

总的电磁转矩为

$$T_{em} = B_{av} l \dfrac{I_a}{2a} N \dfrac{D}{2} = \dfrac{pN}{2\pi a} \Phi I_a = C_T \Phi I_a \tag{3-8}$$

式中　$C_T = \dfrac{pN}{2\pi a}$ ——转矩常数，仅与电机结构有关；

　　　　$D = \dfrac{2p\tau}{\pi}$ ——电枢铁芯直径。

电枢电流的单位为 A，磁通单位为 Wb 时，电磁转矩的单位为 N·m。

从 C_e 与 C_T 的表达式可以看出

$$C_T = 9.55 C_e \tag{3-9}$$

从式（3-8）可看出，制造好的直流电机的电磁转矩仅与电枢电流和气隙磁通成正比。

3.3.3 直流电机的功率

电机是进行能量转换的装置，因而功率关系是电机运行中最基本的关系。电机在运行过程中，存在输入功率、输出功率和各种损耗，它们之间应满足能量守恒定律。

在进行能量转换的过程中，电机内部产生各种损耗，其能量转换为热能使电机发热。

微课 3-3：直流电机的能量转换

1. 电机的损耗

（1）铜损耗 P_{Cu}。铜损耗包括电枢绕组、励磁绕组、换向极绕组、补偿绕组的铜损耗和电刷与换向器接触电阻产生的损耗。铜损耗的大小与电流、绕组电阻及电刷的接触电阻有关。铜损耗将引起绕组及换向器发热。铜损耗与电流的二次方成正比，随着电机的负载变化，称为可变损耗。

（2）机械损耗 P_{mec}。机械损耗是指电机旋转时，转动部分与静止部分以及周围空气摩擦所引起的损耗，主要有轴承摩擦损耗、电刷摩擦损耗、电枢与周围空气的摩擦损耗等，其大小和电机转速有关。机械损耗将引起轴承和换向器发热。

（3）铁损耗 P_{Fe}。交变磁通在铁芯中产生的磁滞和涡流损耗称为铁损耗。电枢铁芯在静止的磁场中旋转，通过铁芯中的磁通为交变磁通，产生铁损耗；电枢旋转时，电枢槽口引起主磁极表面磁通脉动，在极靴表面产生铁损耗。铁损耗大小与电机的转速、磁感应强度及铁芯冲片的厚度、材料有关。铁损耗将引起铁芯发热。

P_{Fe} 和 P_{mec} 在电机空载时就存在，称为空载损耗 P_0，表示为

$$P_0=P_{Fe}+P_{mec}$$

空载损耗 P_0 与电机的负载无关，也称为不变损耗。

（4）附加损耗 P_{ad}。除了上述各种损耗之外，电机还存在附加损耗。附加损耗很难精确计算，一般估计为电机输出功率的 0.5%～1%，即 $P_{ad}=(0.5\%\sim1\%)P_2$。

严格地说，P_{ad} 有一部分空载时就存在，另一部分随负载而变化，但为了计算方便，常把附加损耗归至空载损耗一类。

电机的总损耗 ΣP 为

$$\Sigma P =P_{Cu}+P_{Fe}+P_{ad}+P_{mec}=P_{Cu}+P_0 \qquad (3\text{-}10)$$

2. 电磁功率

在电机中，把通过电磁作用传递的功率称为电磁功率，用 P_{em} 表示。电磁功率既可以看成是机械功率，又可以看成是电功率。从机械功率的角度看 P_{em}，它是电磁转矩 T_{em} 和旋转角速度 Ω 的乘积，即 $P_{em}=T_{em}\Omega$。从电功率角度看 P_{em}，它是电枢电动势 E_a 和电枢电流 I_a 的乘积，即 $P_{em}=E_aI_a$。根据能量守恒定律，两者相等，即 $P_{em}=T_{em}\Omega=E_aI_a$。

因此，无论是发电机还是电动机，电磁功率均指电机能够利用电磁感应原理进行能量转换的这部分功率，可以表示为机械功率的形式，也可以表示为电功率的形式。

3. 功率平衡方程式

电机的输入功率为 P_1，输出功率为 P_2，总损耗为 ΣP，根据能量守恒定律，可得功率平衡方程式：$P_1=P_2+\Sigma P$。

图 3-15 所示为直流发电机的功率流程，图 3-16 所示为直流电动机的功率流程。

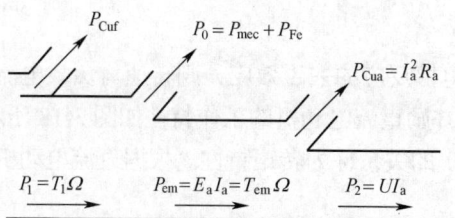

图3-15 直流发电机功率流程

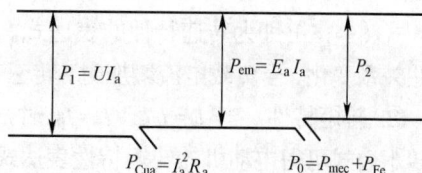

图3-16 直流电动机功率流程

从直流发电机功率流程看，原动机输入机械功率 $P_1 = T_1\Omega$，一部分供给空载损耗 P_0，包括铁芯中的涡流损耗、磁滞损耗、机械摩擦损耗等不变损耗（$P_{Fe}+P_{mec}$），其他转变为电磁功率 P_{em}，电磁功率中的一部分供给电枢绕组的发热损耗，即电枢铜损耗 $P_{Cua}=I_a^2R_a$，为并励时，还要供给励磁绕组的发热损耗，即励磁铜耗 $P_{Cuf}=I_f^2R_f$，最后输出电功率 $P_2=I_aU$。

从直流电动机功率流程看，从电源输入电功率 $P_1 = UI_a$，一部分供给电枢铜损耗 $P_{Cua}=I_a^2R_a$，为并励时，还要供给励磁铜损耗 $P_{Cuf}=I_f^2R_f$，其余转变为电磁功率 P_{em}，其中的一部分供给空载损耗 $P_0 = P_{Fe} + P_{mec}$ 以后，在轴上输出机械功率 $P_2=T_2\Omega$。

●●● 3.4　直流电动机的工作特性与机械特性 ●●●

3.4.1　直流电动机的工作特性

1.　直流电动机的基本方程

在列出直流电动机的基本方程之前，应规定好电动机各物理量的正方向，如图 3-17 所示。在图 3-17 中，T_2 是电动机转轴上的输出机械转矩，即负载转矩。

根据规定的参考方向，电动机的基本方程如下

$$U = E_a + R_aI_a \qquad （3-11）$$

$$T_{em}=T_2+T_0 \qquad （3-12）$$

式中　T_0——空载转矩。

由图 3-16 所示的功率流程（此处相比图 3-16 加入附加损耗 P_{ad}）可得

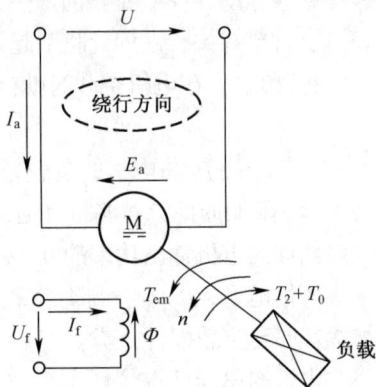

图3-17　电动机惯例

$$P_1 = P_{em} + P_{Cua} = P_2 + P_{mec} + P_{Cua} + P_{Fe} + P_{ad} = P_2 + \sum P \qquad （3-13）$$

直流电动机的效率可通过下式进行计算

$$\eta = \frac{P_2}{P_1} = 1 - \frac{\sum P}{P_2 + \sum P} \qquad （3-14）$$

2.　直流电动机的工作特性

直流电动机的工作特性是指供给电动机额定电压 U_N、额定励磁电流 I_{fN} 时，转速、转矩及效率与负载电流之间的关系。这 3 个关系分别称为电动机的转速特性、转矩特性和效率特性。

（1）他励（并励）直流电动机的工作特性。

① 转速特性。他励直流电动机的转速特性可表示为 $n=f(I_a)$，即

$$n = \frac{U_N}{C_e\Phi_N} - \frac{R_a}{C_e\Phi_N}I_a \qquad （3-15）$$

式（3-15）即为转速特性的表达式。如果忽略电枢反应的去磁效应，则转速与负载电流按线性关系变化，当负载电流增加时，转速有所下降。并励直流电动机的工作特性如图 3-18 所示。

② 转矩特性。当 $U=U_N$，$I_f=I_{fN}$ 时，$T_{em}=f(I_a)$ 的关系称为转矩特性。根据直流电动机电磁转矩公式可得电动机的转矩特性表达式如下

$$T_{em}=C_T\Phi_NI_a \qquad （3-16）$$

由式（3-16）可见，在忽略电枢反应的情况下，电磁转矩与电枢电流成正比，若考虑电枢反应，则主磁通略有下降，电磁转矩上升的速度比电流的上升速度要慢一些，曲线的斜率略有下降。

③ 效率特性。当 $U=U_N$，$I_f=I_{fN}$ 时，$\eta=f(I_a)$ 的关系称为效率特性，表示为

$$\eta = \frac{P_1 - \sum P}{P_1} = 1 - \frac{P_0 + R_a I_a^2}{U_N I_a} \qquad （3\text{-}17）$$

从前面叙述可知，空载损耗 P_0 是不随负载电流变化的，当负载电流较小时效率较低，输入的功率大部分消耗在空载损耗上；当负载电流增大时效率也增大，输入的功率大部分消耗在机械负载上；但当负载电流大到一定程度时，铜损耗快速增大的同时效率又开始变小。

（2）串励直流电动机的工作特性。串励直流电动机的励磁绕组与电枢绕组串联，电枢电流即为励磁电流。串励直流电动机的工作特性与并励直流电动机有很大的区别。当负载电流较小时，磁路不饱和，主磁通与励磁电流（负载电流）按线性关系变化，而当负载电流较大时，磁路趋于饱和，主磁通基本不随电枢电流变化。因此，串励直流电动机的转速特性、转矩特性和效率特性必须分段讨论。

当负载电流较小时，电动机的磁路没有饱和，每极气隙磁通 Φ 与励磁电流 $I_f=I_a$ 呈直线变化关系，即

$$\Phi = k_f I_f = k_f I_a \qquad （3\text{-}18）$$

式中 k_f——比例系数。

根据式（3-15），串励直流电动机的转速特性可写为

$$n = \frac{U}{C_e \Phi} - \frac{R I_a}{C_e \Phi} = \frac{U}{k_f C_e I_a} - \frac{R}{k_f C_e} \qquad （3\text{-}19）$$

式中 R——串励直流电动机电枢回路总电阻，$R=R_a+R_f$。

串励直流电动机的机械特性可写为

$$T_{em} = C_T \Phi I_a = k_f C_T I_a^2 \qquad （3\text{-}20）$$

由上述可知，当负载电流较小时，转速较大；负载电流增加，转速快速下降；当负载电流趋于零时，电动机转速趋于无穷大。因此，串励直流电动机不可以空载或在轻载下运行，电磁转矩与负载电流的二次方成正比。

当负载电流较大时，磁路已经饱和，磁通 Φ 基本不随负载电流变化，串励直流电动机的工作特性与并励直流电动机相同。串励直流电动机的工作特性如图3-19所示。

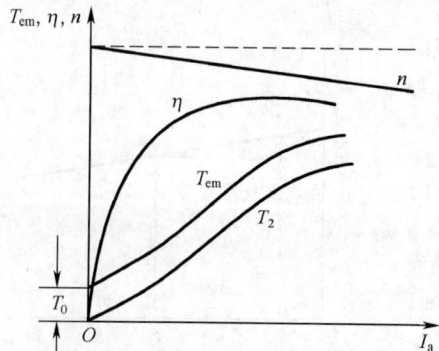

图3-18 并励直流电动机的工作特性

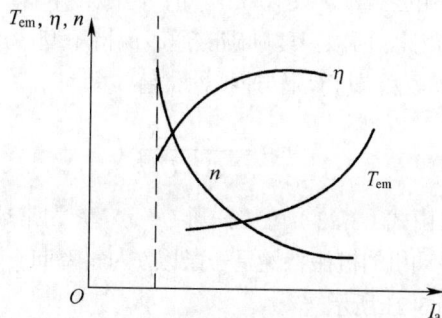

图3-19 串励直流电动机的工作特性

? 思考
早期直流传动电力机车为什么使用串励直流电动机作为牵引电机？

3.4.2 直流电动机的机械特性

1. 机械特性的表达式

直流电动机的机械特性是指在电动机的电枢电压、励磁电流、电枢回路电阻为恒值的条件下，即电动机处于稳态运行时，电动机的转速 n 与电磁转矩 T_{em} 之间的关系，表示为 $n = f(T_{em})$。由于转速和转矩都是机械量，所以把 $n = f(T_{em})$ 称为机械特性。利用机械特性和负载特性可以确定系统的稳态转速，在一定近似条件下还可以利用机械特性和运动方程式分析电力拖动系统的动态运行情况，如转速、转矩及电流随时间的变化规律。可见，电动机的机械特性对分析电力拖动系统的运动非常重要。

图 3-20 所示为他励直流电动机的电路原理。图中 U 为外施电源电压，E_a 是电枢电动势，I_a 是电枢电流，R_S 是电枢回路串联电阻，I_f 是励磁电流，R_f 是励磁绕组电阻，R_{sf} 是励磁回路串联电阻。按图中标明的各个量的正方向，可以列出电枢回路的电压平衡方程式为

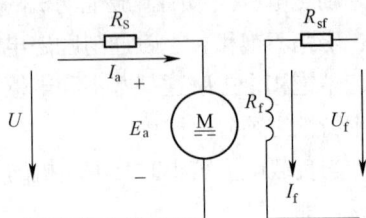

图3-20 他励直流电动机电路原理

$$U = E_a + RI_a \quad (3-21)$$

式中 $R = R_a + R_S$——电枢回路总电阻，R_a 为电枢电阻。

将电枢电动势 $E_a = C_e \Phi n$ 和电磁转矩 $T_{em} = C_T \Phi I_a$ 代入式（3-21）中，可得他励直流电动机的机械特性方程式为

$$n = \frac{U}{C_e \Phi} - \frac{R}{C_e C_T \Phi^2} T_{em} = n_0 - \beta T_{em} = n_0 - \Delta n \quad (3-22)$$

式中 C_e、C_T——电动势常数和转矩常数（$C_T = 9.55 C_e$）；

$n_0 = \dfrac{U}{C_e \Phi}$——电磁转矩 $T_{em} = 0$ 时的转速，称为理想空载转速；

$\beta = \dfrac{R}{C_e C_T \Phi^2}$——机械特性的斜率；

$\Delta n = \beta T_{em}$——转速降。

由公式 $T_{em} = C_T \Phi I_a$ 可知，电磁转矩 T_{em} 与电枢电流 I_a 成正比，所以只要励磁磁通 Φ 保持不变，机械特性方程式（3-22）就可用转速特性代替，即

$$n = \frac{U}{C_e \Phi} - \frac{R}{C_e \Phi} I_a \quad (3-23)$$

由式（3-23）可知，当 U、Φ、R 为常数时，他励直流电动机的机械特性是一条以 β 为斜率向下倾斜的直线，如图 3-21 所示。

必须指出，电动机的实际空载转速 n_0' 比理想空载转

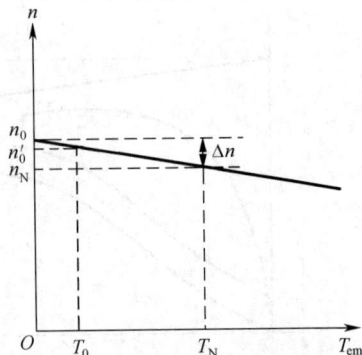

图3-21 他励直流电动机的机械特性

速 n_0 略低。这是因为电动机由于摩擦等原因存在一定的空载转矩 T_0，空载运行时，电磁转矩不可能为零，它必须克服空载转矩，即 $T_{em} = T_0$，故实际空载转速应为

$$n_0' = \frac{U}{C_e \Phi} - \frac{R}{C_e C_T \Phi^2} T_0 \tag{3-24}$$

转速降 Δn 是理想空载转速与实际转速之差，转矩一定时，它与机械特性的斜率 β 成正比。β 越大，特性越陡，Δn 越大；β 越小，特性越平，Δn 越小。通常称 β 值大的机械特性为软特性，而 β 值小的机械特性为硬特性。

事实上，式（3-22）中的电枢回路电阻 R、端电压 U 和励磁磁通 Φ 都是可以根据实际需要调节的，因为每调节一个参数可以对应得到一条机械特性，所以可以得到多条机械特性。其中，电动机自身所固有的，反映电动机本来性能的机械特性是在电枢电压、励磁磁通为额定值，且电枢回路不外串电阻时的机械特性，这条机械特性称为电动机的固有（自然）机械特性。调节 U、Φ、R 等参数后得到的机械特性称为人为机械特性。

2. 固有机械特性和人为机械特性

（1）固有机械特性。当 $U = U_N$，$\Phi = \Phi_N$，$R = R_a$（$R_S = 0$）时的机械特性称为固有机械特性，其方程式为

$$n = \frac{U_N}{C_e \Phi_N} - \frac{R_a}{C_e C_T \Phi_N^2} T_{em} \tag{3-25}$$

因为电枢电阻 R_a 很小，特性斜率 β 很小，通常额定转速降 Δn 只有额定转速的百分之几到百分之十几，所以他励直流电动机的固有机械特性是硬特性，如图 3-22 中电阻为 R_a 的直线所示。

（2）人为机械特性。

① 电枢串电阻时的人为机械特性。保持 $U = U_N$，$\Phi = \Phi_N$ 不变，只在电枢回路中串入电阻 R_S 时的人为机械特性为

$$n = \frac{U_N}{C_e \Phi_N} - \frac{R_a + R_S}{C_e C_T \Phi_N^2} T_{em} \tag{3-26}$$

与固有机械特性相比，电枢串电阻时人为机械特性的理想空载转速 n_0 不变，但斜率 β 随串联电阻 R_S 的增大而增大，所以特性变软，改变 R_S 的大小，可以得到一簇通过理想空载点 n_0 并具有不同斜率的人为机械特性，如图 3-22 所示。

② 降低电枢电压时的人为特性。保持 $\Phi = \Phi_N$，$R = R_a$（$R_S = 0$）不变，只改变电枢电压 U 时的人为机械特性为

$$n = \frac{U}{C_e \Phi_N} - \frac{R_a}{C_e C_T \Phi_N^2} T_{em} \tag{3-27}$$

由于电动势的工作电压以额定电压为上限，因此改变电压时，只能在低于额定电压的范围内变化。与固有机械特性比较，降低电压时人为机械特性的斜率 β 不变，但理想空载转速 n_0 随电压的降低而正比减小。因此，降低电压时的人为机械特性是位于固有机械特性下方，且与固有机械特性平行的一组直线，如图 3-23 所示。

微课 3-4：直流电动机的机械特性

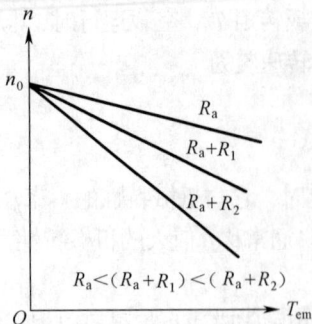

图3-22 电枢串电阻时的人为机械特性

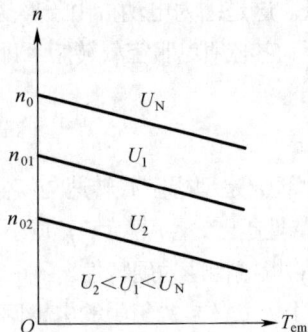

图3-23 降低电枢电压时的人为机械特性

③ 减弱励磁磁通时的人为机械特性。在图 3-20 中，改变励磁回路串联电阻 R_{sf}，就可以改变励磁电流，从而改变励磁磁通。由于电动机额定运行时，磁路已经开始饱和，即使再成倍地增加励磁电流，磁通也不会有明显增加，何况由于励磁绕组发热条件的限制，励磁电流也不允许再大幅度地增加，因此，只能在额定值以下调节励磁电流，即只能减弱励磁磁通。

保持 $U = U_N$，$R = R_a$（$R_S = 0$）不变，只减弱励磁磁通时的人为机械特性为

$$n = \frac{U_N}{C_e\Phi} - \frac{R_a}{C_e C_T \Phi^2}T_{em} \tag{3-28}$$

对应的转速特性为

$$n = \frac{U_N}{C_e\Phi} - \frac{R_a}{C_e\Phi}I_a \tag{3-29}$$

在电枢串电阻和降低电枢电压的人为机械特性中，因为 $\Phi = \Phi_N$ 不变，$T_{em} \propto I_a$，所以它们的机械特性 $n = f(T_{em})$ 曲线也代表了转速特性 $n = f(I_a)$ 曲线。但是在讨论减弱励磁磁通的人为机械特性时，因为磁通 Φ 是个变量，所以 $n = f(I_a)$ 与 $n = f(T_{em})$ 两条曲线是不同的。图 3-24 所示为减弱励磁磁通时的人为机械特性。

由式（3-29）可知，当 $n = 0$ 时，堵转电流 $I_K = U/R_a =$ 常数，而 n_0 随 Φ 的减小而增大，如图 3-24 所示。磁通 Φ 越小，理想空载转速 n_0 越高，特性越软。

由式（3-28）可知，当 $n = 0$ 时，堵转电磁转矩 $T_K = C_T\Phi I_K$，而 $I_K =$ 常数，所以当 Φ 减小时，T_K 随 Φ 正比减小，同时理想空载转速 n_0 增大，特性急剧变软。

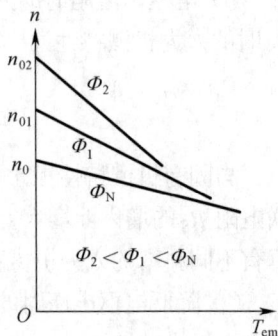

图3-24 减弱励磁磁通时的人为机械特性

改变磁通可以调节转速。当负载转矩不太大时，磁通减小使转速升高，只有当负载转矩特别大时，减弱磁通才会使转速下降，然而，这时的电枢电流已经过大，电动机不允许在这样大的电流下工作。因此，在实际运行条件下，可以认为磁通越小，稳定转速越高。

？ 思考

他励直流发电机由空载到额定负载，端电压为什么会下降？并励发电机与他励发电机相比，哪个电压变化率大？

••• 3.5 直流电动机的起动、调速、反转与制动 •••

3.5.1 直流电动机的起动

电动机的起动是指电动机接通电源后，由静止状态加速到稳定运行状态的过程。电动机在起动瞬间（$n=0$）的电磁转矩称为起动转矩，起动瞬间的电枢电流称为起动电流，分别用 T_{st} 和 I_{st} 表示。起动转矩为

$$T_{st}=C_T \Phi I_{st} \tag{3-30}$$

如果他励直流电动机在额定电压下直接起动，由于起动瞬间转速 $n = 0$，电枢电动势 $E_a = 0$，故起动电流为

$$I_{st}=\frac{U_N}{R_a} \tag{3-31}$$

因为电枢电阻 R_a 很小，所以直接起动电流将达到很大的数值，通常可达到额定电流的 10 ~ 20 倍。过大的起动电流会引起电网电压下降，影响电网上其他用户的正常用电，使电动机的换向严重恶化，甚至会烧坏电动机；同时过大的冲击转矩会损坏电枢绕组和传动机构。因此，除了个别容量很小的电动机外，一般直流电动机是不允许直接起动的。

对直流电动机的起动，一般有如下要求。

① 要有足够大的起动转矩。

② 起动电流要限制在一定的范围内。

③ 起动设备要简单、可靠。

为了限制起动电流，他励直流电动机通常采用电枢回路串电阻起动或降低电枢电压起动。无论采用哪种起动方法，起动时都应保证电动机的磁通达到最大值。这是因为在同样的电流下，Φ 大则 T_{st} 大；而在同样的转矩下，Φ 大则 I_{st} 可以小一些。

微课 3-5：电枢回路
串电阻起动

1. 电枢回路串电阻起动

电动机起动前，应使励磁回路调节电阻 $R_{st} = 0$，这样励磁电流 I_f 最大，使磁通 Φ 最大。电枢回路串接起动电阻 R_{st}，在额定电压下的起动电流为

$$I_{st}=\frac{U_N}{R_a + R_{st}} \tag{3-32}$$

式中，R_{st} 值应使 I_{st} 不大于允许值。对于普通直流电动机，一般要求 $I_{st} \leqslant (1.5 \sim 2) I_N$。

在起动电流产生的起动转矩作用下，电动机开始转动并逐渐加速，随着转速的升高，电枢电动势（反电动势）E_a 逐渐增大，使电枢电流逐渐减小，电磁转矩也随之减小，这样转速的上升速度就逐渐缓慢下来。为了缩短起动时间，保持电动机在起动过程中的加速度不变，就要求在起动过程中电枢电流维持不变，因此随着电动机转速的升高，应将起动电阻平滑地切除，最后使电动机转速达到运行值。

实际上，平滑地切除电阻是不可能的，一般是在电阻回路中串入多级（通常是 2 ~ 5 级）电阻，在起动过程中逐级加以切除。起动电阻的级数越多，起动过程就越快且越平稳，但所需的

控制设备也越多，投资也越大。下面对电枢串多级电阻的起动过程进行定性分析。

图 3-25 所示为他励直流电动机串 3 级电阻起动时的起动过程和电路原理图。

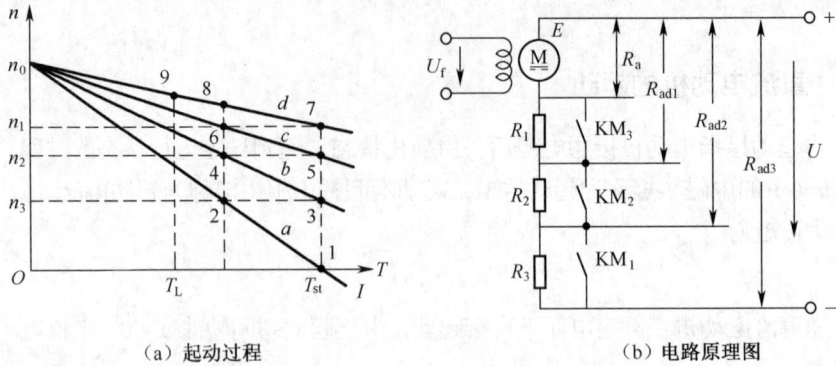

（a）起动过程　　　　　　　　　　（b）电路原理图

图3-25　他励直流电动机串3级电阻起动

（1）电枢接入电网时，KM_1、KM_2 和 KM_3 均断开，电枢回路串接外加电阻 $R_{ad3}=R_1+R_2+R_3$，此时，电动机工作在特性曲线 a 上，在输入转矩 T_1 的作用下，转速沿曲线 a 上升。

（2）当速度上升使工作点到达 2 时，KM_1 闭合，即切除电阻 R_3，此时电枢回路串外加电阻 $R_{ad2}=R_1+R_2$，电动机的机械特性变为曲线 b。由于机械惯性的作用，电动机的转速不能突变，工作点由 2 切换到 3，速度又沿着曲线 b 继续上升。

（3）当速度上升使工作点到达 4 时，KM_1、KM_2 同时闭合，即切除电阻 R_1、R_3，此时电枢回路串外加电阻 $R_{ad1}=R_1$，电动机的机械特性变为曲线 c。由于机械惯性的作用，电动机的转速不能突变，工作点由 4 切换到 5，速度又沿着曲线 c 继续上升。

（4）当速度上升使工作点到达 6 时，KM_1、KM_2、KM_3 同时闭合，即切除电阻 R_1、R_2、R_3，此时电枢回路无外加电阻，电动机的机械特性变为固有特性曲线 d，由于机械惯性的作用，电动机的转速不能突变，工作点由 6 切换到 7，速度又沿着曲线 d 继续上升直到稳定工作点 9。

这种起动方法应用于中小型直流电动机，缺点是在起动过程中起动电阻上有能量消耗，而且变阻器较笨重。在小容量直流电动机或实验室中，常用人工手动起动的办法。

2. 降压起动

当电源电压可调时，电动机可以采用降压方法起动。起动时，以较低的电源电压起动电动机，起动电流便随电压的降低而成正比减小。随着电动机的转速上升，反电动势逐渐增大，再逐渐提高电源电压，使起动电流和起动转矩保持在一定的数值上，从而保证电动机按需要的加速度升速。

可调压的直流电源，在过去多采用直流的发电机-电动机组，即每一台电动机专门由一台直流发电机供电。当调节发电机的励磁电流时，便可改变发电机的输出电压，从而改变加在电动机电枢两端的电压。近年来，随着晶闸管技术的发展，直流发电机正在被晶闸管整流电源所取代。

降压起动虽然需要专用电源，设备投资较大；但它起动平稳，起动过程中能量损耗少，因而得到了广泛应用。

3.5.2　直流电动机的调速

为了提高生产效率或满足生产工艺的要求，许多生产机械在工作过程中都需要调速。例如，车床切削工件时，精加工用高转速，粗加工用低转速；轧钢机轧制不同品种和不同厚度的钢材时，也必须有不同的工作速度。

电力拖动系统的调速可以采用机械调速、电气调速或二者配合起来调速。通过改变传动机构速比进行调速的方法称为机械调速；通过改变电动机参数进行调速的方法称为电气调速。本节只介绍他励直流电动机的电气调速。

改变电动机的参数就是人为地改变电动机的机械特性，从而使负载工作点发生变化，转速随之变化。可见，在调速前后，电动机必然运行在不同的机械特性上。如果机械特性不变，因负载变化而引起电动机转速的改变，则不能称为调速。

他励直流电动机的转速公式为

$$n = \frac{U - I_a(R_a + R_S)}{C_e \Phi} \qquad (3\text{-}33)$$

由式（3-33）可知，当电枢电流 I_a 不变时（即在一定的负载下），只要改变电枢电压 U、电枢回路串联电阻 R_S 及励磁磁通 Φ 三者之中的任意一个量，就可改变转速 n。因此，他励直流电动机具有 3 种调速方法：电枢回路串电阻调速、降低电源电压调速和减弱磁通调速。

思考

并励直流电动机运行时励磁回路断开会出现什么危险？

1. 电枢回路串电阻调速

直流电动机电枢回路串接电阻后，可以得到图 3-26 所示的一簇机械特性。

从特性可看出，在一定的负载转矩 T_L 下，串入不同的电阻可以得到不同的转速。例如，在电阻分别为 R_a、R_1、R_2、R_3 的情况下，可以分别得到稳定工作点 a、b、c、d，对应的转速为 n_a、n_b、n_c、n_d。

改变电枢回路串接电阻的大小调速存在如下问题。

（1）由于电阻只能分段调节，所以调速的平滑性差。

（2）低速时，调速电阻上有较大电流，损耗大，电动机效率低。

（3）轻载时调速范围小，且只能从额定转速向下调，调速范围一般小于或等于 2。

（4）串入电阻值越大，机械特性越软，稳定性越差。

电枢串电阻调速时，速度越低，要求串入的电阻越大，由于电动机的电流由负载决定，串入电阻上的能量损耗较大，运行经济性能不佳，而且由于电阻只能分段调节，所以调速的平滑性差，低速时特性曲线斜率大，静差率大，转速的相对稳定性差。电枢串电阻调速的优点是设备简单，操作方便；缺点是轻载时

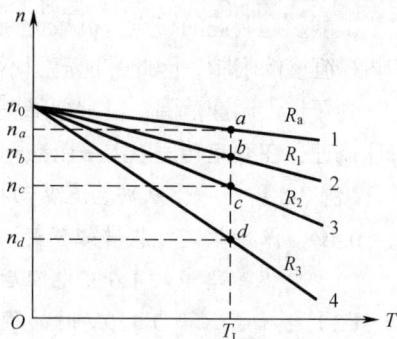

微课 3-6：直流电动机的调速

图3-26 电枢回路串电阻调速的机械特性

调速范围小，额定负载时调速范围 $\left(D = \frac{n_{max}}{n_{min}} \right)$ 一般为 $D \leqslant 2$，调速方法不太经济。

2. 降低电源电压调速

从图 3-27 所示的降压调速的机械特性可看出，在一定的负载转矩 T_L 下，电枢外加不同电压可以得到不同的转速。例如，在电压分别为 U_N、U_1、U_2、U_3 的情况下，可以分别得到稳定工作点 a、b、c、d，对应的转速为 n_a、n_b、n_c、n_d，即改变电枢电压可以达到调速的目的。

由图 3-27 可看出降压调速的优点如下。

（1）电源电压能够平滑调节，可以实现无级调速。

（2）调速前后机械特性的斜率不变，硬度较高，负载变化时，速度稳定性好。

（3）无论是轻载还是重载，调速范围都相同，一般可达 $D = 2.5 \sim 12$。

（4）电能损耗较小。

降压调速的缺点是：需要一套电压可连续调节的直流电源，系统设备多、投资大。

3. 减弱磁通调速

从图 3-28 所示的机械特性可看出，在一定的负载功率 P_L 下，不同的主磁通 Φ_N、Φ_1、Φ_2，可以得到不同的转速 n_a、n_b、n_c，即改变主磁通 Φ 可以达到调速的目的。

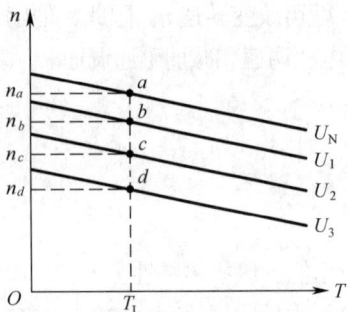

图3-27　降压调速的机械特性　　　　图3-28　减弱磁通调速的机械特性

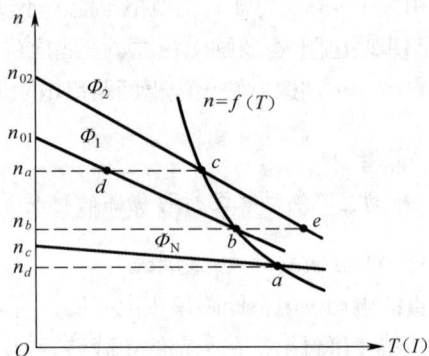

减弱磁通调速的优点：由于在电流较小的励磁回路中调节，因而控制方便，能量损耗少，设备简单，而且调速平滑性好；虽然减弱磁通升速后电枢电流增大，电动机的输入功率增大，但由于转速升高，输出功率也增大，电动机的效率基本不变，因此减弱磁通调速的经济性是比较好的。

减弱磁通调速的缺点：机械特性的斜率变大，特性变软；转速的升高受到电动机换向能力和机械强度的限制，因此升速范围不可能很大，一般 $D \leq 2$。

为了扩大调速范围，常常把降压和减弱磁通两种调速方法结合起来。在额定转速以下采用降压调速，在额定转速以上采用减弱磁通调速。

【例 3-1】 一台他励直流电动机的额定数据为 $U_N = 220V$，$I_N = 41.1A$，$n_N = 1\,500r/min$，$R_a = 0.4\Omega$，保持额定负载转矩不变，求：

（1）电枢回路串入 1.65Ω 电阻后的稳态转速；

（2）电源电压降为 110V 时的稳态转速；

（3）磁通减弱为 90%Φ_N 时的稳态转速。

解： $C_e\Phi_N = \dfrac{U_N - R_a I_N}{n_N} = \dfrac{220 - 0.4 \times 41.1}{1\,500} \approx 0.136$

（1）因为负载转矩不变，且磁通不变，所以 I_a 不变。此时转速为

$$n = \frac{U_N - (R_a + R_S)I_a}{C_e\Phi_N} = \frac{220 - (0.4 + 1.65) \times 41.1}{0.136} \approx 998(r/min)$$

（2）与（1）相同，$I_a = I_N$ 不变。此时转速为

$$n = \frac{U_N - R_a I_a}{C_e \Phi_N} = \frac{110 - 0.4 \times 41.1}{0.136} \approx 688(\text{r/min})$$

（3）因为 $T_{em} = C_T \Phi_N I_N = C_T \Phi' I_a' = $ 常数

所以
$$I_a' = \frac{\Phi_N}{\Phi'} I_N = \frac{1}{0.9} \times 41.1 \approx 45.7(\text{A})$$

则
$$n = \frac{U_N - R_a I_a'}{C_e} = \frac{220 - 0.4 \times 45.7}{0.9 \times 0.136} \approx 1\,648(\text{r/min})$$

4. 调速方式与负载类型的配合

电动机的容许输出，是指电动机在某一转速下长期可靠工作时所能输出的最大转矩和功率。容许输出的大小主要取决于电动机的发热，而电动机的发热又主要取决于电枢电流。因此，在一定的转速下，对应额定电流时的输出转矩和功率便是电动机的容许输出转矩和功率。

所谓电动机的充分利用，是指在一定的转速下，电动机的实际输出转矩和功率达到了它的容许输出值，即电枢电流达到了额定值。

显然，在大于额定电流下工作的电动机，其实际输出转矩和功率将超过其容许值，这时电动机将会因过热而烧坏；而在小于额定电流下工作的电动机，其实际输出转矩和功率将小于其容许值，这时电动机便得不到充分利用而造成浪费。

正确使用电动机，应当使电动机既满足负载的要求，又能得到充分利用，即保证电动机总是处于额定电流下工作。对于不调速的电动机，通常都工作在额定状态，电枢电流为额定值，所以恒转速运行的电动机一般都能得到充分利用。但是，当电动机调速时，在不同的转速下，电枢电流能否总是保持为额定值，即电动机能否在不同的转速下都得到充分利用，这就需要进一步研究了。事实上，这个问题与调速方式和负载类型的配合有关。

根据分析得出的结果显示，调速方法与负载类型的适当配合是：电枢回路串电阻调速和降低电压调速属于恒转矩调速方式，适用于恒转矩负载；减弱磁通调速属于恒功率调速方式，适用于恒功率负载。

对于风机型负载，3 种调速方式都不十分合适，但采用电枢回路串电阻调速和降低电压调速要比减弱磁通调速合适一些。

> **思考**
> 常说的"小马拉大车"和"大马拉小车"对电动机而言分别指什么运行情况？

3.5.3 直流电动机的反转

许多生产机械要求电动机做正、反转运行，如起重机的升降，轧钢机对工件的往返压延，龙门刨床的前进与后退等。直流电动机的转向是由电枢电流方向和主磁场方向确定的，要改变其转向，一是改变电枢电流的方向，二是改变励磁电流的方向（即改变主磁场的方向）。如果同时改变电枢电流和励磁电流的方向，则电动机的转向不会改变。

改变直流电动机的转向，通常采用改变电枢电流方向的方法，具体就是改变电枢两端的电压极性，或者说把电枢绕组两端换接，而很少采用改变励磁电流方向的方法。因为励磁绕组匝数较多，电感较大，切换励磁绕组时会产生较大的自感电压而危及励磁绕组的绝缘。

3.5.4 直流电动机的制动

根据电磁转矩 T_{em} 和转速 n 方向之间的关系，电动机有两种运行状态。当 T_{em} 和 n 同方向时，称为电动运行状态，简称电动状态；当 T_{em} 和 n 反方向时，称为制动运行状态，简称制动状态。电动状态时，电磁转矩为驱动转矩，电动机将电能转换成机械能；制动状态时，电磁转矩为制动转矩，电动机将机械能转换成电能。

在电力拖动系统中，电动机经常需要工作在制动状态。例如，许多生产机械工作时，往往需要快速停车或者由高速运行迅速转为低速运行，这就要求电动机进行制动；对于像起重机等位能性负载的工作机构，为了获得稳定的下放速度，电动机也必须运行在制动状态。因此，电动机的制动运行也是十分重要的。

以他励直流电动机为例，它的制动方式有能耗制动、反接制动和回馈制动 3 种，下面分别进行介绍。

1. 能耗制动

图 3-29（a）所示为能耗制动的接线图。开关 S 接电源侧时为电动状态，此时电枢电流 I_a、电枢电动势 E_a、转速 n 及驱动性质的电磁转矩 T_{em} 的方向如图 3-29（a）所示。当需要制动时，将开关 S 投向制动电阻 R_B 上，电动机便进入能耗制动状态。

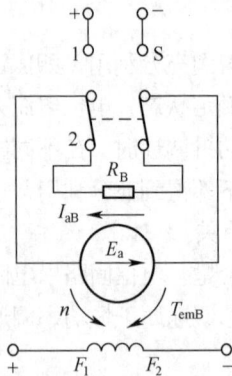

（a）能耗制动接线　　　　　　　　（b）能耗制动时的机械特性

图 3-29　直流电动机能耗制动接线图及机械特性

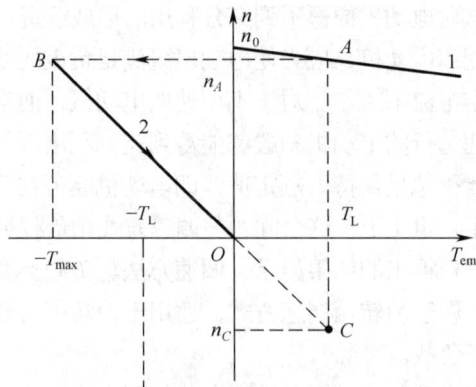

初始制动时，因为磁通保持不变，电枢存在惯性，其转速 n 不能马上降为零，而是保持原来的方向旋转，于是 n 和 E_a 的方向均不改变。但是，由 E_a 在闭合的回路内产生的电枢电流 I_{aB} 却与电动状态时电枢电流 I_a 的方向相反，由此而产生的电磁转矩 T_{emB} 也与电动状态时 T_{em} 的方向相反，变为制动转矩，于是电动机处于制动运行状态。因为制动运行时，电动机靠生产机械惯性力的拖动而发电，将生产机械储存的动能转换成电能，并消耗在电阻上，直到电动机停止转动为止，所以这种制动方式称为能耗制动。

能耗制动的实质是将系统的动能转变为电能消耗在制动电阻 R_B 上。能耗制动操作简便，减速平稳，没有大的冲击。若要使电动机更快地停转，则应在转速降到较低时加上机械制动。通常限制最大制动电流不超过 2～2.5 倍的额定电流。选择制动电阻的原则是

$$I_{aB} = \frac{E_a}{R_a + R_B} \leqslant I_{max} = (2 \sim 2.5)I_N$$

即
$$R_B \geqslant \frac{E_a}{(2\sim2.5)I_N} - R_a \qquad (3\text{-}34)$$

【例 3-2】 一台他励直流电动机的铭牌数据为 $P_N = 10\mathrm{kW}$，$U_N = 220\mathrm{V}$，$I_N = 53\mathrm{A}$，$n_N = 1\,000\mathrm{r/min}$，$R_a = 0.3\Omega$，电枢电流最大允许值为 $2I_N$。

（1）电动机在额定状态下进行能耗制动，求电枢回路应串接的制动电阻值。

（2）用此电动机拖动起重机，在能耗制动状态下以 300 r/min 的转速下放重物，电枢电流为额定值，求电枢回路应串入多大的制动电阻。

解：（1）制动前电枢电动势为
$$E_a = U_N - R_a I_N = 220 - 0.3 \times 53 = 204.1(\mathrm{V})$$

应串入的制动电阻值为
$$R_B = \frac{E_a}{2I_N} - R_a = \frac{204.1}{2 \times 53} - 0.3 \approx 1.625(\Omega)$$

（2）因为励磁保持不变，则
$$C_e \Phi_N = \frac{E_a}{n_N} = \frac{204.1}{1\,000} = 0.204\,1$$

下放重物时，转速为 $n = -300\mathrm{r/min}$，已知能耗制动的机械特性为
$$n = -\frac{R_a + R_B}{C_e \Phi_N} I_a$$

可得
$$-300 = -\frac{0.3 + R_B}{0.204\,1} \times 53$$

所以
$$R_B \approx 0.855\Omega$$

2. 反接制动

反接制动分为电枢反接制动和倒拉反接制动两种。

（1）电枢反接制动。电枢反接制动时的接线如图 3-30（a）所示。开关 S 投向"电动"侧时，电枢接正极性的电源电压，此时电动机处于电动状态运行。进行制动时，开关 S 投向"制动"侧，此时电枢回路串入制动电阻 R_B 后，接上极性相反的电源电压，即电枢电压由原来的正值变为负值。此时，在电枢回路内，U 与 E_a 顺向串联，共同产生很大的反向电流，即
$$I_{aB} = \frac{-U_N - E_a}{R_a + R_B} = -\frac{U_N + E_a}{R_a + R_B} \qquad (3\text{-}35)$$

反向的电枢电流 I_{aB} 产生很大的反向电磁转矩 T_{emB}，从而产生很强的制动作用，这就是电枢反接制动。

电动状态时，电枢电流的大小由 U_N 与 E_a 之差决定；而反接制动时，电枢电流的大小由 U_N 与 E_a 之和决定，因此反接制动时电枢电流是非常大的。为了限制过大的电枢电流，反接制动时必须在电枢回路中串接制动电阻 R_B。R_B 的大小应使反接制动时的电枢电流不超过电动机的最大允许值 $I_{max} = (2\sim2.5)I_N$，因此应串入的制动电阻值为
$$R_B \geqslant \frac{U_N + E_a}{(2\sim2.5)I_N} - R_a \qquad (3\text{-}36)$$

微课 3-8：直流电动机的电枢反接制动

81

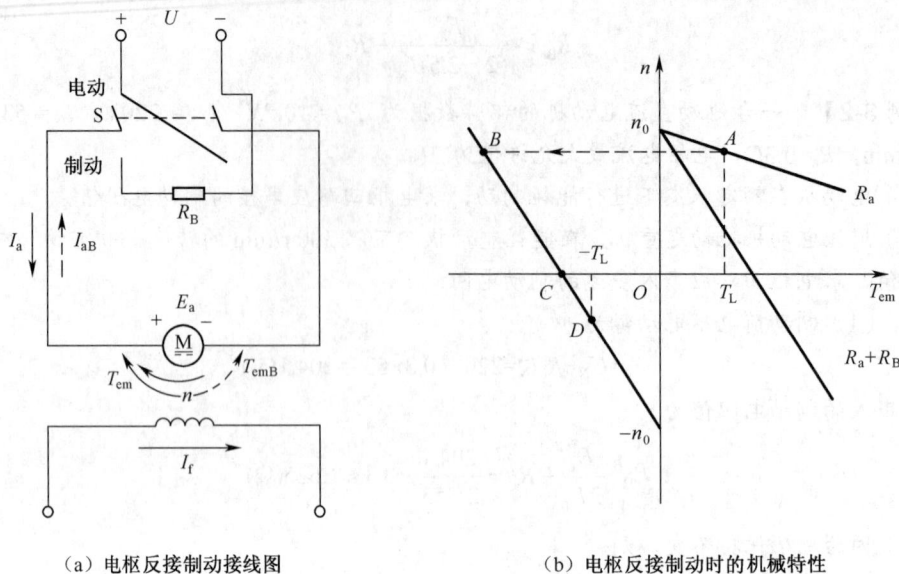

（a）电枢反接制动接线图　　　　　（b）电枢反接制动时的机械特性

图3-30　电枢反接制动时的接线图和机械特性

比较式（3-36）和式（3-34）可知，反接制动电阻值要比能耗制动电阻值约大一倍。

电枢反接制动时的机械特性就是在 $U=-U_N$，$\Phi=\Phi_N$，$R=R_a+R_B$ 条件下的人为机械特性，即

$$n=-\frac{U_N}{C_e\Phi_N}-\frac{R_a+R_B}{C_eC_T\Phi^2_N}T_{em} \tag{3-37}$$

$$n=-\frac{U_N}{C_e\Phi_N}-\frac{R_a+R_B}{C_e\Phi_N}I_a \tag{3-38}$$

可见，其特性曲线是一条通过$-n_0$点，斜率为$-\dfrac{R_a+R_B}{C_eC_T\Phi^2_N}$的直线，如图 3-30（b）中的线段 BC 所示。

电枢反接制动时电动机工作点的变化情况可用图 3-30（b）说明。设电动机原来工作在固有特性上的 A 点，反接制动时，由于转速不突变，工作点沿水平方向跃变到反接制动特性上的 B 点；之后在制动转矩作用下，转速开始下降，工作点沿 BC 方向移动；当到达 C 点时，制动过程结束。在 C 点，$n=0$，但制动的电磁转矩 $T_{emB}=T_C\neq0$。如果负载是反抗性负载，且 $|T_C|\leqslant|T_L|$ 时，电动机便停止不转；如果 $|T_C|\geqslant|T_L|$，这时在反向转矩作用下，电动机将反向起动，并沿特性曲线加速到 D 点，进入反向电动状态下稳定运行。当制动的目的就是停车时，在电动机转速接近于零时，必须立即断开电源。

在反接制动过程中［见图 3-30（b）中的 BC 段］，U、I_a、T_{em} 均为负，而 n、E_a 为正。输入功率 $P_1=UI_a>0$，表明电动机从电源输入电功率；输出功率 $P_2=T_2\Omega\approx T_{em}\Omega<0$，表明轴上输入的机械功率转变成电枢回路的电功率。由此可见，反接制动时，从电源输入的电功率和从轴上输入的机械功率转变成的电功率一起全部消耗在电枢回路的电阻（R_a+R_B）上，其能量损耗是很大的。

（2）倒拉反接制动。倒拉反接制动只适用于位能性恒转矩负载。现以起重机下放重物为例来说明。

图 3-31（a）所示为正向电动状态（提升重物）时电动机的各物理量方向，此时电动机工作在固有机械特性上的 A 点［见图 3-31（c）］。如果在电枢回路中串入一个较大的电阻 R_B，便可实现倒拉反接制动。串入 R_B 将得到一条斜率较大的人为机械特性，如图 3-31（c）中的直线 ED 所示，制动过程如下：在串电阻瞬间，因转速不能突变，所以工作点由固有机械特性上的 A 点沿水平跳跃到人为机械特性上的 B 点，此时电磁转矩 T_B 小于负载转矩 T_L，于是电动机开始减速，工作点沿人为机械特性由 B 点向 C 点变化，到达 C 点时，$n=0$，电磁转矩为堵转转矩 T_K，因 T_K 仍小于负载转矩 T_L，所以在重物的重力作用下电动机将反向旋转，即下放重物。因为励磁不变，所以 E_a 随 n 的方向而改变方向，由图 3-31（b）可以看出 I_a 的方向不变，故 T_{em} 的方向也不变。这样，电动机反转后，电磁转矩为制动转矩，电动机处于制动状态，如图 3-31（c）中的 CD 段所示。随着电动机反向转速的增加，E_a 增大，电枢电流 I_a 和制动的电磁转矩 T_{em} 也相应增大，当到达 D 点时，电磁转矩与负载转矩平衡，电动机便以稳定的转速匀速下放重物。电动机串入 R_B 越大，最后稳定的转速越高，下放重物的速度也越快。

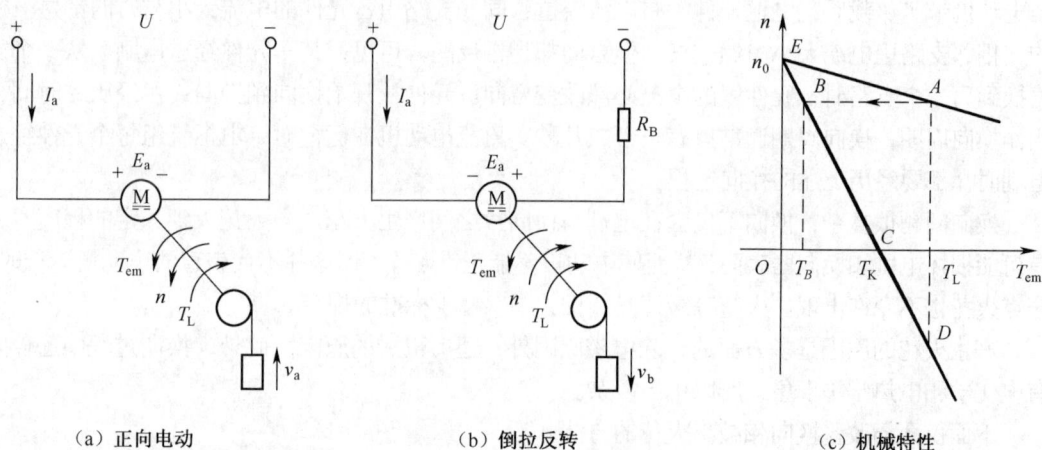

（a）正向电动　　　　　　　（b）倒拉反转　　　　　　　（c）机械特性

图3-31　倒拉反接制动

电枢回路串入较大的电阻后，电动机能出现反转制动运行，主要是位能性负载的倒拉作用，又因为此时的 E_a 与 U 也顺向串联，共同产生电枢电流，这一点与电枢反接制动相似，因此把这种制动称为倒拉反接制动。

倒拉反接制动时的机械特性方程式就是电动状态时电枢串联电阻的人为机械特性方程式，只不过此时电枢串入的电阻值较大，使得 $n<0$。因此，倒拉反接制动特性曲线是电动状态电枢串电阻人为机械特性在第四象限的延伸部分。倒拉反接制动时的能量关系与电枢反接制动时相同。

3. 回馈制动

电动机在运行时，由于某种客观原因，使实际转速超过原来的空载转速，电动机在发电状态下运行，从而产生与转速相反的电磁转矩，达到制动的目的。

当电动机稳定运行时，电源电压 U 大于感应电动势 E_a，则电枢电流 I_a 与 U 方向相同。反馈制动时，转速方向并未改变，而 $n>n_0$，使 $E_a>U$，电枢电流 $I_a=\dfrac{U-E_a}{R_a}$ 反向，电动机在发电状态，同时向电网输出电能，电磁转矩 T 也反向为制动转矩。

回馈制动具有如下特点。

（1）在外部条件的作用下，实际转速大于理想空载转速。

（2）电动机输出转矩的作用方向与 n 的方向相反。

••• 3.6 直流电动机的换向 •••

直流电动机电枢绕组中一个元件经过电刷从一个支路转换到另一个支路时，电流方向改变的过程称为换向。当电动机带负载后，元件中的电流经过电刷时，电流方向会发生改变。换向不良会产生电火花或环火，严重时将烧毁电刷，导致电动机不能正常运行，甚至引起事故。

3.6.1 换向概述

直流电动机每个支路所含元件的总数是相等的，但是，对于一个元件来说，它一会儿在这个支路里，一会儿又在另一个支路里。一个元件从一个支路换到另一个支路时，要经过电刷。当电动机带了负载后，电枢元件中有电流流过，同一支路里各元件的电流大小与方向都是一样的，相邻支路里电流大小虽然一样，但方向却是相反的。可见，某一元件经过电刷，从一个支路换到另一个支路时，元件里的电流必然改变方向。元件从开始换向到换向终了经历的时间，叫作换向周期，换向周期通常只有千分之几秒。直流电动机在运行时，电枢绕组每个元件经过电刷时，都要经历上述的换向过程。

换向问题很复杂，换向不良会在电刷与换向片之间产生火花。当火花大到一定的程度时，有可能损坏电刷和换向器表面，从而使电动机不能正常工作。但这并不代表直流电动机运行时，一点火花也不允许出现。火花等级请参阅相关国家技术标准的规定。

产生火花的原因是多方面的，除电磁原因外，还有机械的原因。此外，换向过程中还伴随有电化学和电热学等现象，所以相当复杂。

下面仅介绍改善换向和减小火花的方法。

3.6.2 改善换向的方法

改善换向的目的在于消除或削弱电刷下的火花。由于电磁是产生火花的主要原因，所以下面主要分析如何消除或削弱电磁性火花。

产生电磁性火花的直接原因是换向时产生的附加换向电流，为改善换向，必须限制附加换向电流。方法有两种：一是增加接触电阻，二是减小换向元件中的合成电动势。因此，改善换向一般采用以下两种方法。

（1）选用合适的电刷，增加电刷与换向片之间的接触电阻。电动机用电刷的型号规格很多，其中炭-石墨电刷的接触电阻最大，石墨电刷和电化石墨电刷次之，铜-石墨电刷的接触电阻最小。

直流电动机选用接触电阻大的电刷，有利于换向，但接触压降较大，电能损耗大，发热严重，同时由于这种电刷允许电流密度较小，电刷接触面积和换向器尺寸以及电刷的摩擦都将增大。设计制造电动机时综合考虑两方面的因素，选择恰当的电刷型号。因此，在使用维修中，欲更换电刷时，必须选用相同型号，如果配不到相同型号的电刷，则尽量选择特性与原来相接近的电刷，并全部更换。

（2）装设换向极。目前改善直流电动机换向最有效的办法是安装换向极，换向极装设在相邻两主磁极之间的几何中心线上,如图3-32所示。加装换向极的目的主要是让它在换向元件处产生一个磁动势,首先把电枢反应磁动势抵消掉,使得切割电动势 $e_a=0$;其次还得产生一个气隙磁感应强度,换向元件切割此磁场产生感应电动势去抵消电抗电动势。为达到此目的,换向极绕组应与电枢绕组相串联,使换向极磁场也随电枢磁场的强弱而变化,换向极极性的确定原则是使换向极磁场方向与电枢磁场方向相反。换向极安装正确可使合成电动势大为减小,甚至使$\Sigma e=0$,换向为直线换向。1kW 以上的直流电动机,几乎都安装换向极。

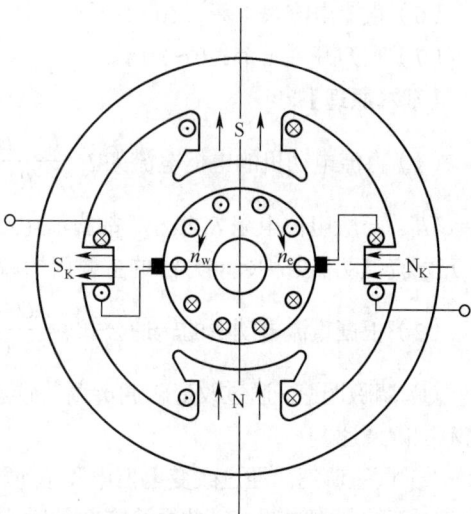

图3-32　用换向极改善换向

由 3.2.3 节中的"2.电枢反应"的分析可知,由于电枢反应的影响使主磁极下气隙磁感应强度曲线扭歪了,所以增大了某几个换向片之间的电压,在负载变化剧烈的大型直流电动机内,有可能出现环火现象,即正负电刷间出现电弧。电动机出现环火,可以在很短的时间内损坏电动机。防止环火出现的办法是在主磁极上安装补偿绕组,从而抵消电枢反应的影响。补偿绕组与电枢绕组串联,它产生的磁动势恰恰能抵消电枢反应磁动势,这样,当电动机带负载后,电枢反应磁动势被抵消,不会再把气隙磁感应强度曲线扭歪了,从而可以避免出现环火现象。

补偿绕组装在主磁极极靴里,有了补偿绕组,换向极的负担减轻,有利于改善换向。

••• 任务训练 •••

任务一　并励直流电动机的起动、调速和反转

【训练目的】

（1）学习和初步掌握并励直流电动机的起动方法和起动器的用法;

（2）初步掌握调节并励直流电动机转速的方法;

（3）熟悉改变并励直流电动机转向的方法。

【训练内容】

（1）并励直流电动机的起动;

（2）并励直流电动机的反转;

（3）并励直流电动机的调速。

【仪器与设备】

（1）并励（他励）直流电动机 1 台,Z2-21 型,110V,5.51A,1 000r/min;

（2）电枢回路变阻器（与被测电动机配套）1 个;

（3）转速表 1 只,0～1 800r/min;

（4）直流电压表 1 只,0～250V;

（5）磁场变阻器（滑线变阻器）1 个,0.5～1A,250～500Ω;

（6）直流电流表 1 只，10A；

（7）闸刀开关 1 个，0~30A。

【基本原理】

（1）直流电动机的电枢电流为 $I_a = \dfrac{U - E_a}{R_a}$，起动时，因 $n=0$，则 $E_a = C_e \varPhi n = 0$，故起动电流为 $I_{st} = U/R_a$。一般电枢电阻 R_a 很小，故直流电动机直接起动时的起动电流可达（10~20）I_N。因此，研究直流电动机各种起动方法的主要目的就是限制起动电流 I_{st}，同时保证有足够大的起动转矩。

（2）根据直流电动机的转速公式 $n = \dfrac{U - I_a R_a}{C_e \varPhi}$，可知直流电动机有下列 3 种调速方法。

① 调磁调速。通过改变磁通 $\varPhi$ 调节转速，一般使 $\varPhi$ 下降而 n 上升，适用于在额定转速以上的范围内调速。

② 调压调速。通过改变电枢电压 U 调节转速，一般使 U 下降同时 n 下降，适用于在额定转速以下的范围内调速。此方法应在他励方式下进行。

③ 电枢回路串电阻调速。用增加电枢回路电阻的方法，改变转速降 $\Delta n = \dfrac{(R_a + R_S) I_a}{C_e \varPhi}$ 的大小，使电动机的转速改变，从而达到调速的目的。

（3）并励电动机的反转有两种方法：一种是电枢绕组反接法，即将电枢绕组两端的接线对调；另一种是磁场反接法，即将励磁绕组两端与电源的接线对调。一般采用电枢绕组反接法。

图 3-33 所示为并励直流电动机起动原理。

【方法和步骤】

1．并励直流电动机的串电阻起动

（1）按照图 3-33 所示的方式接线。

（2）首先将励磁回路串联的电阻器 R_f 短接，以保证起动时主磁场最强。

（3）在电枢回路串入最大电阻时，合上电源开关 QS，起动电动机，随着电动机转速上升，逐步切除电枢回路电路时，电动机正常运转。

（4）从电动机轴伸出端观察电动机旋转方向。用转速表测量电动机转速，记录电源电压。

（5）停机时，断开电源开关 QS。

2．并励直流电动机的调速

（1）改变电枢回路电阻调速。

① 起动并励直流电动机，在电枢回路所串的电阻为零时，调节磁场电阻器，使电动机转速 $n = n_N$。

② 逐步增加电枢回路电阻 R_m 的数值，使转速 n 下降，分别测量转速 n、电枢电压 U_a 和电枢电流 I_a 的数值 5~7 组，将数据记录在表 3-1 中。

③ 根据试验所得的数据，画出并励直流电动机的转速特性曲线。

（2）改变主磁通调速。在核对电动机转速为额定转速时进行下列操作：缓慢增加励磁回路电阻 R_f，观察并测量电动机的转速，此时电动机转速应逐步升高，到 $n = 1.2 n_N$ 时为止，记录此时电动机的转速。

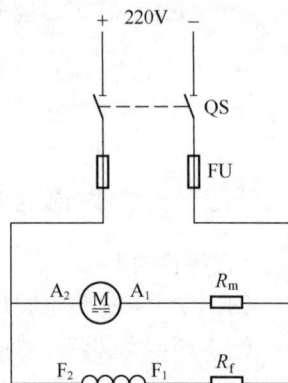

图3-33　并励直流电动机
起动原理

表 3-1　改变电枢回路电阻调速数据

项目	1	2	3	4	5	6	7	8
电枢电压 U_a/V								
电枢电流 I_a/A								
转速 n/(r/min)								

3. 并励直流电动机的反转

（1）切断电源，在励磁绕组接法不变的情况下，将电枢绕组两端反接，然后重新起动电动机，从轴伸端观察电动机的旋转方向。

（2）切断电源，在电枢绕组接法不变的情况下，将励磁绕组两端反接，然后重新起动电动机，从轴伸端观察电动机的旋转方向。

（3）切断电源，将电枢绕组和励磁绕组同时反接（即改变电源极性），然后重新起动电动机，从轴伸端观察电动机的旋转方向。

⚠ **注意**

（1）并励直流电动机的转速与主磁通成反比，因此在试验时，需要特别注意磁场绕组必须可靠地并接在电源两端，所串的磁场调节电阻器阻值应最小（为零）。

（2）进行并励电动机调速试验时，动作应尽量快，不要较长时间地使变阻器串接在电枢回路中，以减小发热损耗，并保证设备安全。

（3）在改变主磁通调速时，要缓慢增加磁场绕组回路中所串的电阻值，以免使磁通减小太多造成电动机转速过高而损坏。

（4）试验时随时观察电动机的转速，发现异常情况立即切断电源。

（5）注意人身及设备的安全。

【检查与评价】

填写表 3-2 所示的任务训练评价表。

表 3-2　并励直流电动机的起动、调速和反转任务训练评价表

内容	学生自评	小组互评	教师评价	总结与改进
能正确进行仪表选择				
能熟练完成试验线路接线				
会正确读数				
正确完成试验操作流程				
6S 职业素养				

注　按优秀、良好、中等、合格、差 5 个等级进行评定。

任务二　测定并励直流电动机的工作特性与机械特性

【训练目的】

（1）掌握并励直流电动机的起动、调速、改变转向的方法和技能；

（2）掌握求取并励直流电动机的工作特性和机械特性的方法；

（3）观察并励直流电动机能耗制动的过程。

【训练内容】

（1）设计出试验线路；

（2）求取并励直流电动机的工作特性；

（3）求取并励直流电动机的机械特性。

【仪器与设备】

（1）直流电动机机组 1 套；

（2）起动器 1 台；

（3）滑动变阻器 2 只；

（4）电流表 2 只；

（5）电压表 2 只；

（6）保护调节变阻器 1 只；

（7）负载灯箱 1 组；

（8）转速表 1 只；

（9）电工工具若干。

图 3-33 所示为并励直流电动机工作特性与机械特性试验接线。

【方法和步骤】

1．工作特性的求取

（1）合理选择仪表量限，按图 3-34 所示方法接线。在试验前，电动机励磁回路电阻 R_{Mf} 取最小值，发电机励磁回路电阻 R_{Gf} 取最大值。

（2）合上电源 QS_1 起动机组，调节变阻器，使电动机 $U = U_N$。合上 QS_2，调节发电机励磁回路电阻 R_{Gf} 的大小，使发电机输出电压等于 220V，转速 $n = n_N$。

（3）求取工作特性，合上负载开关 QS_3，调节负载（闭合灯泡）和电动机电枢回路电阻 R_M 及励磁回路电阻 R_{Mf}，使电动机在 $U = U_N$、$n = n_N$、$I = I_N$ 时，电动机工作于额定工作点，其励磁电流 $I_f = I_{fN}$。

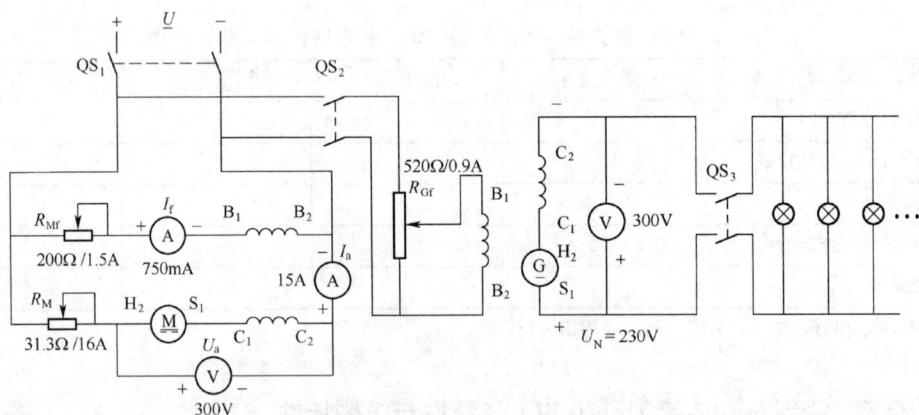

图3-34　并励直流电动机工作特性与机械特性试验接线

（4）保持电动机电压 $U = U_N$，励磁电流 $I_f = I_{fN}$ 不变，调节电动机的负载（改变发电机的负载），使电动机负载电流从 $1.2I_N$ 开始，逐渐减小发电机的输出电流直至空载为止。每次测取电动机的负载电流 I_M、电压 U_M、转速 n、励磁电流 I_f 及发电机的电压 U_G 等数据 5～7 组，将测取的数据记入表 3-3 中。

表 3–3　工作特性数据

序号	电动机								发电机	
	试验值				计算值				试验值	计算值
	U_M	I_M	I_f	n	I_a	P_{1M}	P_{2M}	T_2	U_G	P_{2G}
1										
2										
3										
4										
5										
6										
7										

2. 人为机械特性的求取

在电动机的电枢回路中串入调节电阻 R_M，在 $U = U_N$，$I_f = I_{fN}$ 和保持电枢回路电阻 R_M 不变时，测取人为机械特性，其试验步骤和方法与工作特性的求取相同，改变 R_M，读取数据 5～7 组，将测取的数据记入表 3-4 中。

表 3–4　机械特性数据

序号	电动机								发电机	
	试验值				计算值				试验值	计算值
	U_M	I_M	I_f	n	I_a	P_{1M}	P_{2M}	T_2	U_G	P_{2G}
1										
2										
3										
4										
5										
6										
7										

⚠ 注意

（1）调节发电机输出电压为 220V 后，电阻 R_{Gf} 不变。

（2）试验中，发电机电枢电压必须控制在 230V 以下。

【检查与评价】

填写表 3-5 所示的任务训练评价表。

表 3–5　测定并励直流电动机的工作特性与机械特性任务训练评价表

内容	学生自评	小组互评	教师评价	总结与改进
能正确完成试验线路接线				
正确完成试验操作				
会正确读数				

续表

内容	学生自评	小组互评	教师评价	总结与改进
会根据试验数据正确绘制并励直流电动机工作特性曲线和机械特性曲线				
6S 职业素养				

注 按优秀、良好、中等、合格、差 5 个等级进行评定。

●●● 小结 ●●●

1．同一台直流电机既可以作为直流电动机运行，又可以作为直流发电机运行。作为电动机运行时把电能转换为机械能，作为发电机运行时把机械能转换为电能。

2．直流电机由两大组成部分：定子和转子。定子部分包括机座、主磁极（包括励磁绕组）、换向极（包括换向极绕组）和电刷装置。转子部分包括电枢铁芯、电枢绕组、换向器转轴、轴承等。

3．电枢反应使气隙磁感应强度分布发生畸变，在磁路饱和的情况下，每极下的磁通量减少，电枢反应表现为去磁作用，使磁感应强度的零点偏离几何中心线。

4．电枢反应对一般用途的中小型直流电机影响不大，但对大中型直流电机有较大的影响。为补偿电枢反应的影响，可加入补偿绕组抵消电枢反应的去磁效应。

5．在恒定磁场中转动的电枢绕组产生感应电动势，电动势的大小可用式 $E_a = C_e \Phi n$ 计算。

6．在恒定的磁场内通电的电枢绕组产生电磁转矩，转矩的计算式为 $T_{em} = C_T \Phi I_a$。

7．电动机空载和负载运行时都将产生损耗，损耗包括铁损耗、铜损耗、机械损耗和附加损耗。输入功率扣除所有损耗才得到输出功率。

8．电动机的机械特性是指稳态运行时转速与电磁转矩的关系，它反映了稳态转速随转矩的变化规律。

9．当电动机的电压和磁通为额定值时的机械特性称为固有机械特性，而改变电动机的电气参数后得到的机械特性称为人为机械特性。

10．直流电动机的电枢电阻很小，因而直接起动时的电流很大。为了减小起动电流，通常采用电枢串电阻或降低电压的方法来起动电动机。

11．直流电动机的调速方法有：电枢串电阻调速、降压调速和减弱磁通调速。串电阻调速的平滑性差，低速时静差率大且损耗大，调速范围也较小。降压调速可实现转速的无级调节，调速时机械特性的硬度不变，速度的稳定性好，调速范围宽。减弱磁通调速也属无级调速，其能量损耗小，但调速范围较小。串电阻调速和降压调速属于恒转矩调速方式，适合于拖动恒转矩负载；减弱磁通调速属于恒功率调速方式，适合于拖动恒功率负载。

12．直流电动机有 3 种制动方式：能耗制动、反接制动（电枢反接和倒拉反接）和回馈制动。制动运行时，电动机将机械能转换成电能，其机械特性曲线位于第二象限和第四象限。

13．制动运行用来实现快速停车或匀速下放位能性负载。用于快速停车时，电枢反接制动的作用比能耗制动作用明显，但断电不及时有可能引起反转。用于匀速下放位能性负载时，能耗制动和倒拉反接制动可以实现在低于理想空载转速下下放位能性负载，而回馈制动则不能，即回馈制动只能在高于理想空载转速下下放位能性负载。

思考题与习题

1．直流电动机是如何转动起来的?

2．为什么一台直流电机既可作为电动机运行，又可作为发电机运行?

3．电磁转矩与哪些因素有关? 如何确定电磁转矩的实际方向?

4．什么是电枢反应? 它对电机有什么影响?

5．直流电机的电磁功率指的是什么功率? 直流电动机电能量转换的依据是什么?

6．一台直流发电机额定数据为：额定功率 $P_N = 10kW$，额定电压 $U_N = 230V$，额定转速 $n_N = 2\,850r/min$，额定效率 $\eta_N = 0.85$。求它的额定电流及额定负载时的输入功率。

7．一台直流电动机额定数据为：额定功率 $P_N = 17kW$，额定电压 $U_N = 220V$，额定转速 $n_N = 1\,500r/min$，额定效率 $\eta_N = 0.83$。求它的额定电流及额定负载时的输入功率。

8．一台串励直流电动机，$U_N = 220V$，$I_N = 40A$，$n_N = 1\,000r/min$，电枢总电阻 $R_a = 0.50\Omega$，假定磁路不饱和，当 $I_a = 20A$ 时，电动机的转速和电磁转矩是多少?

9．什么是固有机械特性? 什么是人为机械特性? 他励直流电动机的固有机械特性和各种人为机械特性各有何特点?

10．什么是机械特性上的额定工作点? 什么是额定转速降?

11．直流电动机为什么不能直接起动? 如果直接起动会引起什么后果?

12．怎样实现他励直流电动机的能耗制动? 试说明在反抗性恒转矩负载下，能耗制动过程中 n、E_a、I_a 及 T_{em} 的变化情况。

13．采用能耗制动和电压反接制动进行系统停车时，为什么要在电枢回路中串入制动电阻?

14．当提升机下放重物时，问:

（1）要使他励直流电动机在低于理想空载转速下运行，应采用什么制动方法?

（2）若在高于理想空载转速下运行，又应采用什么制动方法?

15．试说明电动状态、能耗制动状态、回馈制动状态及反接制动状态下的能量关系。

16．直流电动机有哪几种调速方法? 各有何特点?

17．怎样改变他励、并励、串励及复励几种直流电动机的转向?

18．串励直流电动机能否空载运行? 为什么?

19．他励直流电动机的数据为：$P_N = 10kW$，$U_N = 220V$，$I_N = 53.4A$，$n_N = 1\,500r/min$，$R_a = 0.4\Omega$。求:

（1）额定运行时的电磁转矩、输出转矩及空载;

（2）理想空载转矩和实际空载转速;

（3）半载时的转速;

（4）$n = 1\,600r/min$ 时的电枢电流。

20．他励直流电动机参数为：$U_N = 220V$，$I_N = 207.5A$，$R_a = 0.067\Omega$。试问:

（1）直接起动时的起动电流是额定电流的多少倍?

（2）如果限制起动电流为 $1.5I_N$，电枢回路应串入多大的电阻?

21．他励直流电动机的数据为：$P_N = 2.5kW$，$U_N = 220V$，$I_N = 12.5A$，$n_N = 1\,500r/min$，$R_a = 0.8\Omega$。

（1）当电动机以1 200r/min的转速运行时，采用能耗制动停车，若限制最大制动电流为 $2I_N$，则电枢回路中串入多大的制动电阻？

（2）若负载为位能性恒转矩负载，负载转矩 $T_L = 0.9T_N$，采用能耗制动时负载以 120r/min 转速稳速下降，电枢回路应串入多大电阻？

22．一台他励直流电动机，$P_N = 4kW$，$U_N = 220V$，$I_N = 22.3A$，$n_N = 1\,000r/min$，$R_a = 0.91\Omega$，运行于额定状态，为使电动机停车，采用电压反接制动，串入电枢回路的电阻为 9Ω。

（1）求制动开始瞬间电动机的电磁转矩。

（2）求 $n = 0$ 时电动机的电磁转矩。

（3）如果负载为反抗性负载，在制动到 $n = 0$ 时不切断电源，电动机能否反转？为什么？

模块四
三相异步电动机

04

••• 学习导引 •••

学习目标

[知识目标]

1. 掌握三相异步电动机的结构。
2. 掌握三相异步电动机的工作原理。
3. 熟悉三相异步电动机铭牌参数。
4. 熟悉三相异步电动机的工作特性与机械特性。
5. 熟悉三相异步电动机的起动、调速、制动方法。

[能力目标]

1. 具备拆装与简单修理三相异步电动机的能力。
2. 能完成三相电动机的绕组首尾端判定、空载、短路等一般试验。
3. 具备简单计算三相异步电动机各运行参数的能力。

[素质目标]

1. 勤恳认真、脚踏实地的工作作风。
2. 严谨细致、精益求精、追求卓越的工匠精神。
3. 安全、规范作业意识。
4. 分析问题、解决问题的能力。

内容导入

金属切削机床如车床、磨床等在工业生产中的应用非常普遍，其加工工作一般必须通过工件的运动或加工刀具、工作台等的运动来完成，这些运动都必须有一个动力装置来拖动，在实际中大都采用三相异步电动机。三相异步电动机容量从几十瓦到几千千瓦，其结构简单、体积小、质量轻、效率较高，不仅在工业生产中使用非常广泛，在农业方面，如水泵、脱粒机、粉碎机及其他农副产品加工机械等也都是用异步电动机来拖动的。三相异步电动机是如何工作的，什么样的工作特性使其得到广泛应用，在起动、运行、停止过程中要采取什么措施，是本模块要学习的内容。

学习导图

三相异步电动机的基本结构
三相异步电动机的工作原理 —— 三相异步电动机的基本结构和工作原理
三相异步电动机的铭牌

三相异步电动机的运行原理
三相异步电动机的工作特性 —— 三相异步电动机的运行分析
三相异步电动机的机械特性

笼形异步电动机的起动
绕线转子异步电动机的起动 —— 三相异步电动机的起动

三相异步电动机

三相异步电动机的调速 —— 变极调速 / 变频调速 / 改变转差率调速

三相异步电动机的制动 —— 回馈制动 / 反接制动 / 能耗制动

任务训练 —— 拆装三相异步电动机 / 判别三相异步电动机定子绕组首尾端 / 测定三相异步电动机工作特性 / 三相异步电动机的起动、反转与制动

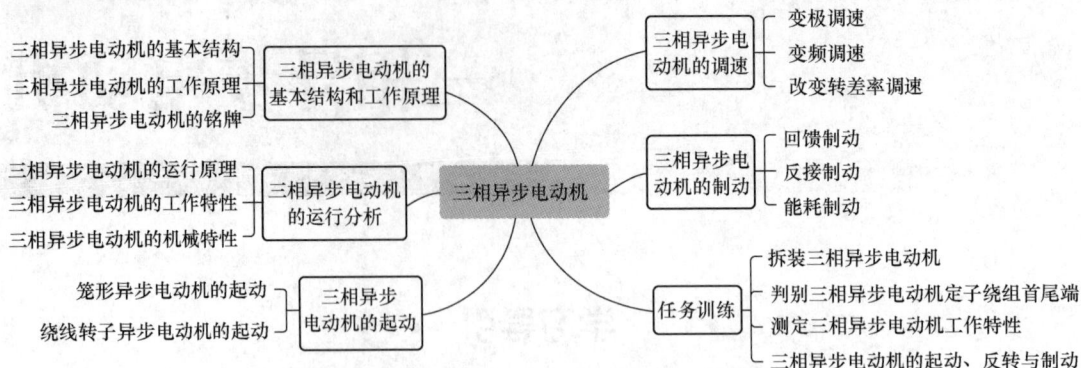

4.1 三相异步电动机的基本结构和工作原理

4.1.1 三相异步电动机的基本结构

三相异步电动机的种类繁多，按其外壳防护方式的不同可分为开启式、防护式和封闭式3类。由于封闭式结构能防止异物进入电动机内部，并能防止人与物触及电动机带电部位与运动部分，运行中安全性能好，因而成为目前使用最广泛的结构形式。

三相异步电动机由定子、转子两部分组成，定子和转子之间有气隙。其按转子结构不同分为笼形和绕线转子异步电动机两大类。笼形异步电动机结构简单、价格低廉、工作可靠、维护方便，已成为生产上应用得最广泛的一种电动机。绕线转子异步电动机由于结构较复杂、价格较高，一般只用在要求调速和起动性能好的场合，如桥式起重机上。笼形和绕线转子异步电动机的定子结构基本相同，所不同的只是转子部分。笼形异步电动机的主要部件如图4-1所示，绕线转子异步电动机的结构如图4-2所示。

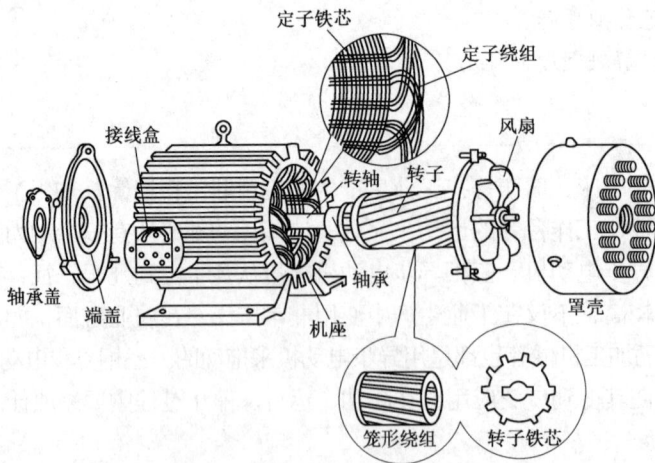

微课4-1：三相异步电动机的结构

图4-1 笼形异步电动机的主要部件

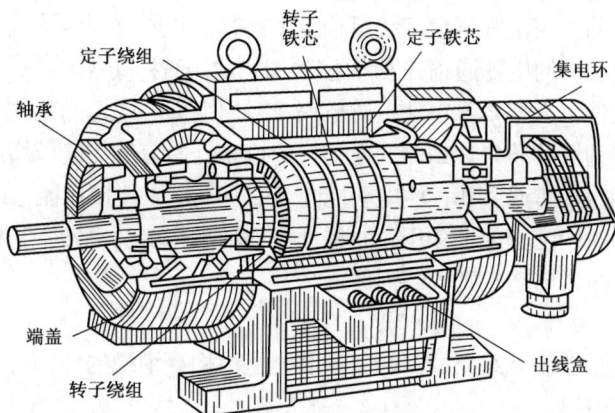

图4-2 绕线转子异步电动机的结构

1. 定子

三相异步电动机的定子由定子铁芯、定子绕组、机座、端盖、罩壳等部件组成。机座一般由铸铁制成。

（1）定子铁芯。定子铁芯作为电动机磁通的通路，铁芯材料既要有良好的导磁性能，剩磁小，又要尽量降低涡流损耗，一般用 0.5mm 厚表面有绝缘层的硅钢片叠压而成。定子铁芯内圆冲有均匀分布的槽，用于嵌放三相定子绕组。

（2）定子绕组。三相绕组是用绝缘铜线或铝线绕制、三相对称的绕组，按一定的规则连接嵌放在定子槽中。小型异步电动机定子绕组一般采用高强度漆包圆铜线绕制，大中型异步电动机则用漆包扁铜线或玻璃丝包扁铜线绕制。三相定子绕组之间及绕组与定子铁芯之间均垫有绝缘材料。常用的薄膜类绝缘材料有聚酯薄膜青稞纸、聚酯薄膜、聚酯薄膜玻璃漆布箔及聚四氟乙烯薄膜。

定子三相绕组的结构完全对称，一般有 6 个出线端，按国家标准，三相绕组始端标以 U_1、V_1、W_1，末端标以 U_2、V_2、W_2，6 个端子均引出至机座外部的接线盒，并根据需要接成星形（Y）或三角形（△），如图 4-3 所示。

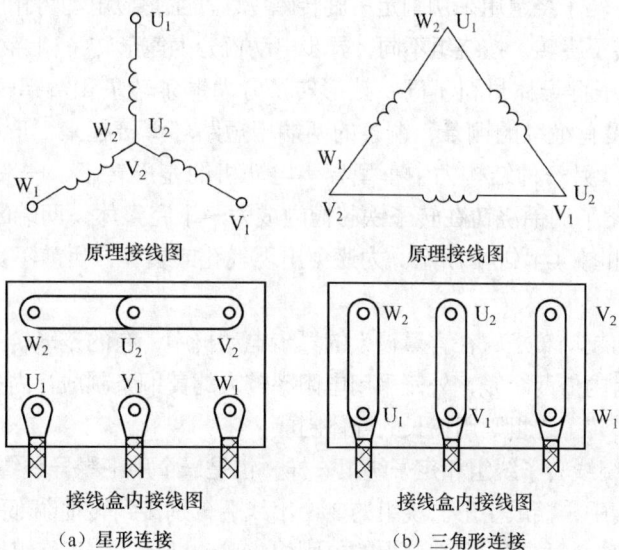

原理接线图　　　　　　　　　　　原理接线图

接线盒内接线图　　　　　　　接线盒内接线图

（a）星形连接　　　　　　　　（b）三角形连接

图4-3 三相绕组的连接

（3）机座。机座的作用是固定定子绕组和定子铁芯，并通过两侧的端盖和轴承来支撑电动机转子，同时构成电动机的电磁通路并发散电动机运行中产生的热量。

机座通常为铸铁件，大型异步电动机的机座一般用钢板焊成，而某些微型电动机的机座则采用铸铝件以减轻电动机的质量。封闭式电动机的机座外面有散热筋以增加散热面积，防护式电动机的机座两端端盖开有通风孔，使电动机内外的空气可以直接对流，以利于散热。

（4）端盖。端盖对内部起保护作用，并借助滚动轴承将电动机转子和机座连成一个整体。端盖一般为铸钢件，微型电动机则为铸铝件。

2. 转子

转子由转子铁芯和转子绕组组成。转子铁芯也是由相互绝缘的硅钢片叠成的，铁芯外圆冲有槽，槽内安装转子绕组。

（1）转子铁芯。转子铁芯作为电动机磁路的一部分，并放置转子绕组。转子铁芯一般用0.5mm厚的硅钢片叠压而成，硅钢片外圆冲有均匀分布的孔，用来安置转子绕组。一般小型异步电动机的转子铁芯直接压装在转轴上，而大中型异步电动机的转子铁芯则借助于转子支架压在转轴上。为了改善电动机的起动和运行性能，减少谐波，笼形异步电动机转子铁芯一般都采用斜槽结构，如图4-4所示。

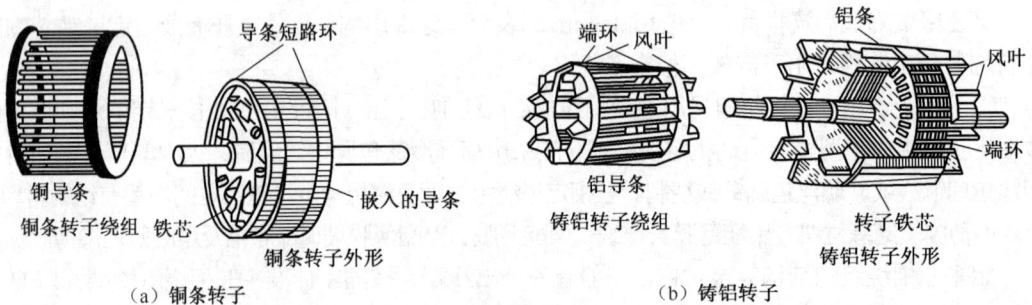

（a）铜条转子 （b）铸铝转子

图4-4 笼形转子

（2）转子绕组。转子绕组用来切割定子旋转磁场，产生感应电动势和电流，并在旋转磁场的作用下受力而使转子旋转。按绕组不同，异步电动机分为笼形转子和绕线转子两类。

① 笼形转子。根据导体材料不同，笼形转子分为铜条转子和铸铝转子。铜条转子即在转子铁芯槽内放置没有绝缘的铜条，铜条的两端用短路环焊接起来，形成一个笼子的形状，如图4-4（a）所示。另一种结构为中小型异步电动机的笼形转子，一般为铸铝转子，采用离心铸铝法，将熔化了的铝浇铸在转子铁芯槽内成为一个完整体，两端的短路环和冷却风扇叶子也一并铸成，如图4-4（b）所示。为避免出现气孔或裂缝，目前不少工厂已改用压力铸铝工艺代替离心铸铝。

为提高电动机的起动转矩，在容量较大的异步电动机中，有的笼形转子采用双笼形或深槽结构，双笼形转子有内外两个笼，外笼采用电阻率较大的黄铜条制成，内笼则用电阻率较小的紫铜条制成。而深槽转子绕组则用狭长的导体制成。

② 绕线转子。绕线转子绕组和定子绕组一样，也是一个用绝缘导线绕成的三相对称绕组，被嵌放在转子铁芯槽中，接成星形。绕组的3个出线端分别接到转轴端部的3个彼此绝缘的铜制集电环上，通过集电环与支持在端盖上的电刷构成滑动接触。转子绕组的3个出线端引到机座上的接线盒内，以便与外部变阻器连接，故绕线转子又称集电环式转子，其外形如图4-5所

示。调节变阻器的电阻值可达到调节转速的目的，而笼形异步电动机的转子绕组由于本身通过端环直接短接，故无法调节。因此，在某些对起动性能及调速性能有特殊要求的设备中，如起重设备、卷扬机械、鼓风机、压缩机以及泵类较多地采用绕线转子异步电动机。

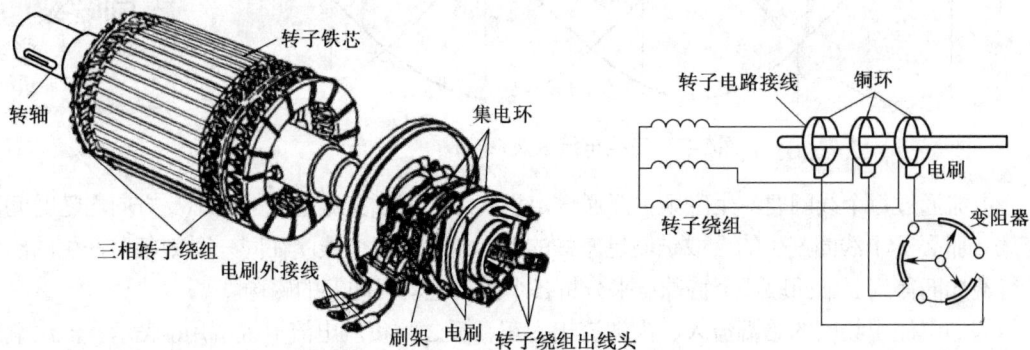

图4-5 绕线转子与外部变阻器的连接

3. 气隙

异步电动机的气隙比同容量直流电动机的气隙小得多，在中、小型异步电动机中，一般为 $0.2 \sim 2.5$mm。气隙大小对电动机性能的影响很大，气隙越大，为建立磁场所需的励磁电流就越大，从而降低电动机的功率因数。如果把异步电动机看成变压器，显然，气隙越小，定子和转子之间的相互感应（即耦合）就越好。因此，应尽量让气隙小些，但气隙太小会使加工和装配困难，运转时定子、转子之间易发生扫膛。

> **思考**
>
> 变压器的一次绕组和二次绕组之间也是通过磁的耦合关系将电能从一次侧传递到二次侧的，分析变压器与三相异步电动机磁路的不同，并得出结论，变压器和三相异步电动机哪种设备的效率较高？

4.1.2 三相异步电动机的工作原理

三相异步电动机的定子绕组是一个空间位置对称的三相绕组，如果在定子绕组中通入三相对称的交流电流，就会在电动机内部建立起一个恒速旋转的磁场，称为旋转磁场，它是异步电动机工作的基本条件。下面先分析旋转磁场是如何产生的。

1. 旋转磁场的产生

图 4-6 所示为三相异步电动机定子绕组分布情况，每相绕组只有一个线圈，3 个相同的线圈 $U_1—U_2$、$V_1—V_2$、$W_1—W_2$ 在空间中的位置彼此互差 $120°$，分别放在定子铁芯槽中。当把三相线圈接成星形，并接通三相对称电源后，在定子绕组中便产生 3 个对称电流，其波形如图 4-7 所示。

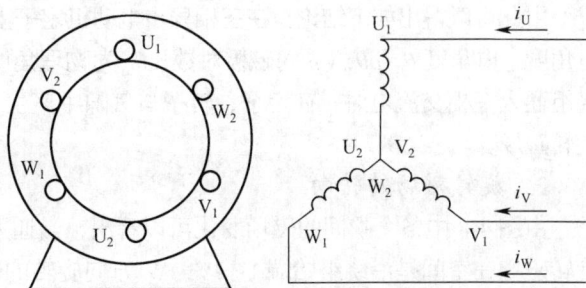

图4-6 三相异步电动机定子绕组分布

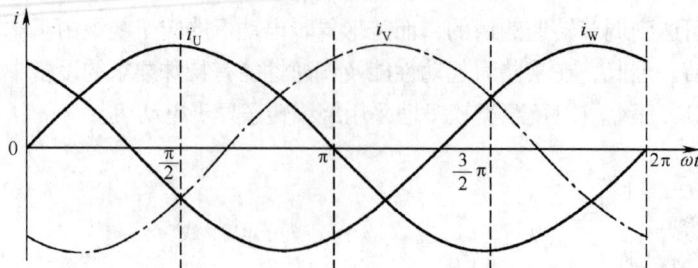

图4-7　三相电流的波形

微课 4-2：三相异步
电动机的旋转磁场

电流通过每个线圈要产生磁场，而通过定子绕组的三相交流电流的大小及方向均随时间而变化，那么 3 个线圈产生的合成磁场是怎样的呢？这可由每个线圈在同一时刻各自产生的磁场进行叠加而得到。下面取几个特殊点来分析各个时刻电动机内部的磁场。

假如电流由线圈的始端流入、末端流出为正，反之为负。电流流入端用⊕表示，流出端用⊙表示。

（1）$\omega t = 0$ 时：由三相电流的波形可见，电流瞬时值 $i_U = 0$，i_V 为负值，i_W 为正值，这表示 U 相无电流，V 相电流是从线圈的末端 V_2 流向首端 V_1，W 相电流是从线圈的始端 W_1 流向末端 W_2，这一时刻由 3 个线圈电流产生的合成磁场如图 4-8（a）所示。它在空间形成二极磁场，上为 S 极，下为 N 极（对定子而言）。

（2）$\omega t = \pi/2$ 时：i_U 为正，电流从首端 U_1 流入，从末端 U_2 流出；i_V 为负，电流仍从末端 V_2 流入，从首端 V_1 流出；i_W 为负，电流从末端 W_2 流入，从首端 W_1 流出。绕组中电流产生的合成磁场如图 4-8（b）所示，可见合成磁场顺时针转过了 90°。

（3）$\omega t = \pi$、$3\pi/2$、2π 时：三相交流电在三相定子绕组中产生的合成磁场分别如图 4-8（c）~图 4-8（e）所示，观察这些图中合成磁场的分布规律可见：合成磁场的方向按顺时针方向旋转，并旋转了一周。

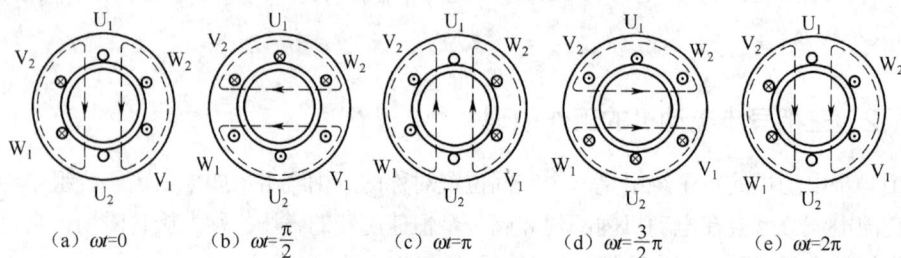

（a）$\omega t=0$　　（b）$\omega t=\dfrac{\pi}{2}$　　（c）$\omega t=\pi$　　（d）$\omega t=\dfrac{3}{2}\pi$　　（e）$\omega t=2\pi$

图4-8　两极绕组旋转磁场示意图

由此可以得出如下结论：在三相异步电动机定子上布置结构完全相同、在空间各相差 120° 电角度 [电角度 $\theta_e = p\theta_m$（p 为磁极对数，θ_m 为物理角度）] 的三相定子绕组，当分别向三相定子绕组通入三相交流电时，在定子、转子与气隙中产生一个沿定子内圆旋转的磁场，该磁场称为旋转磁场。

2. 旋转磁场的转向

由图 4-8 中各个瞬间的磁场变化可以看出，当通入三相绕组中电流的相序为 $i_U \to i_V \to i_W$ 时，旋转磁场在空间是沿绕组始端 U→V→W 方向旋转的，在图 4-8 中即按顺时针方向旋转。如果把通入三相绕组中的电流相序任意调换其中两相，如调换 V、W 两相，此时通入三相绕组电流的

相序为 $i_U \rightarrow i_W \rightarrow i_V$，则旋转磁场按逆时针方向旋转。由此可见，旋转磁的方向是由三相电流的相序决定的，即把通入三相绕组中的电流相序任意调换其中的两相，就可改变旋转磁场的方向。

3. 旋转磁场的旋转速度

以上分析的是两极三相异步电动机（$2p = 2$）定子绕组产生的旋转磁场，由分析可知，当三相交流电变化一周后，旋转磁场也正好转过一周。故在两极电动机中旋转磁场的转速等于三相交流电的变化速度，旋转磁场的转速用 n_1 表示，当电源频率为 50Hz 时，$n_1 = 60f_1 = 3\,000\text{r/min}$。

国产的异步电动机的电源频率通常为 50Hz，对于已知磁极对数的异步电动机，可得出对应的旋转磁场的转速，如表 4-1 所示。

表 4-1 异步电动机磁极对数和对应的旋转磁场的转速关系表

p	1	2	3	4	5	6
n_1/(r/min)	3 000	1 500	1 000	750	600	500

4. 三相异步电动机的工作原理

由上面的分析可知，如果在定子绕组中通入三相对称电流，则定子内部产生某个方向转速为 n_1 的旋转磁场。这时转子导体与旋转磁场之间存在相对运动，切割磁力线而产生感应电动势。电动势的方向可根据右手定则确定。由于转子绕组是闭合的，所以在感应电动势的作用下，绕组内有电流流过，

微课 4-3：三相异步电动机的工作原理

如图 4-9 所示。转子电流与旋转磁场相互作用，便在转子绕组中产生电磁力 f，f 的方向可由左手定则确定。该力对转轴形成了电磁转矩 T_{em}，使转子按旋转磁场方向转动。异步电动机的定子和转子之间能量的传递是靠电磁感应作用的，故异步电动机又称为感应电动机。

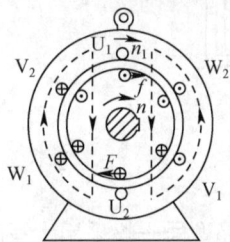

图 4-9 三相异步电动机
工作原理

转子的转速 n 是否会与旋转磁场的转速 n_1 相同呢？回答是不可能的。因为一旦转子的转速和旋转磁场的转速相同，二者便无相对运动，转子也不能产生感应电动势和感应电流，也就没有电磁转矩了。只有二者转速有差异时，才能产生电磁转矩，驱使转子转动。可见，转子转速 n 总是略小于旋转磁场的转速 n_1。正是由于这个关系，这种电动机被称为异步电动机。

由以上分析可知，n_1 与 n 有差异是异步电动机运行的必要条件。通常把同步转速 n_1 与转子转速 n 二者之差称为转差，转差与同步转速 n_1 的比值称为转差率（也叫滑差率），用 s 表示，即 $s = (n_1 - n)/n_1$。

转差率 s 是异步电动机运行时的一个重要物理量，当同步转速 n_1 一定时，转差率的数值与电动机的转速 n 相对应，正常运行的异步电动机，其 s 很小，一般 $s = 0.01 \sim 0.05$，即电动机的运行转速接近旋转磁场转速，因此在已知电动机额定转速的情况下即可判断电动机的磁极对数。

【例 4-1】 一台 Y2-112M-4 三相异步电动机，同步转速 $n_1 = 1\,500\text{r/min}$，额定转差率 $s_N = 0.04$，求该电动机的额定转速 n_N。

解： 由 $s_N = \dfrac{n_1 - n_N}{n_1}$ 得

$$n_N = (1 - s_N)n_1 = (1 - 0.04) \times 1\,500 = 1\,440(\text{r/min})$$

在后面分析三相异步电动机的运行特性时将会看到，电动机的转差率 s 对电动机的运行有

直接的影响，因此必须牢固掌握有关转差率 s 的概念。

> **？ 思考**
>
> 电动机的参数较多，有时在进行参数计算时需要知道电动机的输出功率、功率因数、同步转速、磁极对数、效率等。如果已知一台三相异步电动机的额定转速，如何判断它的同步转速和磁极对数？

4.1.3 三相异步电动机的铭牌

每台三相异步电动机的机座上均有一块铭牌，上面标注该电动机的型号及主要技术数据，供用户正确使用电动机时参考，如图4-10所示。

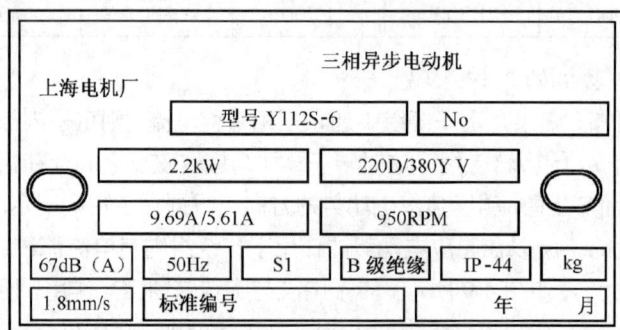

```
┌──────────────────────────────────────────────────┐
│                     三相异步电动机                   │
│ 上海电机厂                                          │
│          ┌─────────────────┐  ┌──────────┐         │
│          │  型号 Y112S-6    │  │   No     │         │
│          └─────────────────┘  └──────────┘         │
│ ┌──┐    ┌─────────────────┐  ┌──────────────┐ ┌──┐ │
│ │  │    │    2.2kW         │  │ 220D/380Y V  │ │  │ │
│ └──┘    └─────────────────┘  └──────────────┘ └──┘ │
│          ┌─────────────────┐  ┌──────────────┐     │
│          │  9.69A/5.61A    │  │   950RPM     │     │
│          └─────────────────┘  └──────────────┘     │
│ ┌────────┬──────┬──────┬────────┬────────┬───────┐ │
│ │67dB（A）│50Hz  │  S1  │B 级绝缘 │ IP-44 │  kg   │ │
│ ├────────┼──────┴──────┴────────┴────┬───┴───────┤ │
│ │1.8mm/s │      标准编号               │ 年    月  │ │
│ └────────┴────────────────────────────┴───────────┘ │
└──────────────────────────────────────────────────┘
```

图4-10 三相异步电动机铭牌

以下分别说明各数据的含义。

1. 型号

型号是指电动机的产品代号、规格代号和特殊环境代号，电动机产品型号一般采用大写印刷体的汉语拼音字母和阿拉伯数字组成。其中汉语拼音字母是根据电机全名称选择有代表意义的汉字，再用该汉字的第一个拼音字母组成。它表明了电动机的类型、规格、结构特征和使用范围，如下所示：

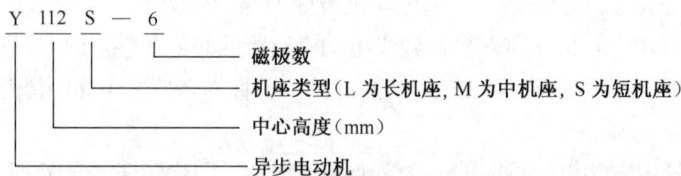

```
Y   112   S  —  6
│    │    │      └── 磁极数
│    │    └──────── 机座类型（L 为长机座，M 为中机座，S 为短机座）
│    └───────────── 中心高度（mm）
└────────────────── 异步电动机
```

我国目前生产的异步电动机种类很多，现有老系列和新系列之别。老系列电动机已不再生产，现有的将逐步被新系列取代。新系列电动机符合国际电工协会标准，具有国际通用性，技术、经济指标更高。Y2 系列是我国 20 世纪 90 年代起设计开发的异步电动机，机座中心高 63 ~ 355mm，功率为 0.18 ~ 315kW，是在 Y 系列基础上更新设计的，已达到国际同期先进水平，是取代 Y 系列的更新换代产品。Y2 系列电动机较 Y 系列效率高，起动转矩大，噪声低，结构合理，体积小，质量轻，外形新颖美观。由于采用 F 级绝缘（用 B 级考核），故温升裕度大，完全符合国际电工委员会标准。我国已实现从 Y 系列至 Y2 系列、Y3 系列的过渡。Y2 系列三相异步电动机是 Y 系列第二代产品，是专为欧洲市场设计的三相异步电动机；电动机出线盒置于电动机机壳顶部，整机结构紧凑，外形美观大方，安装尺寸符合 IEC 标准，具有高效、节能、起动转矩大、使用维护方便等特点；绝缘等级为 F，防护等级为 IP54 或 IP55，电压为 380V 或 415V，频率为 50Hz 或 60Hz，冷却方式为 IC411。Y3 系列三相异步电动机是 Y2 系列电动机的更新换代产品，外壳防护等级为 IP55。Y3 系列三相异步电动机具有结构新颖、造型美观、效率高、噪声低、可靠性高等特点，采用冷轧硅钢片为导磁材料，效率符合欧洲 EFF2 标准，性能指标达到目前西门子公司同类产品的水平，已居国外同类产品的先进水平。

图 4-11 所示为常用 Y2 系列三相笼形异步电动机外形。表 4-2 所示为常用的 Y2 系列电动机技术参数。

图4-11 Y2系列三相笼形异步电动机外形

表 4-2 Y2 系列电动机技术参数

序号	型号	功率/kW	电流/A	转速/(r/min)	效率	功率因数	堵转转矩/额定转矩	堵转电流/额定电流	最大转矩/额定转矩
1	Y2-63M1-2	0.18	0.53	2 720	65.0%	0.8	2.3	5.5	2.2
2	Y2-63M2-2	0.25	0.69	2 720	68.0%	0.81	2.3	5.5	2.2
3	Y2-71M1-2	0.37	1.01	2 755	69.0%	0.81	2.3	6.1	2.2
4	Y2-71M2-2	0.55	1.38	2 790	74.0%	0.82	2.3	6.1	2.3
5	Y2-80M1-2	0.75	1.77	2 845	75.0%	0.83	2.2	6.1	2.3
6	Y2-80M2-2	1.1	2.61	2 835	76.2%	0.84	2.2	6.9	2.3
7	Y2-90S-2	1.5	3.46	2 850	78.5%	0.84	2.2	7.0	2.3
8	Y2-90L-2	2.2	4.85	2 855	81.0%	0.85	2.2	7.0	2.3
9	Y2-100L-2	3	6.34	2 860	83.6%	0.87	2.2	7.5	2.3
10	Y2-112M-2	4	8.2	2 880	84.2%	0.88	2.2	7.5	2.3
11	Y2-132S1-2	5.5	11.1	2 900	85.7%	0.88	2.2	7.5	2.3
12	Y2-132S2-2	7.5	14.9	2 900	87%	0.88	2.2	7.5	2.3
13	Y2-160M1-2	11	21.2	2 930	88.4%	0.89	2.2	7.5	2.3
14	Y2-160M2-2	15	28.6	2 930	89.4%	0.89	2.2	7.5	2.3
15	Y2-160L-2	18.5	34.7	2 930	90%	0.90	2.2	7.5	2.3
16	Y2-180M-2	22	41	2 940	90.5%	0.90	2.0	7.5	2.3
17	Y2-200L1-2	30	55.4	2 950	91.4%	0.90	2.0	7.5	2.3
18	Y2-200L2-2	37	67.9	2 950	92%	0.90	2.0	7.5	2.3
19	Y2-225M-2	45	82.1	2 960	92.5%	0.90	2.0	7.5	2.3
20	Y2-250M-2	55	100	2 970	93%	0.90	2.0	7.5	2.3
21	Y2-280S-2	75	135	2 975	93.6%	0.9	2	7	2.3
22	Y2-280M-2	90	160	2 975	93.9%	0.91	2	7.1	2.3
23	Y2-315S-2	110	195	2 975	94%	0.91	1.8	7.1	2.2
24	Y2-315M-2	132	233	2 975	94.5%	0.91	1.8	7.1	2.2

续表

序号	型号	功率/ kW	电流/ A	转速/ (r/min)	效率	功率 因数	堵转转矩/ 额定转矩	堵转电流/ 额定电流	最大转矩/ 额定转矩
25	Y2-315L1-2	160	282	2 975	94.6%	0.91	1.8	7.1	2.2
26	Y2-315L2-2	200	348	2 975	94.8%	0.92	1.8	7.1	2.2
27	Y2-355M-2	250	433	2 980	95.2%	0.92	1.6	7.1	2.2
28	Y2-355L-2	315	545	2 980	95.4%	0.92	1.6	7.1	2.2
29	Y2-63M1-4	0.12	0.44	1 310	57%	0.72	2.1	4.4	2.2
30	Y2-63M2-4	0.18	0.62	1 310	60%	0.73	2.1	4.4	2.2
31	Y2-71M1-4	0.25	0.79	1 345	65%	0.74	2.1	5.2	2.2
32	Y2-71M2-4	0.37	1.12	1 340	67%	0.75	2.1	5.2	2.2
33	Y2-80M1-4	0.55	1.57	1 390	71%	0.75	2.4	5.2	2.3
34	Y2-80M2-4	0.75	2.05	1 380	73%	0.76	2.3	6.0	2.3
35	Y2-90S-4	1.1	2.85	1 390	76.2%	0.77	2.3	6.0	2.3
36	Y2-90L-4	1.5	3.72	1 400	78.5%	0.78	2.3	6.0	2.3
37	Y2-100L1-4	2.2	5.09	1 420	80%	0.81	2.3	7.0	2.3
38	Y2-100L2-4	3	6.78	1 410	82.6%	0.82	2.3	7.0	2.3
39	Y2-112M-4	4	8.8	1 435	84.2%	0.82	2.3	7.0	2.3
40	Y2-132S-4	5.5	11.7	1 440	85.7%	0.83	2.3	7.0	2.3
41	Y2-132M-4	7.5	15.6	1 450	87%	0.84	2.3	7.0	2.3
42	Y2-160M-4	11	22.5	1 460	88.4%	0.84	2.2	7.0	2.3
43	Y2-160L-4	15	30	1 460	89.4%	0.85	2.2	7.5	2.3
44	Y2-180M-4	18.5	36.3	1 470	90%	0.86	2.2	7.5	2.3
45	Y2-180L-4	22	43.2	1 470	90.5%	0.86	2.2	7.5	2.3
46	Y2-200L-4	30	57.6	1 470	91.4%	0.86	2.2	7.2	2.3
47	Y2-225S-4	37	70.2	1 475	92%	0.87	2.2	7.2	2.3
48	Y2-225M-4	45	84.9	1 475	92.5%	0.87	2.2	7.2	2.3
49	Y2-250M-4	55	103	1 480	93%	0.87	2.2	7.2	2.3
50	Y2-280S-4	75	138.3	1 340	93.6%	0.88	2.2	6.8	2.3
51	Y2-280M-4	90	165	1 340	93.9%	0.88	2.2	6.8	2.3
52	Y2-315S-4	110	201	1 480	94.5%	0.88	2.1	6.9	2.2
53	Y2-315M-4	132	240	1 480	94.8%	0.88	2.1	6.9	2.2
54	Y2-315L1-4	160	288	1 480	94.9%	0.89	2.1	6.9	2.2
55	Y2-315L2-4	200	360	1 480	94.9%	0.89	2.1	6.9	2.2
56	Y2-355M-4	250	443	1 490	95.2%	0.9	2.1	6.9	2.2
57	Y2-355L-4	315	559	1 490	95.2%	0.9	2.1	6.9	2.2
58	Y2-71M1-6	0.18	0.74	870	56%	0.66	1.9	4	2
59	Y2-71M2-6	0.25	0.95	870	59%	0.68	1.9	4	2
60	Y2-80M1-6	0.37	1.3	880	62%	0.7	1.9	4.7	2
61	Y2-80M2-6	0.55	1.8	880	65%	0.72	1.9	4.7	2.1

续表

序号	型号	功率/ kW	电流/ A	转速/ （r/min）	效率	功率 因数	堵转转矩/ 额定转矩	堵转电流/ 额定电流	最大转矩/ 额定转矩
62	Y2-90S-6	0.75	2.29	905	69%	0.72	2	5.3	2.1
63	Y2-90L-6	1.1	3.18	905	72%	0.73	2	5.5	2.1
64	Y2-100L-6	1.5	4	920	76%	0.75	2	5.5	2.1
65	Y2-112M-6	2.2	5.6	935	79%	0.76	2	6.5	2.1
66	Y2-132S-6	3	7.4	960	81%	0.76	2.1	6.5	2.1
67	Y2-132M1-6	4	9.75	960	82%	0.76	2.1	6.5	2.1
68	Y2-132M2-6	5.5	12.9	960	84%	0.77	2.1	6.5	2.1
69	Y2-160M-6	7.5	17.2	970	86%	0.77	2	6.5	2.1
70	Y2-160L-6	11	24.5	970	87.5%	0.78	2	6.5	2.1
71	Y2-180L-6	15	31.6	970	89%	0.81	2	7	2.1
72	Y2-200L1-6	18.5	38.6	980	90%	0.81	2.1	7	2.1
73	Y2-200L2-6	22	44.7	980	90%	0.83	2	7	2.1
74	Y2-225M-6	30	59.3	980	91.5%	0.84	2	7	2.1
75	Y2-250M-6	37	71	980	92%	0.86	2.1	7	2.1
76	Y2-280S-6	45	86	980	92.5%	0.86	2.1	7	2
77	Y2-280M-6	55	104	980	92.8%	0.86	2.1	7	2
78	Y2-315S-6	75	142	935	93.5%	0.86	2	6.7	2
79	Y2-315M-6	90	169	935	93.8%	0.86	2	6.7	2
80	Y2-315L1-6	110	207	935	94%	0.86	2	6.7	2
81	Y2-315L2-6	132	245	935	94.2%	0.87	2	6.7	2
82	Y2-315M1-6	160	292	990	94.5%	0.88	1.9	6.7	2
83	Y2-315M2-6	200	365	990	94.5%	0.88	1.9	6.7	2
84	Y2-355L-6	250	457	990	94.5%	0.88	1.9	6.7	2
85	Y2-80M1-8	0.18	0.83	645	51%	0.61	1.8	3.3	1.9
86	Y2-80M2-8	0.25	1.1	645	54%	0.61	1.8	3.3	1.9
87	Y2-90S-8	0.37	1.49	675	62%	0.61	1.8	4	1.9
88	Y2-90L-8	0.55	2.17	680	63%	0.61	1.8	4	2
89	Y2-100L1-8	0.75	2.43	680	70%	0.67	1.8	4	2
90	Y2-100L2-8	1.1	3.36	680	72%	0.69	1.8	5	2
91	Y2-112M-8	1.5	4.4	690	74%	0.7	1.8	5	2
92	Y2-132S-8	2.2	6	710	79%	0.71	1.8	6	2
93	Y2-132M-8	3	7.8	710	80%	0.73	1.8	6	2
94	Y2-160M1-8	4	10.3	720	81%	0.73	1.9	6	2
95	Y2-160M2-8	5.5	13.6	720	83%	0.74	1.9	6	2
96	Y2-160L-8	7.5	17.8	720	85.5%	0.75	1.9	6	2
97	Y2-180L-8	11	25.5	730	87.5%	0.75	2	6.5	2
98	Y2-200L-8	15	34.1	730	88%	0.76	2	6.6	2

续表

序号	型号	功率/kW	电流/A	转速/(r/min)	效率	功率因数	堵转转矩/额定转矩	堵转电流/额定电流	最大转矩/额定转矩
99	Y2-225S-8	18.5	41.1	730	90%	0.76	1.9	6.6	2
100	Y2-225M-8	22	48.9	730	90.5%	0.78	1.9	6.6	2
101	Y2-250M-8	30	63	735	91%	0.79	1.9	6.5	2
102	Y2-280S-8	37	78	740	91.5%	0.79	1.9	6.6	2
103	Y2-280M-8	45	94	740	92%	0.79	1.9	6.6	2
104	Y2-315S-8	55	111	735	92.8%	0.81	1.8	6.6	2
105	Y2-315M-8	75	150	735	93.5%	0.18	1.8	6.2	2
106	Y2-315L1-8	90	178	735	93.8%	0.82	1.8	6.4	2
107	Y2-315L2-8	110	217	735	94%	0.82	1.8	6.4	2
108	Y2-315M1-8	132	261	740	93.7%	0.82	1.8	6.4	2
109	Y2-315M2-8	160	315	740	94.2%	0.82	1.8	6.4	2
110	Y2-355L-8	200	387	740	94.5%	0.83	1.8	6.4	2
111	Y2-315S-10	45	100	590	91.5%	0.75	1.5	6.2	2
112	Y2-315M-10	55	121	590	92%	0.75	1.5	6.2	2
113	Y2-315L1-10	75	162	590	92.5%	0.76	1.5	5.8	2
114	Y2-315L2-10	90	191	590	93%	0.77	1.5	5.9	2
115	Y2-355M1-10	110	230	590	93.2%	0.78	1.3	6	2
116	Y2-355M2-10	132	275	590	93.5%	0.78	1.3	6	2
117	Y2-355L-10	160	334	590	93.5%	0.78	1.3	6	2

我国生产的异步电动机的主要产品有如下几个系列。

Y 系列为一般的小型笼形全封闭自冷式三相异步电动机，主要用于金属切削机床、通用机械、矿山机械、农业机械等。

YD 系列是变极多速三相异步电动机。

YR 系列是三相绕线转子异步电动机。

YZ 和 YZR 系列是起重和冶金用三相异步电动机，YZ 是笼形，YZR 是绕线式。

YB 系列是防爆式笼形异步电动机。

YCT 系列是电磁调速异步电动机。

其他类型的异步电动机可参阅有关产品目录。

2. 额定功率 P_N（2.2kW）

额定功率表示电动机在额定工作状态下运行时，允许输出的机械功率。

3. 额定电流 I_N（9.69A/5.61A）

额定电流表示电动机在额定工作状态下运行时，定子电路输入的线电流。9.69A 是连接时的额定电流，5.61A 是星形-三角形连接时的额定电流。

4. 额定电压 U_N（380V）

额定电压表示电动机在额定工作状态下运行时，定子电路所加的线电压。

5. 额定转速 n_N（950r/min）

额定转速表示电动机在额定工作状态下运行时的转速。

6. 接法（220△/380Y）

接法表示电动机定子三相绕组与交流电源的连接方法，220△/380Y 表示电源为 220V 时采用三角形（△）接法，电源为 380V 时采用星形（Y）接法。对 Y2 系列电动机而言，国家标准规定凡 3kW 及以下者均采用星形连接，4kW 及以上者均采用三角形连接。

7. 防护等级（IP44）

防护等级表示电动机外壳防护的方式。IP11 是开启式，IP22、IP23 是防护式，IP44 是封闭式。

8. 频率（50Hz）

频率表示电动机使用交流电源的频率。

9. 绝缘耐热等级

绝缘耐热等级表示电动机各绕组及其他绝缘部件所用绝缘材料的等级。绝缘材料按耐热性能分级，电动机常用的绝缘耐热等级为 A、E、B、F、H 及 C（180℃以上）6 种，按环境温度 40℃计算，这 6 种绝缘材料及其允许最高温度和允许最高温升如表 4-3 所示。

表 4-3　电动机允许温升与绝缘耐热等级关系

绝缘耐热等级	A	E	B	F	H	C
允许最高温度/℃	105	120	130	155	180	180 以上
允许最高温升/℃	65	80	90	115	140	140 以上

10. 定额

定额是指电动机按铭牌值工作时，可以持续运行的时间和顺序。电动机定额分为连续定额、短时定额和断续定额 3 种，分别用 S1、S2、S3 表示。

连续定额（S1）：表示电动机按铭牌值工作时可以长期连续运行。

短时定额（S2）：表示电动机按铭牌值工作时只能在规定的时间内短时运行。我国规定的短时运行时间为 10、30、60、90min 4 种。

断续定额（S3）：表示电动机按铭牌值工作时，运行一段时间就要停止一段时间，周而复始地按一定周期重复运行。每一周期为 10min，我国规定的负载持续率为 15%、25%、40% 及 60% 4 种。如标明 40%，则表示电动机每工作 4min 就需休息 6min。

11. 振动量

振动量表示电动机振动的情况。1.8mm/s 表示电动机振动为每秒轴向移动不超过 1.8mm。

12. 噪声

67dB（A）表示电动机运行时产生的最大噪声为 67dB（A）。

13. 其他

铭牌上除了标出以上主要数据外，有的电动机还标有额定功率因数 $\cos\varphi_N$。因为电动机是感性负载，定子相电流滞后定子相电压一个 φ 角，所以额定功率因数 $\cos\varphi_N$ 是指额定负载下定子电路的相电压与相电流之间相位差的余弦。异步电动机的 $\cos\varphi$ 随负载的变化而变化，满载时 $\cos\varphi$ 为 0.7～0.9，轻载时 $\cos\varphi$ 较低，空载时只有 0.2～0.3。实际使用时要根据负载的大小来合理选择电动机容量，防止"大马拉小车"。

三相异步电动机输入输出功率与各量之间的关系为

$$P_{1N} = \sqrt{3}\, U_N I_N \cos\varphi_N \qquad (4\text{-}1)$$

$$P_N = \eta_N P_{1N} = \eta\sqrt{3}\, U_N I_N \cos\varphi_N \qquad (4\text{-}2)$$

式中 η_N——额定运行时的效率。

思考

图 4-12 是几台电动机的铭牌，请仔细观察，判断电动机额定电流与额定功率数值大小的大致关系。

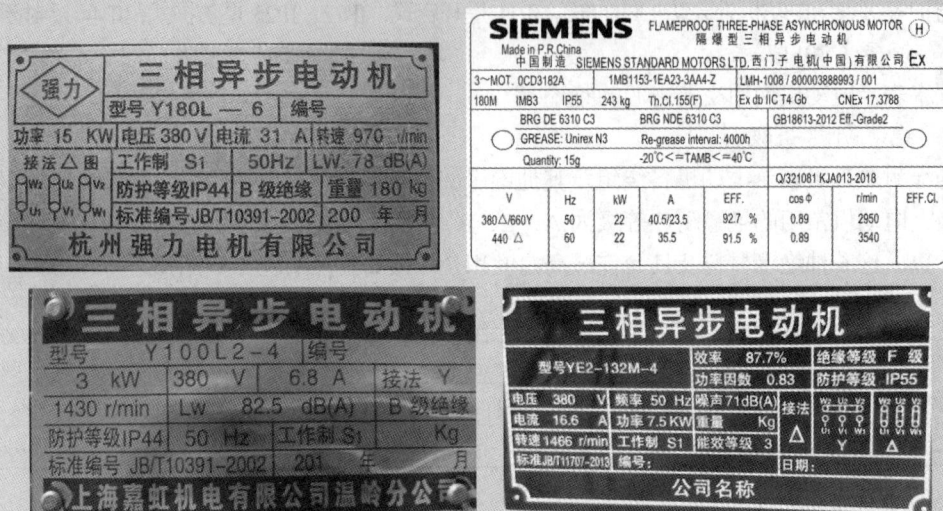

图4-12 电动机铭牌示例

脚踏实地、砥砺前行

高效节能电机研发推广，助力节能减排绿色发展。

三相异步电动机作为机械装备上不可或缺的组件之一，是电气传动的基础部件。在全球降低能耗的背景下，高效节能电机成为全球三相异步电动机产业发展的共识。2008 年以后，我国加快了淘汰低效电机及拖动设备的速度，加强了高效节能电机的推广力度。2011 年新能源汽车保有量增速为 59.58%，在《节能与新能源汽车产业发展规划（2012—2020 年）》等政策刺激下，中国新能源汽车产业市场预期良好，2020 年新能源汽车保有量已达 50 万辆以上，带动驱动电机市场规模迅速增长，同时也极大地助力了全球节能减排事业的绿色发展。新能源汽车的驱动系统构成如图 4-13 所示。

【启示】现今我国已逐步成为电机制造大国，掌握了高效及超高节能电机的生产技术，但是从整体上看，行业竞争力仍然较弱，我国在高效电机研发方面还面临巨大的挑战。同学们既要看到我国电机自主研发技术的崛

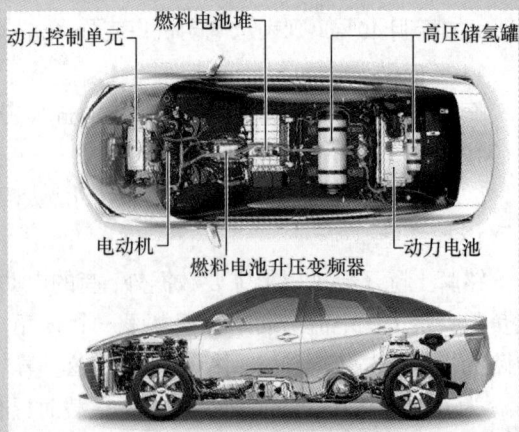

图4-13 新能源汽车驱动系统构成

起，也要正视不足，并以此为动力，大家要勤恳认真、脚踏实地地学好三相异步电动机的结构与工作原理等相关知识与技能，为我国深入开展电机及其系统节能技术的研究做出贡献！

••• 4.2 三相异步电动机的运行分析 •••

三相异步电动机的工作原理与变压器有许多相似之处，如异步电动机的定子绕组与转子绕组相当于变压器的一次绕组与二次绕组；变压器是利用电磁感应把电能从一次绕组传递给二次绕组的，异步电动机定子绕组从电源吸取的能量也是靠电磁感应传递给转子的。因此可以说变压器是不动的异步电动机，也就是说，变压器与异步电动机的主要不同即在于变压器是静止的，异步电动机是转动的。

当异步电动机转子未动时，转子中各个物理量的分析与计算可以用分析与计算变压器的方法进行，但当转子转动以后，转子中的感应电动势及电流的频率就要跟着发生变化，而不再与定子绕组中的电动势及电流频率相等，转子感抗、转子功率因数等也跟着发生变化，分析与计算较为复杂，下面详细讨论。

4.2.1 三相异步电动机的运行原理

1. 旋转磁场对定子绕组的作用

前面已叙述，在异步电动机的三相定子绕组内通入三相交流电后，即产生旋转磁场，此旋转磁场将在不动的定子绕组中产生感应电动势。与变压器相同，产生的感应电动势可以用下式计算

$$E_1 = 4.44K_1N_1f_1\varPhi_m \tag{4-3}$$

式中　E_1——定子绕组感应电动势的有效值，V；

K_1——定子绕组的绕组系数，$K_1<1$；

N_1——定子每相绕组的匝数；

f_1——定子绕组感应电动势的频率，Hz；

$\varPhi_m$——旋转磁场每极磁通的最大值，Wb。

式（4-3）与变压器的感应电动势公式［见式（2-1）］相比多了一个绕组系数 K_1，这是因为变压器绕组是集中绕在一个铁芯上的，故在任意瞬间穿过绕组的各个线圈中的主磁通大小及方向都相同，整个绕组的电动势为各线圈电动势的代数和。而在异步电动机中，同一相的定子绕组并不是集中嵌放在一个槽内，而是分别嵌放在若干个槽内，这种绕组称为分布绕组。整个绕组的电动势是各个线圈中电动势的相量和，比起代数和要小一些。另外，定子绕组为了改善电动势的波形和节省导线，一般采用短距绕组（即一个线圈的两个边的空间距离小于一个极距），从而使两个线圈边的电动势有一定的相位差，使短距绕组的电动势比整距绕组的电动势要小，因此乘以一个绕组系数 K_1。K_1 是由于绕组是分布绕组和短距绕组，从而使感应电动势减少的倍数，$K_1<1$。

由于定子绕组本身的阻抗压降比电源电压要小得多，所以可以近似认为电源电压 U_1 与感应电动势 E_1 相等，即

$$U_1 \approx E_1 = 4.44K_1N_1f_1\varPhi_m \tag{4-4}$$

由此可见，当外加电源电压 U_1 不变时，定子绕组中的主磁通 $\varPhi_m$ 也基本不变。

旋转磁场不仅通过定子绕组，而且与转子绕组相交链，下面分析旋转磁场对转子绕组的

作用。

2. 旋转磁场对转子绕组的作用

（1）转子中感应电动势及电流的频率。当转子不动时，很显然磁通相对于转子绕组的速度和相对于定子绕组的速度相同，都为 f_1。

转子旋转后，在转子中产生感应电动势及电流，其频率 f_2 为

$$f_2 = \frac{p(n_1 - n)}{60} = \frac{p(n_1 - n)n_1}{60n_1} = sf_1 \tag{4-5}$$

即转子中的电动势及电流的频率与转差率 s 成正比。

当转子不动时，即 $s = 1$，则 $f_2 = f_1$。

当转子达到同步转速时，$s = 0$，则 $f_2 = 0$，即转子导体中没有感应电动势及电流。

（2）转子绕组感应电动势 E_2 为

$$E_2 = 4.44K_2N_2f_2\Phi_m = 4.44K_2N_2sf_1\Phi_m \tag{4-6}$$

式中　K_2——转子绕组的绕组系数；

　　　N_2——转子每相绕组的匝数。

当转子不动时，感应电动势 E_{20} 为

$$E_{20} = 4.44K_2N_2f_1\Phi_m \tag{4-7}$$

故可得　　　　　　　　　　　$E_2 = sE_{20} \tag{4-8}$

由式（4-8）可见，转子转动时，转子绕组中的电动势 E_2 等于转子不动时的电动势 E_{20} 乘以转差率 s。当转子未动时（起动瞬间），$s = 1$，故转子内感应电动势最大。随着转子转速的增加，转子中的感应电动势 E_2 下降，由于异步电动机在正常运行时，s 为 0.01～0.05（即 1%～5%），所以在正常运行时，转子中的感应电动势也只有起动瞬间的 1%～5%。

（3）转子的电抗和阻抗。异步电动机中的磁通绝大部分穿过气隙与定子和转子绕组相交链，称为主磁通 Φ，它在定子绕组及转子绕组中分别产生感应电动势 E_1 及 E_2。另外，还有一小部分磁通仅与定子绕组相链，称为定子漏磁通，而与转子绕组相链的则称为转子漏磁通。漏磁通的变化亦将在定子及转子绕组中产生漏磁感应电动势，而在电路中则表现为电抗压降，下面讨论转子电路内的电抗和阻抗。

$$X_2 = 2\pi f_2 L_2 = 2\pi s f_1 L_2 \tag{4-9}$$

式中　X_2——转子每相绕组的漏电抗，Ω；

　　　L_2——转子每相绕组的漏电感，H。

同理，X_2 与电动机转子静止不动时的电抗 X_{20} 之间的关系为：$X_2 = sX_{20}$。由此可得

$$Z_2 = \sqrt{R_2^2 + (sX_{20})^2} \tag{4-10}$$

式中　Z_2——转子每相绕组阻抗；

　　　R_2——转子每相绕组电阻。

由此可见，转子阻抗在起动时最大，随转速增加而下降。

（4）转子的电流和功率因数。

转子的电流　　　　　　　$I_2 = \frac{E_2}{\sqrt{R_2^2 + X_2^2}} = \frac{sE_{20}}{\sqrt{R_2^2 + (sX_{20})^2}} \tag{4-11}$

转子的功率因数 $\qquad \cos\varphi_2 = \dfrac{R_2}{\sqrt{R_2^2 + X_2^2}} = \dfrac{R_2}{\sqrt{R_2^2 + (sX_{20})^2}}$ （4-12）

对于一台电动机而言，R_2 及 X_{20} 基本上是不变的，故 I_2 及 $\cos\varphi_2$ 用曲线表示，如图4-14所示。

由式（4-11）可知，当 $s = 1$ 时，转子电流最大，当电动机正常运行时，因为 s 接近 0，所以转子电流很小。

由式（4-12）可以看出，当 $s = 1$ 时，由于 $R_2 \leqslant X_{20}$，故 $\cos\varphi_2$ 很小，即电动机起动时转子功率因数很低。当 $s \approx 0$ 时，则 $\cos\varphi_2 \approx 1$，即正常运行时功率因数较高。

3. 功率和转矩的关系

如工作原理所述，异步电动机是通过电磁感应作用把电能传送到转子再转换为轴上输出的机械能的，而任何机械在实现能量的转换过程中总有损耗存在，异步电动机也一样，因此轴上输出的机械功率 P_2 总是小于从电网输入的电功率 P_1。在能量转换的过程中，电磁转矩起了关键性的作

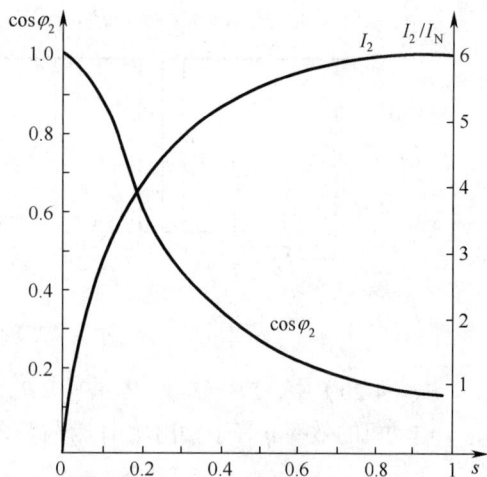

图4-14 转子电流和转子功率因数随
转差率变化的曲线

用。下面分析异步电动机的功率关系和转矩关系，并推导出电磁转矩公式。

（1）功率及效率。当三相异步电动机以转速 n 稳定运行时，定子绕组从电源输入的电功率 P_1 为

$$P_1 = \sqrt{3}\, U_1 I_1 \cos\varphi_1 \times 10^3$$ （4-13）

P_1 的一小部分消耗于定子绕组铜损耗

$$P_{\text{Cu1}} = 3I_1^2 R$$ （4-14）

还有一小部分消耗于定子铁芯中产生的铁损耗

$$P_{\text{Fe}} = 3I_m^2 R_m$$ （4-15）

余下的大部分功率就是通过气隙旋转磁场，利用电磁感应作用传递到转子上的功率，叫作电磁功率，用 P_{em} 表示，即

$$P_{\text{em}} = P_1 - P_{\text{Cu1}} - P_{\text{Fe}}$$ （4-16）

转子绕组感应电动势，产生电流，也会产生转子铜损耗 P_{Cu2}，电磁功率扣除转子铜损耗便是电动机转轴上带动转子旋转的总机械功率 P_{MEC}，即

$$P_{\text{MEC}} = P_{\text{em}} - P_{\text{Cu2}}$$ （4-17）

而电动机在旋转中会产生机械摩擦损耗（P_{mec}）、风的阻力及其他附加损耗（P_{ad}），因此转轴上的总机械功率 P_{MEC} 须扣除这些损耗后才是转轴上输出的机械功率。于是

$$P_2 = P_{\text{MEC}} - P_{\text{mec}} - P_{\text{ad}}$$ （4-18）

附加损耗与气隙大小和工艺因素有关，很难计算，一般根据经验选取。

对于大型异步电动机，$P_{\text{ad}} = 0.5\% P_{\text{N}}$。对于小型铸铝转子异步电动机，$P_{\text{ad}} = (1\% \sim 3\%) P_{\text{N}}$。

一般把机械损耗和附加损耗统称为电动机的空载损耗，用 P_0 表示，于是

$$P_2 = P_{MEC} - P_0 \tag{4-19}$$

式（4-16）~式（4-19）反映了异步电动机内部的功率流程和功率平衡关系。功率流程用图4-15所示的功率流程来表示更为清晰。由以上公式可得异步电动机的总的功率平衡方程式

$$P_2 = P_1 - P_{Cu1} - P_{Fe} - P_{Cu2} - P_{mec} - P_{ad} = P_1 - \sum P \tag{4-20}$$

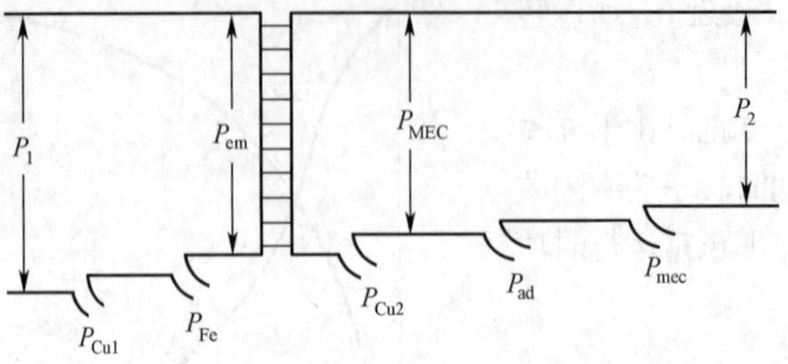

图4-15 异步电动机的功率流程

微课 4-4：三相异步电动机的能量转换

式（4-20）中，$\sum P = P_{Cu1} + P_{Fe} + P_{Cu2} + P_{mec} + P_{ad}$ 为异步电动机的总损耗。

电动机的效率 η 等于输出功率 P_2 与输入功率 P_1 之比，即

$$\eta = \frac{P_2}{P_1} \times 100\% = \frac{P_1 - \sum P}{P_1} \times 100\% \tag{4-21}$$

异步电动机在空载运行及轻载运行时，由于定子与转子间存在气隙，定子电流 I_1 仍有一定的数值（不像变压器空载运行时那样空载电流很小），因此电动机从电网输入的功率仍有一定的数值，而此时轴上输出的功率很小，使异步电动机在轻载时效率很低。另外，理论分析及实践都表明，异步电动机在轻载时功率因数也很低，因此在选择及使用电动机时必须注意电动机的额定功率应稍大于所拖动的负载实际功率，避免电动机额定功率比负载功率大得多的所谓"大马拉小车"现象。

【例 4-2】 Y2-132S-4 三相异步电动机输出功率 $P_2 = 5.5\text{kW}$，电压 $U_1 = 380\text{V}$，电流 $I_1 = 11.7\text{A}$，电动机功率因数 $\cos\varphi_1 = 0.83$，求输入功率 P_1 及效率 η。

解：由三相异步电动机功率公式可得

$$P_1 = \sqrt{3}\, U_1 I_1 \cos\varphi_1 = \sqrt{3} \times 380 \times 11.7 \times 0.83 \times 10^{-3} \approx 6.391(\text{kW})$$

$$\eta = \frac{P_2}{P_1} \times 100\% = \frac{5.5}{6.391} \times 100\% \approx 86\%$$

（2）转矩。由力学知识知道：旋转体的机械功率等于作用在旋转体上的转矩 T 与它的机械角速度 Ω 的乘积，即 $P = T\Omega$。将式（4-19）的两边同除以转子机械角速度 Ω，便得到稳态时异步电动机的转矩平衡方程式

$$\frac{P_{MEC}}{\Omega} = \frac{P_2}{\Omega} + \frac{P_0}{\Omega} \tag{4-22}$$

$$T_{em} = T_2 + T_0 \tag{4-23}$$

式中　$T_2 = \dfrac{P_2}{\Omega}$——电动机轴上输出的转矩；

$T_0 = \dfrac{P_0}{\Omega}$——对应于机械损耗和附加损耗的转矩，叫作空载转矩；

110

$$T_{em} = \frac{P_{MEC}}{\Omega} \text{——对应总机械功率的转矩，称为电磁转矩。}$$

式（4-23）说明电磁转矩 T_{em} 与输出机械转矩 T_2 和空载转矩 T_0 相平衡。

从式（4-22）可导出

$$T_{em} = \frac{P_{MEC}}{\Omega} = \frac{(1-s)P_{em}}{\frac{2\pi n}{60}} = \frac{P_{em}}{\Omega_1} \quad （4-24）$$

式中 $\Omega_1 = \frac{2\pi n}{60}$ ——同步机械角速度，为常数。

可见电磁转矩 T_{em} 与电磁功率成正比。式（4-24）表明，电磁转矩 T_{em} 等于总机械功率 P_{MEC} 除以转子机械角速度 Ω，也等于电磁功率 P_{em} 除以同步机械角速度 Ω_1，这是一个很重要的概念。前者是从转子本身产生的机械功率导出的，由于转子本身的机械角速度为 Ω，所以 $T_{em} = \frac{P_{MEC}}{\Omega}$；后者则是从旋转磁场对转子做功这一概念得出的，由于旋转磁场以同步机械角速度 Ω_1 旋转而拖动转子旋转，其每秒所做的功就是通过气隙传送到转子上的总功率 P_{em}，所以 $T_{em} = \frac{P_{em}}{\Omega_1}$。

经化简可得到输出转矩和输出功率的常用计算公式

$$T_2 = P_2 / \Omega = \frac{P_2 \times 60}{2\pi n}(kN \cdot m) = \frac{1\,000 \times 60 \times P_2}{2\pi n}(N \cdot m) = 9\,550\frac{P_2}{n} \quad （4-25）$$

当电动机在额定状态下运行时，式（4-25）中的 T_2、P_2、n 分别为额定输出转矩（N·m）、额定输出功率（kW）、额定转速（r/min）。

【例 4-3】 有 Y160M-4 型及 Y180L-8 型三相异步电动机各一台，额定功率都是 $P_2 = 11kW$，前者额定转速为 1 460r/min，后者额定转速为 730r/min，分别求它们的额定输出转矩 T_2。

解： Y160M-4 型三相异步电动机的额定输出转矩为

$$T_2 = 9\,550\frac{P_2}{n} = 9\,550 \times \frac{11}{1\,460} \approx 71.95(N \cdot m)$$

Y180L-8 型三相异步电动机的额定输出转矩为

$$T_2 = 9\,550\frac{P_2}{n} = 9\,550 \times \frac{11}{730} \approx 143.9(N \cdot m)$$

由此可见，输出功率相同的异步电动机，如磁极数多，转速就低，输出转矩就大；磁极数少，转速高，输出的转矩就小，在选用电动机时必须掌握这个规律。

4.2.2 三相异步电动机的工作特性

异步电动机的工作特性是指在额定电压和额定频率下，电动机的转速 n（或转差率 s）、电磁转矩 T_{em}（或输出转矩 T_2）、定子电流 I_1、效率 η 和功率因数 $\cos\varphi_1$ 与输出功率 P_2 之间的关系曲线，即 $U_1 = U_N$，$f_1 = f_N$ 时，n、T_{em}、I_1、η、$\cos\varphi_1 = f(P_2)$。工作特性可以通过电动机直接加负载试验得到。图 4-16 所示为三相异步电动机的工作特性曲线。

1. **转速特性** $n = f(P_2)$

因为 $n = (1-s)n_1$，电动机空载时，负载转矩小，转子转速 n 接近同步转速 n_1，s 很小。随着负载的增加，转速 n 略有下降，s 略微上升，这时转子感应电动势 E_2 增大，转子电流 I_2 增大，以产生更大的电磁转矩与负载转矩相平衡。因此，随着输出功率 P_2 的增加，转速特性 $n=f(P_2)$ 是一条稍微下降的曲线，如图4-16所示。一般异步电动机，额定负载时的转差率 $s_N = 0.01 \sim 0.05$，小数字对应于大电动机。

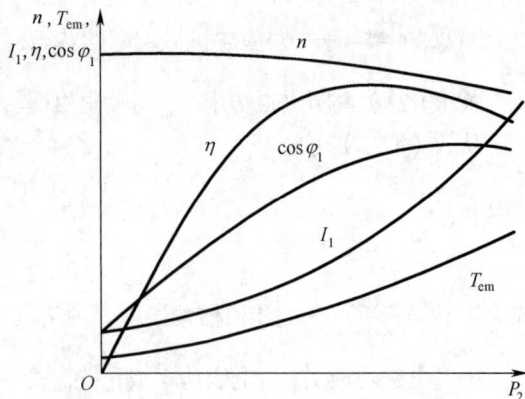

图4-16　三相异步电动机的工作特性曲线

2. 转矩特性 $T_{em} = f(P_2)$

$T_{em} = T_2 + T_0 = \dfrac{P_2}{\Omega} + T_0$，随着 P_2 增大，由于电动机转速 n 和角速度 Ω 变化很小，而空载转矩 T_0 又近似不变，所以 T_{em} 随 P_2 的增大而增大，近似直线关系，如图4-16所示。

3. 定子电流特性 $I_1 = f(P_2)$

空载时，转子电流 $I_2 \approx 0$，定子电流几乎全都是励磁电流 I_0。随着负载的增大，转速下降，I_2 增大，I_1 也相应增大，如图4-16所示。

4. 效率特性 $\eta = f(P_2)$

根据定义，异步电动机的效率为 $\eta = \dfrac{P_2}{P_1} = 1 - \dfrac{\Sigma P}{P_2 + \Sigma P}$，异步电动机的损耗也可分为不变损耗和可变损耗两部分。电动机从空载到满载运行时，由于主磁通和转速变化很小，铁损耗 P_{Fe} 和机械损耗 P_{mec} 近似不变，称为不变损耗。而定子、转子铜损耗 P_{Cu1}、P_{Cu2} 和附加损耗 P_{ad} 是随负载而变的，称为可变损耗。空载时，$P_2=0$，随着 P_2 增加，可变损耗增加较慢，上升很快，直到当可变损耗等于不变损耗时，效率最高。若负载继续增大，铜损耗增加很快，效率反而下降。异步电动机的效率曲线与直流电动机和变压器的大致相同。对于中小型异步电动机，最高效率出现在 $0.75P_N$ 左右。一般电动机额定负载下的效率为 74% ~ 94%，容量越大，额定效率 η_N 越高。

5. 功率因数特性 $\cos\varphi_1 = f(P_2)$

异步电动机对电源来说，相当一个感性阻抗，因此其功率因数总是滞后的，运行时必须从电网吸取感性无功功率，$\cos\varphi_1 < 1$。空载时，定子电流几乎全都是无功的磁化电流，因此 $\cos\varphi_1$ 很低，通常小于 0.2；随着负载增加，定子电流中的有功分量增加，功率因数提高，在接近额定负载时，功率因数最高；负载再增大，由于转速降低，转差率 s 增大，转子功率因数角 $\varphi_2 = \arctan\dfrac{X_2}{R_2}$ 变大，使 $\cos\varphi_2$ 和 $\cos\varphi_1$ 又开始减小。

由于异步电动机的效率和功率因数都在额定负载附近达到最大值，因此选用电动机时应使电动机容量与负载相匹配。如果选得过小，电动机运行时过载，其温升过高影响寿命甚至损坏电动机。但也不能选得太大，否则，不仅电动机价格较高，而且电动机长期在低负载下运行，其效率和功率因数都较低，不经济。

4.2.3　三相异步电动机的机械特性

机械特性是异步电动机的主要特性，它是指电动机的转速 n 与电磁转矩 T_{em} 之间的关系，

即 $n = f(T_{em})$。下面先分析电磁转矩 T_{em}。

由于异步电动机的转矩是由载流导体在磁场中受电磁力的作用而产生的，因此转矩的大小与旋转磁场的磁通 Φ_m、转子导体中的电流 I_2 及转子功率因数有关，即

$$T_{em} = C_T \Phi_m I_2 \cos\varphi_2 \qquad (4\text{-}26)$$

式中 C_T——电动机的转矩常数。

式（4-26）在实际应用或分析时不太方便，可通过一定的数学换算（证明略）变换成下式

$$T_{em} \approx \frac{CsR_2U_1^2}{f_1[R_2^2 + (sX_{20})^2]} \qquad (4\text{-}27)$$

式中 T_{em}——电磁转矩，在近似分析与计算中可将其看作电动机的输出转矩，N·m；

$\quad U_1$——加在电动机定子每相绕组上的电压，V；

$\quad s$——电动机的转差率；

$\quad R_2$——电动机转子绕组每相的电阻；

$\quad X_{20}$——电动机静止不动时转子绕组每相的感抗值；

$\quad C$——电动机结构常数；

$\quad f_1$——交流电源的频率，Hz。

对某台电动机而言，它的结构常数 C 及转子参数 R_2、X_{20} 是固定不变的，因而当加在电动机定子绕组上的电压 U_1 不变时（电源频率 f_1 也不变），由式（4-27）可看出：异步电动机轴上输出的转矩 T 仅与电动机的转差率（即电动机的转速）有关。在实际应用中为了更形象地表示出转矩与转差率（或转速）之间的相互关系，常用 T 与 s 间的关系曲线来描述，如图 4-17 所示，该曲线通常称为异步电动机的转矩特性曲线。

在电力拖动系统中，为了便于分析，有时希望能直接表示出电动机的转速与转矩之间的关系，因此常把图 4-17 顺时针转过 90°，并把转差率 s 变换成转速 n，即变成图 4-18 所示的 n 与 T 之间的关系曲线，称为异步电动机的机械特性曲线，它的形状与转矩特性曲线是一样的。

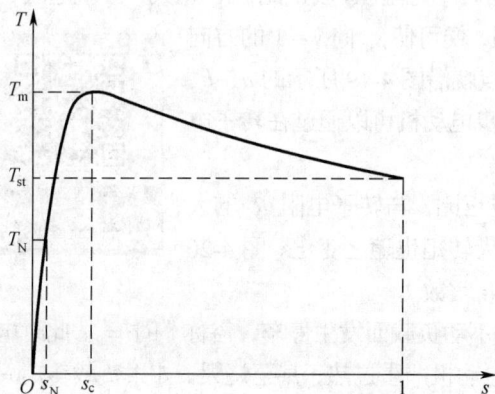

微课 4-5：三相异步电动机的固有机械特性

图4-17　异步电动机的转矩特性曲线

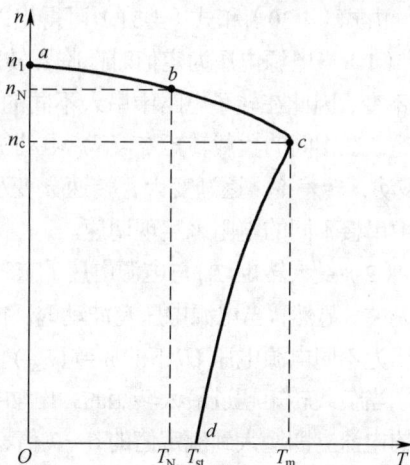

图4-18　异步电动机的机械特性曲线

下面从机械特性曲线来分析异步电动机运行的几个特殊点。

1. 起动点 d

起动点 d 即 $n=0$（或 $s=1$），电动机轴上产生的转矩称为起动转矩 T_{st}（又称堵转转矩），如起动转矩 T_{st} 大于电动机轴上所带的机械负载转矩 T_L，则电动机就能起动，反之则无法起动。

通过分析可得起动转矩

$$T_{st} = C[(R_2 U_1^2)/(R_2^2 + X_{20}^2)]$$ （4-28）

起动时，f_2 很高，$X_{20} \gg R_2$，式（4-28）可近似写成

$$T_{st} = C[(R_2 U_1^2)/X_{20}^2]$$ （4-29）

由式（4-29）可见，T_{st} 与电源电压的二次方成正比，与转子电阻 R_2 也成正比，这种关系可从图 4-19 和图 4-20 中看到。当适当增加转子电阻（对绕线转子异步电动机而言），起动转矩会增大，当降低电源电压时，起动转矩将减小。

起动转矩和额定转矩的比值 $\lambda_{st} = T_{st}/T_N$（$\lambda_{st}$ 称为起动转矩倍数）反映了异步电动机的起动能力。一般 $\lambda_{st} = 0.9 \sim 1.8$。笼形异步电动机取值较小，绕线转子异步电动机取值较大。

2. 理想空载点 a

理想空载点 a 即 $n = n_1$（或 $s = 0$），此时转子电流 I_2 为零，故转矩 $T = 0$。实际运行时，电动机转速不可能达到 n_1，因此称此点为理想空载运行点。

3. 额定运行点 b

额定运行点 b 对应的转速称为额定转速 n_N，此时的转差率称为额定转差率 s_N，而电动机轴上产生的转矩则称为额定转矩 T_N。

4. 临界运行点 c

在临界运行点 c 处电动机产生的转矩最大，称为最大转矩 T_m，该点转速 n_c 称为临界转速。对应于临界转速时的转差率称为临界转差率 s_c。通过数学分析可知，s_c 可用下式表示

$$s_c = \frac{R_2}{X_{20}}$$ （4-30）

与之对应的 T_m 为

$$T_m = C U_1^2 / (2 X_{20})$$ （4-31）

由式（4-30）和式（4-31）可得出以下结论。

（1）当电源电压为定值时，临界转差率 s_c 与转子电阻 R_2 成正比，R_2 越大，s_c 就越大，但 T_m 不变，因此在转子电路中串入不同的附加电阻，便可使 s_m 向 $s = 1$ 的方向移动，在相同的负载转矩 T_L' 下，电动机的工作点就沿图 4-19 所示的 a、b、c 移动，转差率 s 逐渐变大，转速 n 变小，故异步电动机可以通过在转子电路中串接不同的电阻来实现调速。

（2）最大转矩 T_m 与电源电压的二次方 U_1^2 成正比，与转子电阻 R_2 的大小无关。显然，当电源电压有波动时，电动机最大转矩也随之变化。图 4-20 所示为不同电源电压 U_1 下的 $n = f(T_{em})$ 曲线（$R_2 =$ 常数）。

微课 4-6：三相异步电动机的人为机械特性

当负载转矩超过最大转矩时，电动机将因带不动负载而发生停车，俗称"闷车"。此时电动机的电流立即增大到额定值的 $6 \sim 7$ 倍，将引起电动机严重过热，甚至烧毁。如果负载转矩只是短时间接近最大转矩而使电动机过载，这是允许的，因为时间很短，所以电动机不会立即过热。

为了保证电动机在电源电压波动时能正常工作，规定电动机的最大转矩 T_m 要比额定转矩 T_N 大得多，通常用过载系数 $\lambda_m = T_m/T_N$ 来衡量电动机的过载能力。一般 $\lambda_m = 1.8 \sim 2.5$。λ_m 的数

值可在电动机产品目录中查到。

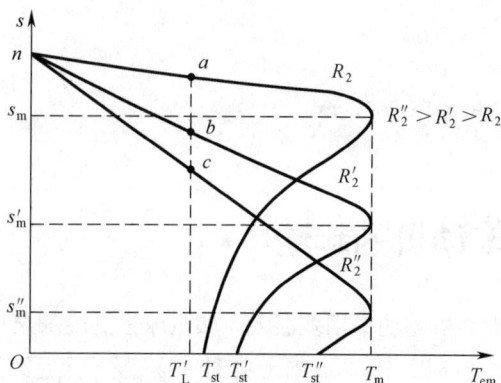

图4-19　不同R_2时的$s = f(T_{em})$曲线　　图4-20　不同电源电压U下的$n = f(T_{em})$曲线（$R_2 = $常数）

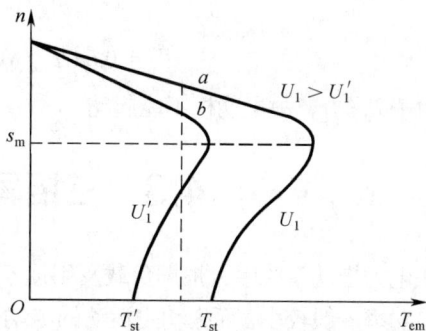

　　通常异步电动机稳定运行在图4-18所示的机械特性曲线的abc段上。从这段曲线可以看出，当负载转矩有较大的变化时，异步电动机的转速变化并不大，因此异步电动机具有硬的机械特性。这个转速范围称为异步电动机的稳定运行区。对于稳定运行区可作这样的理解：设电动机原来在额定转矩T_N下运行，则对应的转速为n_N（转差率为s_N），现假设负载转矩突然增大，则电动机转矩将小于负载转矩，电动机即减速，随着电动机转速下降，电动机产生的转矩即增加，当增加到与负载转矩相等时，电动机即在该转速下稳定运行。用同样的道理可分析当负载转矩减小时，电动机将在稍高的转速下稳定运行。这也就是为什么电动机的空载转速稍高于额定转速的原因。

　　如图4-18所示，在机械特性曲线的cd段，随着转速的减小，电动机产生的转矩也随之减小，因此该范围称为不稳定运行区，异步电动机一般不能在该区域内正常稳定运行。只有电扇、通风机等风机型负载是特例。因为风机型负载的特点是负载转矩（阻力矩）T_L随转速增加而急剧增加。当由于某种原因使电动机转速稍有增加时，电动机产生的转矩增加较少，而负载转矩T_L增加较多，从而使电动机减速。同理，当电动机转速下降时，电动机的电磁转矩比负载转矩T_L下降得多，于是电动机加速。最后电动机仍能稳定运行。

　　【例4-4】　有一台笼形三相异步电动机，额定功率$P_N = 40kW$，额定转速$n_N = 1\,450r/min$，过载系数$\lambda_m = 2.2$，求额定转矩T_N及最大转矩T_m。

　　解：

$$T_N = 9\,550\frac{P_N}{n_N} = 9\,550 \times \frac{40}{1\,450} \approx 263.45(N \cdot m)$$

$$T_m = \lambda_m T_N = 2.2 \times 263.45 = 579.59(N \cdot m)$$

　　【例4-5】　已知Y2-132S-4三相异步电动机的额定功率$P_N = 5.5kW$，额定转速$n_N = 1\,440r/min$，$\lambda_{st} = T_{st}/T_N = 2.3$。

　　（1）求在额定电压下起动时的起动转矩T_{st}。

　　（2）若电动机轴上所带负载转矩T_L为$60\,N \cdot m$，问当电网电压降为额定电压的80%时，该电动机能否起动？

　　解：（1）

$$9\,550\frac{P_N}{n_N} = 9\,550 \times \frac{5.5}{1\,440} \approx 36.48(N \cdot m)$$

$$T_{st} = \lambda_{st}T_N = 2.3 \times 36.48 \approx 83.9 (\text{N} \cdot \text{m})$$

（2）
$$\frac{T'_{st}}{T_{st}} = \left(\frac{0.8U_1}{U_1}\right)^2 = 0.64$$

$$T'_{st} = 0.64\, T_{st} = 0.64 \times 83.9 \approx 53.7 (\text{N} \cdot \text{m})$$

由于 $T'_{st} < T_L$，故电动机不能起动。

••• 4.3 三相异步电动机的起动 •••

在电力拖动系统中，根据负载及用途不同，电动机的功率相差很大，如机床上的冷却泵和液压泵功率一般较小，而拖动主运动的电动机功率一般相对较大。由于功率较小的电动机的电流较小，所以一般采用直接起动的方法；而功率较大的电动机，由于拖动的负载较大，直接起动将产生较大的起动电流，不仅对电动机本身产生不良影响，对其他负载的起动运行也将产生影响，因此一般必须采取措施降低起动电流。

微课 4-7：三相异步电动机的起动电流

起动是指电动机在接通电源后，从静止状态到稳定运行状态的过渡过程。在起动的瞬间，由于转子尚未加速，此时 $n = 0$，$s = 1$，旋转磁场以最大的相对速度切割转子导体，转子感应电动势的电流最大，致使定子起动电流 I_1 也很大，其值为额定电流的 $4 \sim 7$ 倍。尽管起动电流很大，但因功率因数甚低，所以起动转矩 T_{st} 较小。因此，异步电动机的主要起动问题是：起动电流大，而起动转矩并不大。

过大的起动电流会引起电网电压明显降低，而且影响接在同一电网的其他用电设备的正常运行，严重时电动机本身也转不起来。如果是频繁起动，不仅使电动机温度升高，还会产生过大的电磁冲击，影响电动机的寿命。起动转矩小会使电动机起动时间拖长，既影响生产效率，又会使电动机温度升高，如果小于负载转矩，电动机就根本不能起动。

根据异步电动机存在着起动电流很大，而起动转矩却较小的问题，必须在起动瞬间限制起动电流，并应尽可能地提高起动转矩，以加快起动过程。

对于容量和结构不同的异步电动机，考虑到性质和大小不同的负载，以及电网的容量，解决起动电流大、起动转矩小的问题，要采取不同的起动方式。下面介绍笼形异步电动机和绕线转子异步电动机常用的几种起动方法。

4.3.1 笼形异步电动机的起动

1. 直接起动

所谓直接起动，就是利用刀开关或接触器将电动机定子绕组直接接到额定电压的电源上，故又称全压起动。直接起动的优点是起动设备和操作都比较简单；其缺点是起动电流大、起动转矩小。对于小容量异步电动机，因其起动电流较小，且体积小、惯性小、起动快，一般对电网和电动机本身都不会造成影响，因此可以直接起动，但必须根据电源的容量来限制直接起动电动机的容量。

在工程实践中，直接起动可按下列公式核定

$$I_{st}/I_N \leqslant \frac{3}{4} + \frac{S_N}{4P_N} \qquad (4\text{-}32)$$

式中 I_{st}——电动机的起动电流;

I_N——电动机的额定电流;

P_N——电动机的额定功率;

S_N——电源的总容量。

如果不能满足式（4-32）的要求，则必须采取限制起动电流的方法进行起动。

2. 降压起动

对中、大型笼形异步电动机，可采用降压起动方法，以限制起动电流。待电动机起动完毕，再恢复全压工作。但是降压起动的结果，会使起动转矩下降较多，因为 T_{st} 与电源电压 U_1 的二次方成正比，所以降压起动只适用于在空载或轻载情况下起动电动机。下面介绍几种常用的降压起动方法。

（1）定子电路串接电阻起动。在定子电路中串接电阻起动线路如图 4-21 所示。起动时，先合上电源隔离开关 Q_1，将 Q_2 扳向"起动"位置，电动机即串入电阻 R_Q 起动。待转速接近稳定值时，将 Q_2 扳向"运行"位置，R_Q 被切除，电动机恢复正常工作情况。由于起动时，起动电流在 R_Q 上产生一定的电压降，使得加在定子绕组的电压降低了，因此限制了起动电流。调节电阻 R_Q 的大小可以将起动电流限制在允许的范围内。采用定子串电阻降压起动时，虽然降低了起动电流，但也使起动转矩大大减小。

假设定子串电阻起动后,定子端电压由 U_1 降低到 U_1' 时,电动机参数保持不变，则起动电流与定子绕组端电压成正比, 于是有

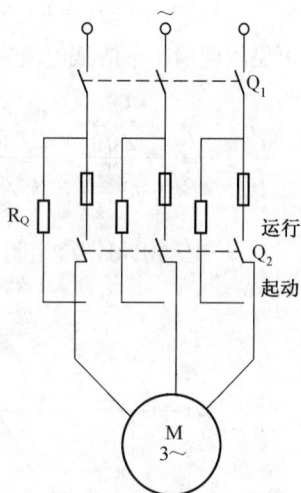

图4-21 定子串电阻降压起动线路

$$U_1/U_1' = I_{st}/I_{st}' = K_u$$

式中 I_{st}——直接起动电流;

I_{st}'——降压后的起动电流;

K_u——起动电压降低的倍数，即电压比，$K_u > 1$。

由式（4-29）可知，在电动机参数不变的情况下，起动转矩与定子端电压二次方成正比，故有 $T_{st} = T_{st}' = [U_1/U_1']^2 = K_u^2$，显然起动转矩将大大减小。定子串电阻降压起动，只适用于空载和轻载起动。由于采用电阻降压起动时损耗较大，所以它一般用于低电压电动机起动中。有时为了减小能量损耗，也可用电抗器代替。

（2）星形-三角形降压起动。对于正常运行时定子绕组规定是三角形连接的三相异步电动机，起动时可以采用星形连接，使电动机每相承受的电压降低，因而降低了起动电流，待电动机起动完毕，再接成三角形，故称这种起动方式为星形-三角形降压起动，其接线原理线路如图 4-22 所示。

微课 4-8：星形-三角形降压起动

起动时，先将控制开关 S_2 投向星形位置，将定子绕组接成星形，然后合上电源控制开关 S_1。当转速上升后，再将 S_2 切换到三角形运行的位置上，电动机便接成三角形在全压下正常工作。

下面分析星形-三角形起动时的起动电流与起动转矩。由图 4-23 可知，如果三角形连接直接起动，则电动机电压为 $U_D = U_N$。

电网供给电动机的线电流为

$$I_{st} = \sqrt{3}\, I_D$$

如果采用星形连接降压起动，由图 4-23（b）可知，电动机相电压为

$$U_Y = \frac{U_N}{\sqrt{3}}$$

电网供给电动机的线电流为

$$I'_{st} = I_Y$$

可见两种情况下的线电流之比为

$$\frac{I'_{st}}{I_{st}} = \frac{I_Y}{\sqrt{3} I_D} = \frac{\dfrac{U_N}{Z\sqrt{3}}}{\sqrt{3}\dfrac{U_N}{Z}} = \frac{1}{\sqrt{3}\times\sqrt{3}} = \frac{1}{3} \quad （4\text{-}33）$$

式中　Z——电动机每相绕组阻抗。

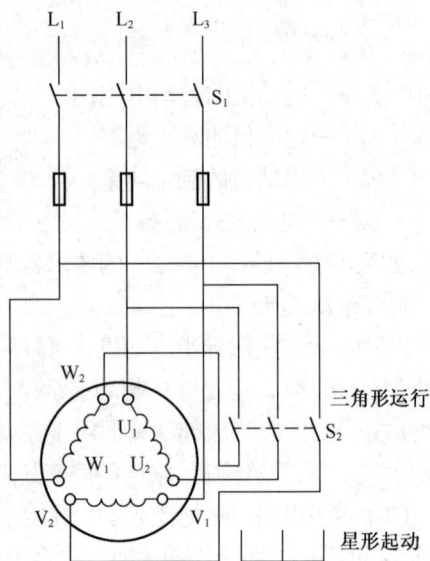

图4-22　星形-三角形降压起动接线原理

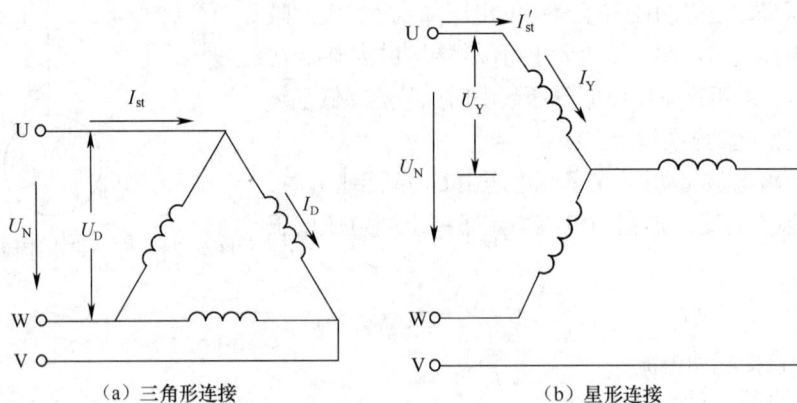

（a）三角形连接　　　　　　　（b）星形连接

图4-23　三角形与星形连接时的电压

由式（4-33）可见，采用星形-三角形降压起动，电网供给的电流下降为三角形连接时的 1/3。根据起动转矩与电压二次方成正比的关系，两种情况下的起动转矩比为

$$\frac{T'_{st}}{T_{st}} = \frac{U_Y^2}{U_D^2} = \frac{1}{3} \quad （4\text{-}34）$$

以上说明：星形-三角形起动转矩降低的倍数与电流降低的倍数相同。由于高电压电动机引出 6 个出线端子有困难，故星形-三角形起动一般仅用于 500V 以下的低压电动机，且又限于正常运行时定子绕组作三角形连接。常见的额定电压标为 380V/220V 的电动机，意思是当电源线电压为 380V 时用星形连接，线电压为 220V 时用三角形连接。显然，当电源线电压为 380V 时，这一类电动机就不能采用星形-三角形降压起动。星形-三角形降压起动的优点是起动设备简单，成本低，运行比较可靠，维护方便，所以广为应用。

（3）自耦变压器降压起动。自耦变压器降压起动是利用自耦变压器将电网电压降低后再加到电动机定子绕组上，待转速接近稳定值时再将电动机直接接到电网上。图4-24所示为自耦变压器降压起动原理。

起动时，将开关扳到"起动"位置，自耦变压器一次侧接电网，二次侧接电动机定子绕组，实现降压起动。当转速接近额定值时，将开关扳向"运行"位置，切除自耦变压器，使电动机直接接入电网全压运行。

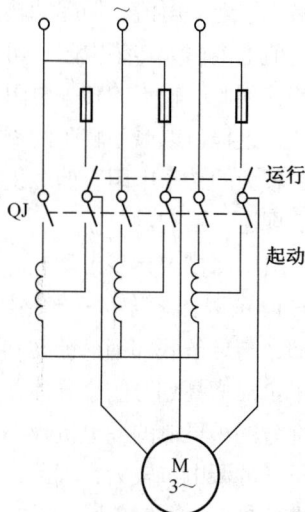

图4-24　自耦变压器降压起动原理

为说明采用自耦变压器降压起动对起动电流的限制和对起动转矩的影响，取自耦变压器单相电路分析即可，如图4-25所示。已知自耦变压器的电压比 $K_u = N_1/N_2 = U_1/U_2 = I'_{2st}/I'_{1st}$（$U_1$ 为电网相电压；U_2 为加到电动机单相定子绕组上的自耦变压器输出电压，I'_{1st} 为电网向自耦变压器一次侧提供的降压起动电流；I'_{2st} 为自耦变压器二次侧提供给电动机的降压起动电流）。

设直接起动时，电网提供给电动机的电压起动电流为 I_{1st}，加给定子绕组的相电压为 U_1。根据起动电流与定子绕组电压成正比的关系，电动机定子绕组降压前后的电流比为

$$I'_{2st}/I_{1st} = U_2/U_1 = 1/K_u \qquad (4-35)$$

且

$$I'_{2st} = K_u I'_{1st}$$

则

$$I'_{1st}/I_{1st} = 1/K_u^2 \qquad (4-36)$$

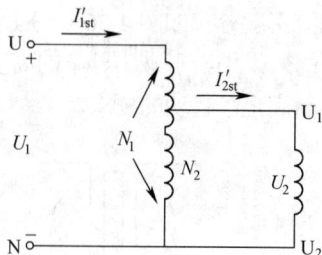

图4-25　自耦变压器单相电路

可见采取自耦变压器降压起动，当定子端电压降低为 $1/K_u$（$U_2 = U_1/K_u$）时，电网供给的起动电流降低为 $1/K_u^2$。起动转矩降低的比值又如何呢？由起动转矩与电压二次方成正比的关系可知

$$T'_{st}/T_{st} = U_2^2/U_1^2 = 1/K_u^2$$

或

$$T'_{st} = T_{st}/K_u^2 \qquad (4-37)$$

式（4-37）说明，起动转矩降低的倍数与起动电流降低的倍数相同。

自耦变压器的二次侧上备有几个不同的电压抽头，以供用户选择电压。例如，QJ型有3个抽头，其输出电压分别是电源电压的55%、64%、73%，相应的电压比 K_u 分别为1.82、1.56、1.37；QJ3型也有3个抽头，分别为40%、60%、80%，电压比 K_u 分别为2.5、1.67、1.25。

在电动机容量较大或正常运行时连成星形，并带一定负载起动时，宜采用自耦降压起动，并根据负载的情况，选用合适的变压器抽头，以获得需要的起动电压和起动转矩。此时，起动转矩仍然削弱，但不至降低到1/3（与星形-三角形降压起动相比较）。

自耦变压器的体积大，质量重，价格较高，维修麻烦，且不允许频繁移动。自耦变压器容量的选取，一般等于电动机的容量；每小时内允许连续起动的次数和每次起动的时间，在产品说明书上都有明确的规定，选配时应注意。

3. 深槽式及双笼形异步电动机

从以上对笼形异步电动机的起动分析可见，直接起动时，起动电流太大；降压起动时，虽

然减小了起动电流，但起动转矩也随之减小。根据异步电动机转子串电阻的机械特性可知，在一定范围内增大转子电阻，可以增大起动转矩，同时可以分析出，转子电阻增大还将减小起动电流，因此，较大的转子电阻可以改善起动性能。但是，电动机正常运行时，希望转子电阻小一些，这样可以减小转子的铜损耗，提高电动机的效率。怎样才能使笼形异步电动机在起动时具有较大的转子电阻，而在正常运行时转子电阻又自动减小呢？深槽式和双笼形异步电动机就可实现这一目的。

（1）深槽式异步电动机。深槽式异步电动机的转子槽形深而窄，通常槽深与槽宽之比大到 $10 \sim 12$ 或以上。当转子导条中流过电流时，槽漏磁通的分布如图4-26（a）所示。由图4-26（a）可知，与导条底部相交链的漏磁通比槽口部分相交链的漏磁通多得多，因此若将导条看成是由若干个沿槽高划分的小导体并联而成，则越靠近槽底的小导体具有越大的漏电抗，而越接近槽口部分的小导体的漏电抗越小。在电动机起动时，由于转子电流的频率较高，$f_2 = f_1 = 50\mathrm{Hz}$，转子导条的漏电抗较大，因此，各小导体中电流的分配将主要取决于漏电抗，漏电抗越大，电流越小。这样在由气隙主磁通所感应的相同电动势的作用下，导条中靠近槽底处的电流密度将很小，而越靠近槽口则越大，因此沿槽高的电流密度分布如图4-26（b）所示，这种现象称为电流的集肤效应。集肤效应的效果相当于减小导条的高度和截面［见图4-26（c）］，增大了转子电阻，从而满足了起动的要求。

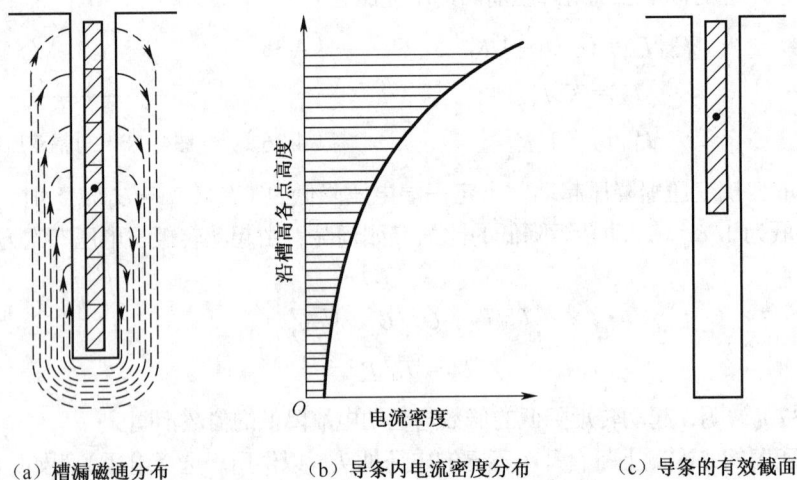

（a）槽漏磁通分布　　　　（b）导条内电流密度分布　　　　（c）导条的有效截面

图4-26　深槽式转子导条中电流的集肤效应

当起动完毕，电动机正常运行时，由于转子电流频率很低，一般为 $1 \sim 3\mathrm{Hz}$，转子导条的漏电抗比转子电阻小得多，因此前述各小导体中电流的分配将取决于电阻。由于各小导体电阻相等，导条中的电流将均匀分布，集肤效应基本消失，转子导条电阻恢复（减小）为自身的直流电阻。可见，正常运行时，转子电阻能自动变小，从而满足了减小转子铜损耗、提高电动机效率的要求。

（2）双笼形异步电动机。双笼形异步电动机的转子上有两套笼，即上笼和下笼，如图4-27（a）所示。上笼导条截面积较小，并用黄铜或铝青铜等电阻系数较大的材料制成，电阻较大；下笼导条的截面积较大，并用电阻系数较小的紫铜制成，电阻较小。双笼形电动机也常用铸铝转子，如图 4-27（b）所示。显然下笼交链的漏磁通要比上笼多得多，因此下笼的漏电抗也比上笼的大得多。

起动时，转子电流频率较高，转子漏电抗大于电阻，上、下笼的电流分配主要取决于漏电抗，由于下笼的漏电抗比上笼大得多，电流主要从上笼流过，因此，起动时上笼起主要作用。由于上笼的电阻较大，可以产生较大的起动转矩，限制起动电流，所以常把上笼称为起动笼。

正常运行时，转子电流频率很低，转子漏电抗远比电阻小，上、下笼的电流分配取决于电阻，于是电流大部分从电阻较小的下笼流过，产生正常运行时的电磁转矩，所以把下笼称为运行笼。

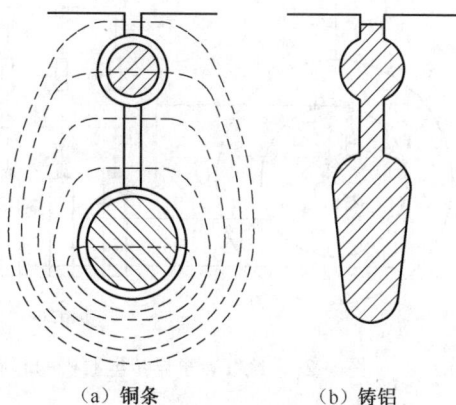

（a）铜条　　　　（b）铸铝

图4-27　双笼形电动机的转子槽形

双笼形异步电动机的机械性曲线可以看成是上、下笼两条特性曲线的合成，改变上、下笼的参数就可以得到不同的机械性曲线，以满足不同的负载要求，这是双笼形异步电动机的一个突出优点。

双笼形异步电动机的起动性能比深槽式异步电动机好，但深槽式异步电动机结构简单，制造成本较低。它们的共同缺点是转子漏电抗较普通笼形电动机大，因此，功率因数和过载能力都比普通笼形异步电动机要低。

> **? 思考**
> 深槽式或双笼形异步电动机利用电流的集肤效应能有效改善电动机的起动性能，那么，还有哪些场合合理利用了集肤效应？

4.3.2　绕线转子异步电动机的起动

对于笼形异步电动机，无论采用哪一种降压起动方法来减小起动电流，电动机的起动转矩都随着减小。所以，对某些重载下起动的生产机械（如起重机、带运输机等），不仅要限制起动电流，而且要求有足够大的起动转矩，在这种情况下就基本上排除了采用笼形转子异步电动机的可能性，而采用起动性能较好的绕线转子异步电动机。通常绕线转子异步电动机用转子电路串接电阻或串接频敏变阻器的方法实现起动。

1. 转子电路串接起动电阻

绕线转子异步电动机的转子回路串入适当的电阻（使转子回路总电阻增大），既可降低起动电流，又可提高起动转矩，改善电动机的起动性能，原理如图 4-28 所示。如果使转子回路的总电阻（包括串入电阻）R_2 与电动机漏感抗 X_{20} 相等，则起动转矩可达到最大值。

起动时，先将变阻器调到最大位置，然后合上电源开关，转子便转动起来。随着转速升高，电磁转矩将沿着 $T_{em}=f(n)$ 曲线变化，如图 4-29 所示。例如，起动后转速沿曲线 4 变化，转速由零升到某值时，切除一段电阻，此时电动机的转速跳变（由 a 点到 A 点），使转矩沿曲线 3 变化。之后，将串入的电阻逐渐切除，直到全部切除为止，转速上升到正常转速，此时电动机稳定运行于 D 点（曲线 1）。起动完毕后，要用举刷装置把电刷举起，同时把集电环短接。当电动机停止时，应把电刷放下，且将电阻全部接入，为下次再起动做好准备。

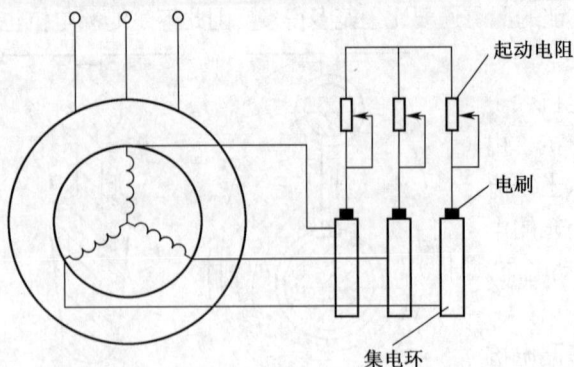

图4-28 绕线转子异步电动机的起动

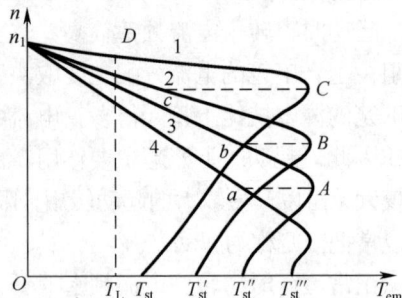

图4-29 绕线转子异步电动机的机械特性曲线

绕线转子异步电动机不仅能在转子回路串入电阻减小起动电流，增大起动转矩，而且可以在小范围内调速，因此，广泛应用于起动较困难的机械（如起重吊车、卷扬机等）上。但它的结构比笼形异步电动机复杂，造价高，效率也稍低。在起动过程中，当切除电阻时，转矩突然增大，会在机械部件上产生冲击。当电动机容量较大时，转子电流很大，起动设备也将变得庞大，操作和维护工作量大。为了克服这些缺点，目前多采用频敏变阻器作为起动电阻。

2. **转子电路串接频敏变阻器**

频敏变阻器是一个三相铁芯绕组（三相绕组接成星形），铁芯一般做成三柱式，由几片或几十片较厚（30～50mm）的 E 形钢板或铁板叠装制成，其结构和起动线路如图 4-30 所示。

电动机起动时，电阻绕组中的三相交流电通过频敏变阻器，在铁芯中便产生交变磁通，该磁通在铁芯中产生很强的涡流，使铁芯发热，产生涡流损耗，频敏变阻器线圈的等效电阻随着频率的增大而增加。由于涡流损耗与频率的二次方成正比，当电动机起动时（$s = 1$），转子电流（即频敏变阻器线圈中通过的电

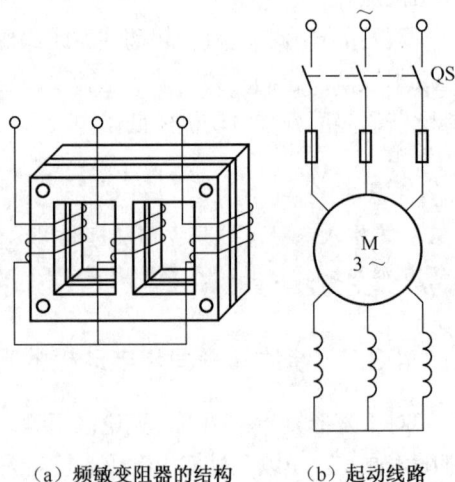

（a）频敏变阻器的结构　　（b）起动线路

图4-30 频敏变阻器降压起动

流）频率最高（$f_2 = f_1$），因此频敏变阻器的电阻和感抗最大。起动后，随着转子转速的逐渐升高，转子电流频率（$f_2 = sf_1$）便逐渐降低，于是频敏变阻器铁芯中的涡流损耗及等效电阻也随之减小。实际上频敏电阻器相当于一个电抗器，它的电阻是随交变电流的频率而变化的，故称为频敏变阻器，它正好满足了绕线转子异步电动机起动的要求。

由于频敏变阻器在工作时总存在一定的阻抗，使得机械特性比固有机械特性软一些，因此，在起动完毕后，可用接触器将频敏变阻器短接，使电动机在固有机械特性上运行。

频敏变阻器是一种静止的无触点变阻器，它具有结构简单、起动平滑、运行可靠、成本低廉、维护方便等优点。

【例4-6】 现有一台异步电动机铭牌数据如下：$P_N = 10kW$，$n_N = 1\,460r/min$，$U_N = 380V/220V$，星形-三角形连接，$\eta_N = 0.868$，$\cos\varphi_N = 0.88$，$I_{st}/I_N = 6.5$，$T_{st}/T_N = 1.5$。试求：

（1）额定电流和额定转矩；

（2）电源电压为 380V 时，电动机的接法及直接起动的起动电流和起动转矩；

（3）电源电压为 220V 时，电动机的接法及直接起动的起动电流和起动转矩；

（4）要求采用星形-三角形起动，其起动电流和起动转矩，此时能否带 $60\%P_N$ 和 $25\%P_N$ 负载转矩。

解：（1）根据公式 $I_N = \dfrac{P_N}{\eta_N\sqrt{3}U_N\cos\varphi_N}$ 计算。

星形连接时，$U_N = 380V$，故相应额定电流为

$$I_{NY} = \frac{10\times10^3}{0.868\times\sqrt{3}\times380\times0.88} \approx 19.9\,(A)$$

三角形连接时，$U_N = 220V$，则相应额定电流为

$$I_{ND} = \frac{10\times10^3}{0.868\times\sqrt{3}\times220\times0.88} \approx 34.4\,(A)$$

不管是星形连接还是三角形连接，定子绕组相电压均相同（等于其额定相电压），则起动转矩为

$$T_N = 9\,550P_N/n_N = 9\,550\times10/1\,460 \approx 65.4\,(N\cdot m)$$

（2）电源电压为 380V 时，电动机正常运行应为星形连接，直接起动时的起动电流和转矩为

$$起动电流\ I_{stY} = 6.5I_{NY} = 6.5\times19.9 = 129.35\,(A)$$

$$起动转矩\ T_{stY} = 1.5T_N = 1.5\times65.4 = 98.1\,(N\cdot m)$$

（3）电源电压为 220V 时，电动机正常运行应为三角形连接，直接起动时的起动电流和转矩为

$$起动电流\ I_{stD} = 6.5I_{ND} = 6.5\times34.4 \approx 224\,(A)$$

$$起动转矩\ T_{stD} = 1.5T_N = 1.5\times65.4 = 98.1\,(N\cdot m)$$

（4）星形-三角形起动只适用于正常运行为三角形的电动机，故正常运行应在三角形，相应电源电压为 220V。起动时为星形连接，定子绕组相电压等于其额定相电压的 $1/\sqrt{3}$，即 127V。

$$起动电流为\ I_{stY} = \frac{1}{3}\times I_{stD} = 1/3\times224 \approx 74.6\,(A)$$

$$起动转矩为\ T_{stY} = \frac{1}{3}\times T_{stD} = 1/3\times98.1 \approx 32.7\,(N\cdot m)$$

$60\%T_N$ 负载下起动时的负载转矩为

$$T_L = 0.6T_N = 0.6\times65.4 \approx 39.2\,(N\cdot m)$$

此时 $T_L > T_{st}$，故不能起动。

$25\%T_N$ 负载下起动时的负载转矩为

$$T_L = 0.25T_N = 0.25\times65.4 \approx 16.4\,(N\cdot m)$$

此时 $T_L < T_{st}$，故能起动。

通过以上计算可知，采用不同的起动方法时，起动电流及起动转矩的大小是不同的。如要使电动机带负载起动，必须使起动转矩大于反抗转矩。

4.4　三相异步电动机的调速

机械设备常有多种速度输出的要求，如立轴圆台磨床工作台的旋转需要高低速进行磨削加工；在玻璃生产线中，成品玻璃的传输根据玻璃厚度的不同采用不同的速度以提高生产效率。

采用异步电动机配机械变速系统有时可以满足调速需求（如车床主轴的旋转变速），但传动系统结构复杂，体积大，实际中常采用多速电动机进行大范围的调速，或者采用变频调速。

为了实际应用的需要，异步电动机需要进行调速，所谓调速就是用人为的方法来改变异步电动机的转速。

由前面异步电动机的转差率公式可得

$$n = n_1(1-s) = \frac{60f_1}{p}(1-s) \tag{4-38}$$

由式（4-38）可知，调节异步电动机的转速有以下 3 种方法。

（1）改变定子绕组的磁极对数 p——变极调速。

（2）改变供电电网的频率 f_1——变频调速。

（3）改变电动机的转差率 s。

4.4.1 变极调速

将三相异步电动机定子绕组展开图简化成图 4-31（a）所示的形式，此时 U 相绕组的磁极数为 $2p=4$，若改变绕组的连接方法，使一半绕组中的电流方向改变，成为图 4-31（b）所示的形式，则此时 U 相绕组的磁极数即变为 $2p=2$，由此可以得出：当每相定子绕组中有一半绕组内的电流方向改变时，即达到了变极调速的目的。

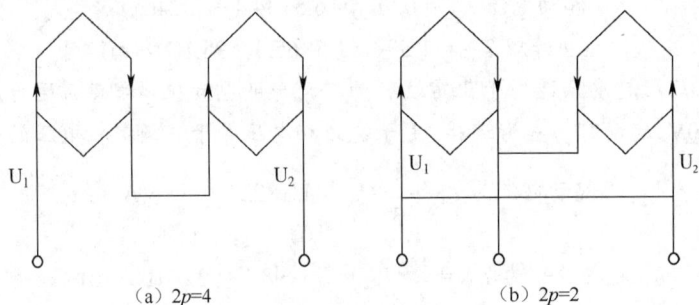

微课 4-10：变极调速

(a) $2p=4$ (b) $2p=2$

图4-31　变极调速电机绕组展开图

采用改变定子绕组极数的方法来调速的异步电动机称为多速异步电动机。下面简单介绍多速异步电动机的变极原理。图 4-32 所示为 Dyy 连接双速异步电动机定子绕组接线。如果没有 4、5、6 这 3 个抽头，就为一台三角形连接的三相异步电动机定子绕组接线原理图，当将 1、2、3 接三相电源时，每相绕组的两组线圈为正向串联连接，电流方向如图 4-32 中的实线箭头所示，对应于图 4-31(a)，因此磁极数为 $2p=4$。如果把 1、2、3 点接在一起，将 4、5、6 接到电源上，就成了双星形（yy）连接，每相绕组中有一半反接了，电流如图 4-32 中的虚线箭头所示，这时的磁极数 $2p=2$，即实现了变极调速。

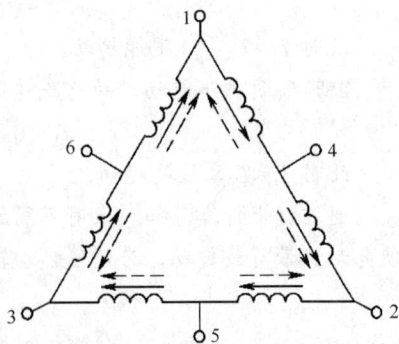

图4-32　Dyy连接双速异步电动机定子绕组接线

三相变极多速异步电动机有双速、三速、四速等多种，定子绕组常用的接线方法除 Dyy 外，也有部分采用 Yyy 接线方法。

其中 Dyy 连接的双速电动机，变极调速前后电动机的输出功率基本上不变，故适用于近恒功率情况下的调速，较多地用于金属切削机床上。Yyy 连接的双速电动机，变极调速前后的输出转矩基本不变，故适用于负载转矩基本恒定的恒转矩调速，如起重机、运输带等机械。

变极调速的优点是所需设备简单；缺点是电动机绕组引出头较多，调速级数少。

为了避免转子绕组变极的困难，绕线转子异步电动机不采用变极调速，即变极调速只用于笼形异步电动机中。

思考
为什么说笼形异步电动机可以采用变极调速，其转子绕组是如何变极的？

4.4.2 变频调速

根据转速公式可知，当转差率 s 变化不大时，异步电动机的转速 n 基本上与电源频率 f_1 成正比。连续调节电源频率，就可以平滑地改变电动机的转速。但是，单一地调节电源频率，将导致电动机运行性能恶化，其原因可分析如下。

电动机正常运行时，定子漏阻抗压降很小，可以认为 $U_1 \approx E_1 = 4.44 f_1 N_1 K_{N1} \Phi_0$。

若端电压 U_1 不变，则当频率 f_1 减小时，主磁通 Φ_0 将增加，这将导致磁路过分饱和，励磁电流增大，功率因数降低，铁损耗增大；而当 f_1 增大时，Φ_0 将减小，电磁转矩及最大转矩下降，过载能力降低，电动机的容量也得不到充分利用。因此，为了使电动机能保持较好的运行性能，要求在调节 f_1 的同时，改变定子电压 U_1，以维持 Φ_0 不变，或者保持电动机的过载能力不变。U_1 随 f_1 按什么样的规律变化最为合适呢？一般认为，在任何类型负载下变频调速时，若能保持电动机的过载能力不变，则电动机的运行性能较为理想。

随着电力电子技术的发展，已出现了各种性能良好、工作可靠的变频调速电源装置，促进了变频调速的广泛应用。额定频率时称为基频，调频时可以从基频向下调，也可从基频向上调。

1. 从基频向下调的变频调速，保持 U_1/f_1 = 恒值，即恒转矩调速

如果频率下调，而端电压 U_1 为额定值，则随着 f_1 下降，气隙每极磁通 Φ_0 增加，使电动机磁路进入饱和状态。过饱和时，会使励磁电流迅速增大，电动机运行性能变差。因此，变频调速应设法保证 Φ_0 不变。若保持 U_1/f_1 = 恒值，电动机最大电磁转矩 T_m 在基频附近可视为恒值，在频率更低时，随着频率 f_1 下调，最大转矩 T_m 将变小。其机械特性如图 4-33（a）所示，可见它是一种近似于恒转矩调速的类型。

2. 从基频向上调的变频调速，即恒功率调速

电动机端电压是不允许升高的，因此升高频率 f_1 向上调节电动机转速时，其端电压仍应保持不变。这样，f_1 增加，磁通 Φ_0 降低，属减弱磁通调速类型，此时电动机最大电磁转矩 T_m 及其临界转差率 s_m 与频率 f_1 的关系，可近似表示为

$$T_m \propto \frac{1}{f_1^2} \; ; \; s_m \propto \frac{1}{f_1} \tag{4-39}$$

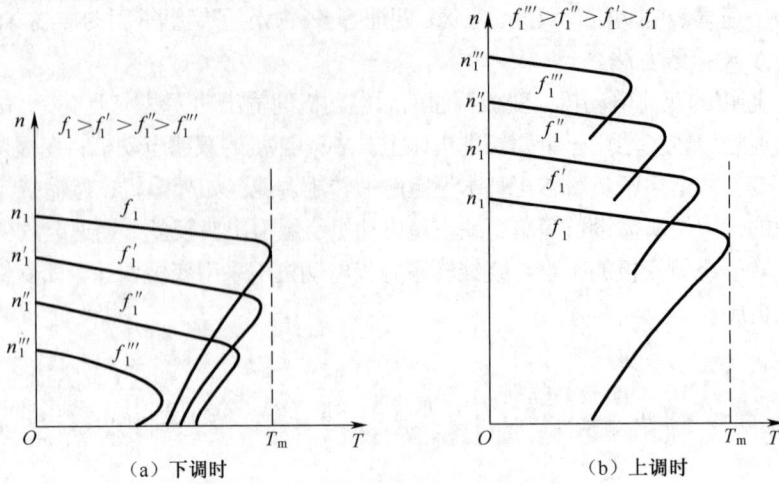

图4-33 变频调速机械特性

（a）下调时　　　　（b）上调时

其机械特性如图 4-33（b）所示，其运行段近似
是平行的，这种调速方式可近似认为是恒功率调速
类型。

把基频以下和基频以上两种情况合起来，可以得
到图 4-34 所示的异步电动机变频调速控制特性，图
中曲线 1 为不带定子电压补偿时的控制特性，曲线 2
为带定子电压补偿时的控制特性。如果电动机在不同
转速下都具有额定电流，则电动机都能在温升允许条
件下长期运行，这时转矩基本上随磁通变化而变化，
即在基频以下属于恒转矩调速，而在基频以上属于恒
功率调速；如果 f_1 是连续可调的，则变频调速是无级
调速。

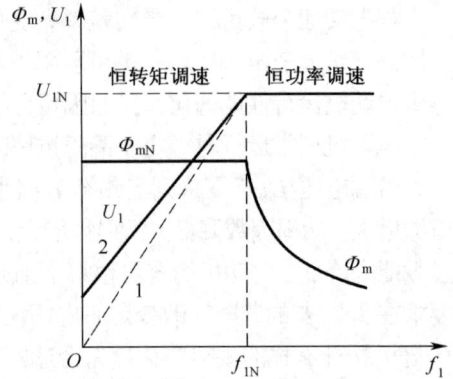

图4-34 异步电动机变频调速控制特性
1—不带定子电压补偿；2—带定子电压补偿

4.4.3 改变转差率调速

改变转差率调速方法有改变电源电压调速、改变转子回路电阻调速、电磁转差离合器调速等。

1. 改变电源电压 U_1 调速

当改变外加电压时，由于 $T_m \propto U_1^2$，所以最大转矩随外加电压 U_1^2 而改变，对应不同的机械
特性，如图4-20所示。当负载转矩 T_2 不变，电压由 U_1 下降至 U_1' 时，转速将由 n 降为 n'（转差
率由 s 上升至 s'）。所以通过改变电压 U_1 可实现调速。这种调速方法，当转子电阻较小时，能
调节速度的范围不大；当转子电阻大时，可以有较大的调节范围，但又增大了损耗。

2. 改变转子回路电阻调速

如图 4-19 所示，改变绕线转子异步电动机转子电路（在转子电路中接入一个变阻器），电
阻越大，曲线越偏向下方。在一定的负载转矩 T_2 下，电阻在一定范围内越大时，转速越低。这
种调速方法损耗较大，调整范围有限，主要应用于小型电动机调速中，如起重机的提升设备。

3. 电磁转差离合器调速

电动机和生产机械之间一般都是用机械连接起来。前面讲述的调速方法都是调节电动机本

126

身的转速，显然调速比较麻烦。能否不调节电动机的转速，而在联轴器上想办法呢？电磁转差离合器就是一种利用电磁方法来实现调速的联轴器。

电磁离合器由电枢和感应子（励磁线圈与磁场）两个基本部分组成，这两部分没有机械的连接，都能自由地围绕同一轴心转动，彼此间的圆周气隙为 0.5mm。

在一般情况下，电枢与异步电动机硬轴连接，由电动机带动它旋转，称为主动部分，其转速由异步电动机决定，是不可调的；感应子则通过联轴器与生产机械固定连接，称为从动部件。

当感应子上的励磁线圈没有电流通过时，由于主动与从动之间无任何联系，显然主动轴以转速 n_1 旋转，但从动轴却不动，相当于离合器脱开。当通入励磁电流以后，建立了磁场，形成图 4-35 所示的磁极，使得电枢与感应子之间有了电磁联系，当二者之间有相对运动时，便在电枢铁芯中产生涡流，电流方向由右手定则确定。根据载流导体在磁场中的受力作用原理，电枢受力作用方向由左手定则确定。但由于电枢已由异步电动机拖动旋转，根据作用与反作用力大小相等、方向相反的原理，该电磁力形成的转矩 T 要迫使感应子连同负载沿着电枢同方向旋转，将异步电动机的转矩传给生产机械（负载）。

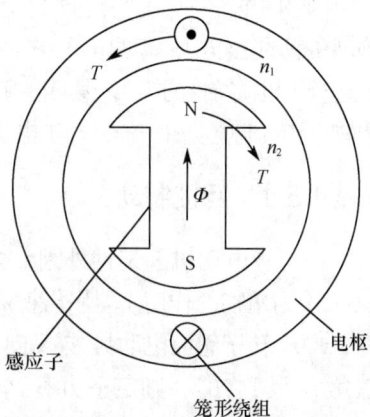

图4-35　电枢和磁极作用原理

由上述电磁离合器工作原理可知，感应子的转速要小于电枢转速，即 $n_2 < n_1$，这一点完全与异步电动机的工作原理相同，故称这种电磁离合器为电磁转差离合器。由于电磁转差离合器本身不产生转矩与功率，只能与异步电动机配合使用，起着传递转矩的作用。通常异步电动机和电磁转差离合器装为一体，故又统称为转差电动机或电磁调速异步电动机。

图 4-36 所示为电磁转差离合器调速系统的结构原理框图，该系统主要包括异步电动机、电磁转差离合器、直流电源、负载等。

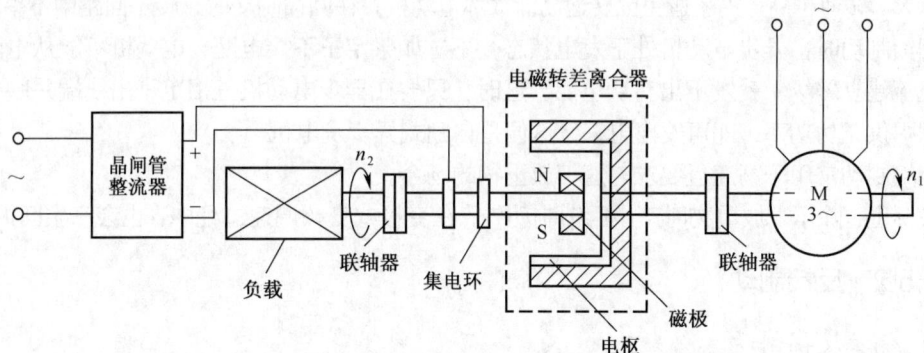

图4-36　电磁转差离合器调速系统的结构原理框图

电磁调速异步电动机具有结构简单、可靠性好、维护方面等优点，而且通过控制励磁电流的大小可实现无级平滑调速，所以广泛应用于机床、起重、冶金等生产机械。

🔍 思考

转子绕组串电阻是绕线式异步电动机的起动方法，也是调速方法。思考绕线式异步电动机起动和调速所串的电阻是否可以共用？

••• 4.5 三相异步电动机的制动 •••

制动可分为机械制动和电气制动。电气制动是在电动机转子上加一个与电动机转向相反的制动电磁转矩，使电动机转速迅速下降，或稳定在另一转速。常用的电气制动有反接制动与能耗制动。

三相异步电动机的电磁转矩 T_{em} 与转速 n 方向相同时，电动机就处于电动状态，此时，电动机从电网吸收电能并转换为机械能向负载输出，电动机运行于机械特性的第一、第三象限。电动机在拖动负载的工作中，只要电磁转矩 T_{em} 与转速 n 的方向相反，电动机就处于制动运行状态，此时电动机运行于机械特性的第二、第四象限。异步电动机制动运行的作用仍然是快速减速或停车和匀速下放重物。和直流电动机一样，异步电动机的制动状态也分为 3 种，即回馈制动、反接制动和能耗制动。

4.5.1 回馈制动

当异步电动机因某种外因，如在位能性负载作用下（图 4-37 中为重物的作用），使转速 n 高于同步转速 n_1，即 $n > n_1$ 时，$s < 0$，转子感应电动势 E_2 反向。此时，$\dot{U}_1$ 和 $\dot{I}_1$ 之间的相位差角 φ_1 大于 $90°$，则定子功率 $P_1 = m_1 U_1 I_1 \cos\varphi_1$ 为负，说明定子向电网回馈电能。又由于转子电流的有功分量 $I_2' \cos\varphi_2$ 为负，则电磁转矩 $T_{em} = C_T' \Phi_0 I_2' \cos\varphi_2$ 也变负，T_{em} 与 n 反向，故此时异步电动机将机械能转变成电能反送回电网，这种制动称为再生制动，或称为回馈制动。

回馈制动时，T_{em} 为负，n 为正，且 $n > n_1$，当制动转矩与负载位能转矩相等时，电动机在机械特性第二象限的某点稳定运行。

图4-37 位能性负载带动异步电动机进入回馈制动

由图 4-37 可知，当异步电动机拖动位能性负载下放重物时，若负载转矩 T_L 不变，转子所串电阻越大，转速越高。为了避免因转速高而损坏电动机，在回馈制动时，转子回路中不串电阻。

回馈制动时，异步电动机处于发电状态，不过如果定子不接电网，电动机不能从电网吸取无功电流建立磁场，就发不出有功电能。这时，只要在异步电动机三相定子出线端并联上三相电容器提供无功功率，即可发出电来，这便是自励式异步发电机。

回馈制动常用于高速且要求匀速下放重物的场合。

实际上，除了下放重物时产生回馈制动外，在变极或变频调速过程中，也会产生回馈制动。

4.5.2 反接制动

1. 倒拉反接制动

异步电动机倒拉反接制动电路如图 4-38 所示，转子串接较大电阻接通电源，起动转矩方向与重物 G 产生的负载转矩的方向相反，而且 $T_{st} < T_L$，在重物 G 的作用下，迫使电动机向反 T_{st} 的方向旋转，并在重物下放的方向加速。其转差率 s 为

$$s = \frac{n_1 - (-n)}{n_1} \qquad (4-40)$$

随 $|n|$ 的增加，s、I_2 及 T_{em} 都增大，直到满足 $T = T_L$（见图 4-39 中的 B 点），电动机转速为 n_2 时稳定运行，重物匀速下放。图 4-39 所示机械特性的第四

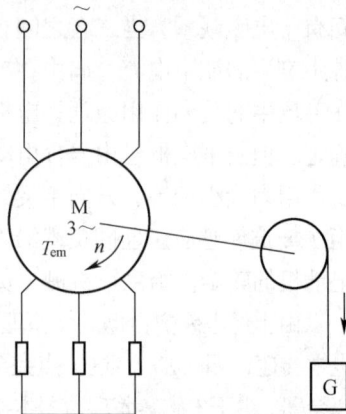

微课 4-11：倒拉反接制动

象限（实线部分），即为异步电动机转速反向反接制动的机械特性。

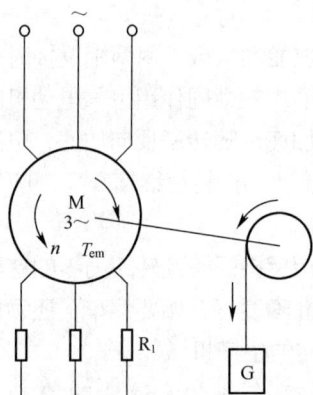 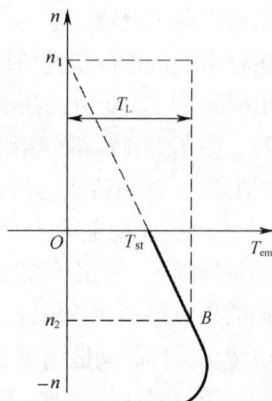

图4-38　异步电动机倒拉反接制动电路　　图4-39　转速反向反接制动时的异步电动机机械特性

转速反向反接制动适用于低速匀速下放重物。

电动机工作在反接制动状态时，它由轴上输入机械功率，定子又通过气隙向转子输送电功率，这两部分功率都消耗在转子电路的总电阻上。

2. 定子两相电源反接制动

设异步电动机带反抗性负载原来稳定运行于电动状态，如图 4-40（b）所示的 A 点，为了迅速停车或反转，可将定子两相反接，并同时在绕线转子异步电动机转子回路中接电阻 R_f，如图 4-40（a）所示。由于定子相序改变，使旋转磁场的方向发生改变，从而使异步电动机的工作点从原来电动机运行机械特性上的 A 点，转移到新的机械特性（通过 n_1 的特性）上的 B 点。此时，由于转子切割磁场的方向与电动状态时相反，所以感应电动势的方向也改变。此时的转差率为

$$s = \frac{-n_1 - n}{-n_1} = \frac{n_1 + n}{n_1} > 1 \qquad (4\text{-}41)$$

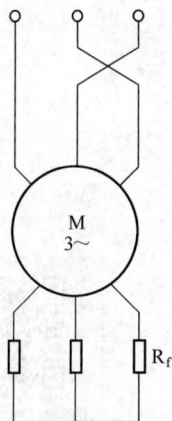 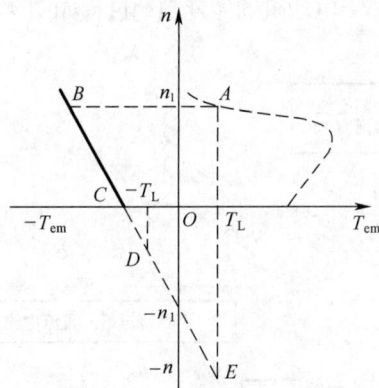

微课 4-12：电源反接制动

（a）电路图　　　　　　　　　　（b）机械特性

图4-40　异步电机定子两相反接的电路图与机械特性

由式（4-41）可知，$s>1$ 是反接制动的特点（含倒拉反接制动和两相电源反接制动）。

两相反接时，E_2、I_2 及 T_{em} 都与电动状态时相反，即电动机转矩变负，在与负载转矩的共同作用下，电动机转速很快下降，如图 4-40（b）中的 BC 段。当转速降至零（即 C 点）时，如不

切除电源，则电动机反向加速而进入反向电动状态（对应于 CD 段），当加速到 D 点，电动机稳定运转，从而实现了反转。

以上分析是电动机带反抗性负载的情况，当电动机带位能性负载，用两相反接时，负载转矩不变，但电磁转矩 T_{em} 变负，在电磁转矩 T_{em} 和负载转矩 T_L 的共同作用下，电动机减速，直到转速为零时，在 T_{em} 和 T_L 的作用下，电动机反向起动并加速。随转子反向加速，电磁转矩仍为负，但绝对值减小，直到转速达到 n_1 时，$T_{em}=0$。由于负载的作用，转速继续升高，此时 $T_{em}>0$，直到 $T_{em}=T_L$，电动机才稳定运行于图 4-40（b）中的 E 点。

定子两相反接制动，无论负载性质如何，都是指从两相反接开始到转速为零的这个过程。两相反接制动的优点是制动效果好；缺点是能耗大，制动准确度差，如要停车，还须由控制线路及时切除电源。这种制动适用于要求迅速停车并迅速反转的生产机械。

异步电动机带位能性负载时，两相反接使转速反转后，在图 4-40（b）上的 D 点不能稳定运行，还将继续反向加速，当 $|n|>|n_1|$ 时，电动机进入反向回馈制动状态。

应当指出，上述两种反接制动，虽然电动机轴上都有机械功率输入，但有所不同。在转速反向的反接制动时，这部分机械功率由位能性负载提供；而定子两相反接制动，则是由整个转动部分储存的动能提供。因此，前者可恒速运转，后者只能减速。

？ 思考

大功率的三相异步电动机是否允许直接从正转变为反转，为什么？一般可采取什么措施？

4.5.3 能耗制动

三相异步电动机的能耗制动控制就是在断开电动机三相电源的同时接通直流电源，此时直流电流流入定子的两相绕组，产生恒定磁场。转子由于惯性仍继续沿原方向以转速 n 旋转，切割定子磁场产生感应电动势和电流，载流导体在磁场中受电磁力作用，其方向与电动机转动方向相反，因而起到制动作用。制动转矩的大小与直流电流的大小有关。直流电流一般为电动机额定电流的 0.5～1 倍。三相异步电动机的能耗制动过程如图 4-41 所示。

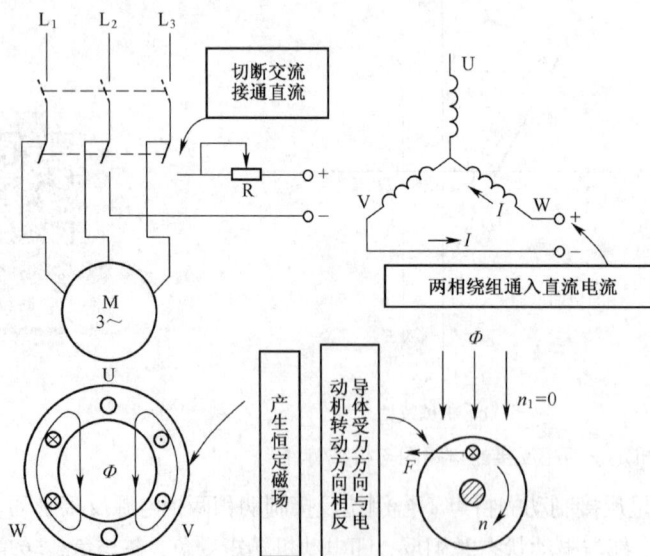

图4-41 三相异步电机的能耗制动过程

微课 4-13：能耗制动

因为这种制动方法是利用转子转动时的惯性切割恒定磁场的磁通而产生制动转矩，把转子的动能消耗在转子回路的电阻上，所以称为能耗制动。

能耗制动的优点是制动力较强，制动平稳，对电网影响小；缺点是需要一套直流电源装置，而且制动转矩随电动机转速的减小而减小。

••• 任务训练 •••

任务一　拆装三相异步电动机

【训练目的】

（1）掌握小型三相异步电动机的拆装步骤及方法；

（2）能够检查、清洗零部件，换装轴承等。

【训练内容】

（1）小型三相异步电动机的拆卸；

（2）小型三相异步电动机的装配。

【仪器与设备】

（1）10kW 以下三相异步电动机；

（2）500V 绝缘电阻表；

（3）活动扳手、开口扳手或套筒扳手、手锤、铜棒、油盒、拉具、铝块（或铜块）、温度计、刷子、变压器油 2kg、钙钠基润滑脂 0.1kg。

【方法和步骤】

1.　小型三相异步电动机的拆卸

三相异步电动机在拆卸前，应预先在线头、端盖等处做好标记，以便于修复后的装配。在拆卸过程中，应同时检查和测量，并做好记录。

拆卸步骤如下。

① 切断电源，拆开电动机与电源连线，并对电源线线头做好绝缘处理。

② 脱开皮带轮或联轴器，拆掉地脚螺栓和接地线螺栓。

③ 拆卸皮带轮或联轴器。

④ 拆卸风罩和风叶。

⑤ 拆卸轴承盖和端盖。

⑥ 抽出或吊出转子。

三相异步电动机的拆卸方法如下：

（1）皮带轮（或联轴器）的拆卸。先在皮带轮（或联轴器）的轴伸端（或联轴端）上做好尺寸标记，再把皮带轮（或联轴器）上的定位螺钉或销子松脱取下，用两爪或三爪拉具，把皮带轮（或联轴器）慢慢拉出。丝杆尖端必须对准电动机轴端的中心，使受力均匀，便于拉出，如图 4-42 所示。若拉不出来，切忌硬拆，可在定位螺钉孔内注入煤油，待数小时后再拆。如仍

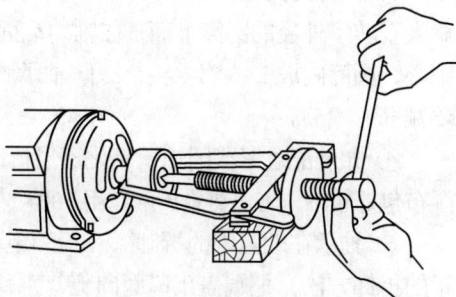

图4-42　用拉具拆卸皮带轮或联轴器

拉不出来，可用喷灯在皮带轮（或联轴器）四周加热，使其膨胀，即可拉出，但加热温度不能太高，防止轴变形。不能用手锤直接敲击皮带轮（或联轴器），防止皮带轮（或联轴器）碎裂，使轴变形或端盖等部件受损。

（2）风罩和风扇叶的拆卸。封闭式电动机在拆卸皮带轮（或联轴器）后，就可以把外风罩螺栓松脱，把风罩取下，然后把转轴尾端风扇叶上的定位螺栓或销子松脱，用金属棒或手锤在风扇叶四周均匀地轻敲，风扇叶就可松脱下来。有的电动机风扇叶是用塑料制成的，内孔有螺纹，可用热水使塑料风扇叶膨胀后卸下。小型电动机的风扇叶一般不用拆下，可随转子一起抽出，但如果后端盖内的轴承需加油或更换时，就必须拆卸。

（3）轴承盖端盖的拆卸。先把轴承的外盖螺栓松开，拆下轴承外盖，然后松开端盖的紧固螺栓，在端盖与机座的接缝处做好标记，便于装配，随后用锤子均匀敲打端盖四周（不可直接敲打，需衬以垫木），把端盖取下。对于小型电动机，可先把轴伸端的轴承外盖卸下，再松开后端盖的紧固螺栓（如风叶是装在轴伸端的，则需先把后端盖外面的轴承外盖取下），然后用手锤敲打轴伸端，这样就可以把转子连同端盖一起取下。在抽出转子时要小心，动作要慢一些，要注意不可歪斜以免碰伤定子绕组。

（4）轴承的拆卸。小型电动机上用的轴承一般为滚动轴承。拆卸滚动轴承可用以下几种方法。

① 用拉具拆卸。用拉具拆卸时，应根据轴承大小，选择合适的拉具。拆卸时，拉具的脚爪应扣在轴承的内圈上，不能放在外圈上，否则会拉坏轴承。拉具的丝杆顶点应对准轴端中心，扳转要慢，用力要均匀，如图 4-43 所示。

② 用铜棒拆卸。轴承的内圈垫上铜棒，用手锤敲打铜棒，把轴承敲出，如图 4-44 所示。敲打时要在轴承内圈四周相对两侧轮流均匀地敲打，不能偏敲一边，用力不应过猛。

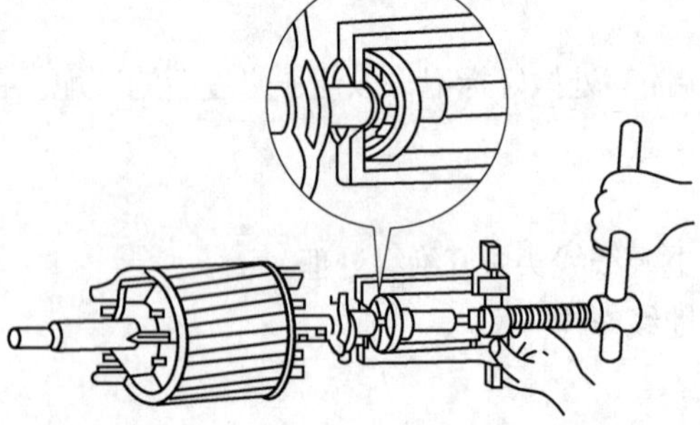

图4-43　用拉具拆卸轴承 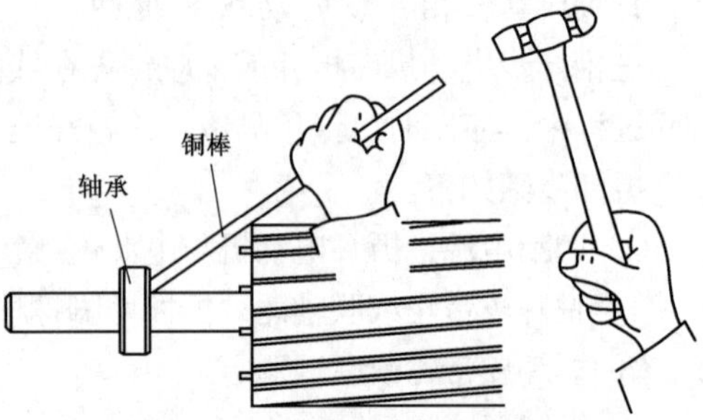　　　　　　　图4-44　用铜棒敲打拆卸轴承

③ 搁在圆筒上拆卸。如图 4-45 所示，在轴承的内圈下面用两块铁板夹住，搁在一个内径略大于转子外径的圆筒上面，在轴的端面上垫放铝块（或铜块），用手锤敲打，着力点应对准轴中心，圆筒内放一些棉纱头，以防轴承脱下时转子和轴承摔坏。当敲到轴承逐渐松动时，用力要减弱。

④ 如装配过紧或因轴承氧化不易拆卸时，可将轴承内圈加热使其膨胀而松脱。加热前，用湿布包好转轴，防止热量扩散，用100℃左右的机油淋浇在轴承的内圈上，趁热用上述方法拆卸。

⑤ 轴承在端盖内的拆卸。在拆卸电动机时，遇轴承留在端盖轴承孔内时，采用图 4-46 所示的拆卸方法，把端盖止口面向上，平稳地搁在两块铁板上，垫上一段直径小于轴承外径的金属棒，沿轴承外圈敲打（用手锤敲金属棒），将轴承敲出。

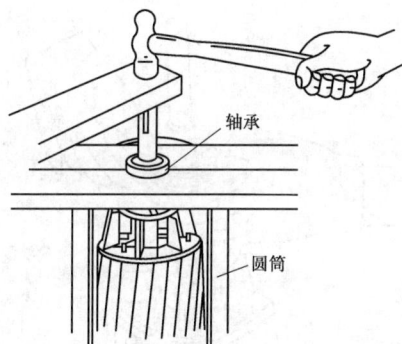

图4-45 搁在圆筒上拆卸滚动轴承

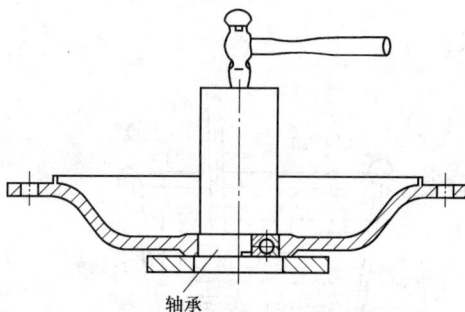

图4-46 拆卸端盖孔内的滚动轴承

2. 小型三相异步电动机的装配

电动机的装配工序按拆卸时的逆序进行。装配前,各配合处要先清理除锈。装配时,应将各部件按拆卸时所做的标记复位。

（1）装配前清洗零部件。将转子用汽油或煤油洗净油污再用清洁干布擦干待装,定子铁芯表面也用清洁干布擦干净油污,并用压缩空气吹净定子绕组上的灰尘及污垢。拆下的轴承用汽油或煤油去除油污擦干,再检查有无锈蚀,内外轴承圈有无裂痕,用手转动内圈应灵活无阻滞或过松现象,转动时应无异常噪声。如不正常应换用同牌号的轴承,切忌勉强使用。如果换新轴承,应将其置放在 7~80℃的变压器油中加热 5min 左右,待全部防锈油熔去后,再用汽油洗净,用洁净的布擦干待装。

（2）定子绕组测量。将电动机的三相定子绕组头尾并头拆开,用万用表测量三相绕组的电阻值,阻值应相等。使用 500V 的绝缘电阻表测量各绕组间和绕组对铁芯的绝缘电阻,绝缘电阻应不低于 0.5MΩ。

（3）轴承的装配。在套装前,应将轴颈部分擦干净,把经过清洗并加好润滑脂的内轴承盖套在轴颈上,然后再将轴承套装到转子轴颈上。轴承的套装有冷套法和热套法两种方法。

① 冷套法。将轴承套到轴上,对准轴颈,用一段内径大于轴颈直径、外径要略小于轴承内圈外径的铜套,铜套的一端压在轴承内圈上,用铁锤敲打铜套另一端,将轴承慢慢敲进去,如图 4-47 所示。如果有条件,最好用压床压入。

② 热套法。将轴承放在 80~100℃变压器油中加热 30~40min,如图 4-48 所示。加热时将轴承放在网架上,不要与油箱箱底或箱壁接触,油面要覆盖轴承,加热要均匀,温度不能过高,时间也不宜过长,以免轴承退火。热套时,要趁热迅速地把轴承一直推到轴肩,如图 4-49 所示。如套不进,应检查原因,如无外因,可用铜套顶住轴承内圈,用手锤把轴承轻轻敲入。轴承套好后,用压缩空气吹去清洗轴承内残留的变压器油,并擦干净。

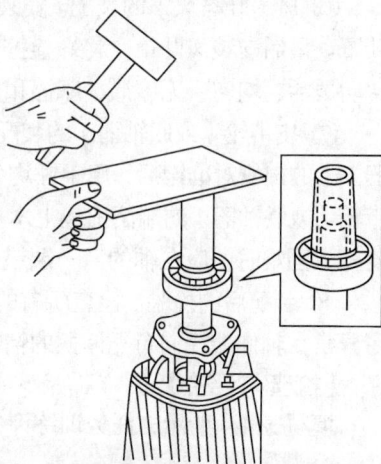

图4-47 打入轴承

③ 装润滑脂。在轴承内外圈里和轴承盖里装的润滑脂应洁净,塞装要均匀,不应完全装满。一般二极电动机装 1/3~1/2 的空腔容积,二极以上的电动机装轴承 2/3 的空腔容积即可。轴承内、外盖的润滑脂一般为盖内容积的 1/3~1/2。

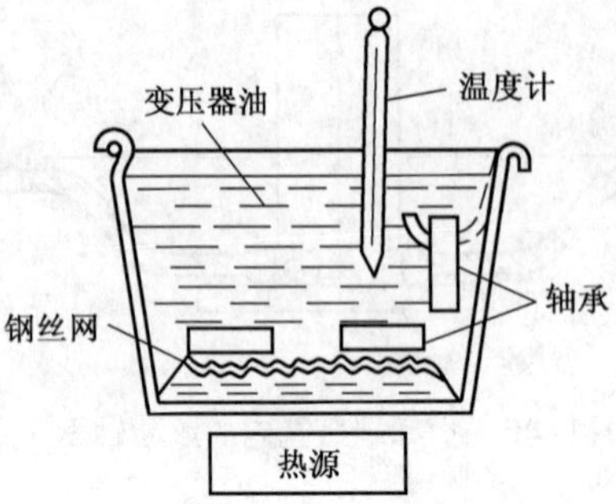

图4-48　加热轴承

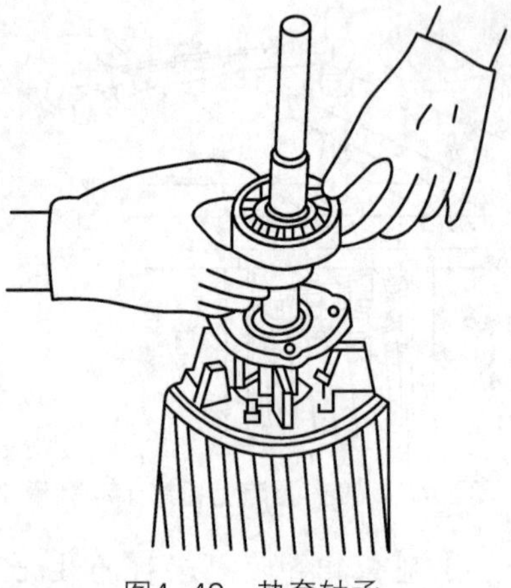

图4-49　热套轴承

④ 后端盖的安装。用手锤将后端盖轻轻敲入轴颈，使轴承装入端盖，要装平不能歪斜，并用旋具将轴承盖（已装好润滑脂）装上。将后端盖连同转子装入机座时，要按原来标记位置定位安装。后端盖止口嵌入机座时用手锤轻轻敲平，再旋上螺栓，但不要拧紧。

⑤ 前端盖的装配。将前轴承按规定加入润滑脂，用安装后端盖相同的方法装入前端盖。将前端盖止口嵌入机座，仍用手锤均匀地轻轻敲击端盖四周，敲平后拧上螺栓，也不要拧紧。再用螺栓从轴承外盖安装孔内伸入端盖内，用手转动转子，使轴承内盖被螺栓拧上。在拧紧前后端盖螺栓时，用手转动转子旋转，应无阻滞或偏重现象，转子转动应灵活、均匀，方可拧紧螺栓，要按对角线上下左右逐步拧紧，不能先拧紧一个，再拧紧另一个，否则易造成凸耳断裂、转子同心度不良等。然后再装前轴承外端盖，先在外轴承盖孔内插入一个螺栓，一只手顶住螺栓，另一只手缓慢转动转轴，轴承内盖也随之转动，当手感觉到轴承内外盖螺栓对齐时，就可以将螺栓拧入轴承盖的螺孔内，再装另两个螺栓，拧紧时也应逐步拧紧。这一步骤是装配电动机的关键所在，要耐心细致地进行，以免影响电动机的运行性能。

⑥ 风扇叶与风罩的装配。安装风扇叶时要按照拆卸时的位置装进，否则将会碰擦端盖或风叶罩。最后安装风叶罩，将螺栓拧紧。风扇叶和风罩装配完毕后，用手转动转子转轴，转子应转动灵活、均匀，无停滞、摩擦和偏重现象。

⑦ 皮带轮（或联轴器）的装配。安装时，首先将键装入转轴键槽中，再将皮带轮（或联轴器）上的键槽对准键后，用手锤均匀地轻轻敲打皮带轮（或联轴器），当键进入键槽后，再在皮带轮（或联轴器）的端面上垫上木板用手锤用力敲打，直到皮带轮（或联轴器）进入原定位置。若打入困难时，应在轴的另一端垫上木块顶在墙上，再打入皮带轮（或联轴器）。

⑧ 装配后的检验。检查所有的紧固螺栓是否拧紧；转子转动是否灵活，有无摩擦现象及声音异常；轴伸端径向有无偏摆的情况等。

【检查与评价】

填写表4-4所示的任务训练评价表。

表4-4　拆装三相异步电动机任务训练评价表

内容	学生自评	小组互评	教师评价	总结与改进
工具正确使用				
拆卸流程及操作方法正确				

续表

内容	学生自评	小组互评	教师评价	总结与改进
拆卸完整				
安装流程及操作方法正确				
安装完整、功能完好				
6S 职业素养				

注 按优秀、良好、中等、合格、差 5 个等级进行评定。

严谨细致、精益求精

动车电机工段组装班：给高铁组装"动力心脏"，安全驱动高铁飞驰。

中车株洲电机有限公司动车电机工段组装班被誉为动车"动力心脏的集成者"。动车组装班成立 10 余年来，班组成员用一双双"巧手"组装出了 26 000 多台动车牵引电机，安全驱动着高铁穿梭飞驰在全国和世界各地，产品质量好，几乎零缺陷，为中国高铁安全运行做出了巨大贡献。

动车组装班肩负着"动力心脏"安全的责任。"动车组装班的工作看似简单，却需要高度的责任心。就拿装配一颗螺钉来说，如果没有拧紧，在 300km/h 的列车上脱落，这颗螺钉就会变成'子弹'，随时危及列车运行安全。"班长欧阳享说。在牵引电机车间，动车组装班组要完成 11 道工序，精益求精体现在每一道工序、每一个细节。动车组装班成员严谨细致、精益求精的装配电机的工作情景如图 4-50 所示。2018 年，五一前夕，中车株洲电机有限公司动车组装班荣获了"全国工人先锋号荣誉称号"，班组成员珍视这份荣誉，更珍视"中国轨道交通"这张正在走向世界的"金名片"。

图4-50 最美劳动者：坚守岗位的中车株洲电机高铁工匠

【启示】由动车组装班装配生产的三相交流异步电动机应用在城轨地铁、复兴号动车组等"高、精、尖"产品上，整个装配过程对零部件组装精度要求非常高，不容有一丝一毫偏差。整个生产线上，很多工序做好靠的是责任心和追求完美的态度。如果装配制造的产品出现了瑕疵，会对整个列车的安全有巨大的隐患。所以，同学们不仅要对中国自主研发和装配的电机充满信心和民族自豪感，而且要学习动车电机工段组装班的优秀前辈们对这份事业具备的神圣使命感、高度责任感和爱国奋斗情；在本模块的任务训练中，大家要培养严谨细致、精益求精等工匠精神，树立安全责任意识，为中国电机技术的发展和轨道交通事业的进步添砖加瓦！

任务二　判别三相异步电动机定子绕组首尾端

【训练目的】

（1）掌握三相异步电动机定子绕组首尾端的判别方法；

135

（2）熟悉三相异步电动机绕组首尾端判别操作过程。

【训练内容】

（1）用直流法判别三相异步电动机定子绕组首尾端；

（2）用剩磁法判别三相异步电动机定子绕组首尾端；

（3）用交流法判别三相异步电动机定子绕组首尾端。

【仪器与设备】

（1）万用表 1 块；

（2）单极开关 1 个；

（3）1 号电池 1 节；

（4）三相笼形异步电动机 1 台；

（5）电工工具 1 套、软导线若干。

【基本原理】

定子绕组是电动机的电路部分，三相绕组按一定规律嵌装于定子铁芯槽内，每相绕组引出两个抽头，U_1、V_1、W_1 分别为三相绕组的首端，U_2、V_2、W_2 分别为三相绕组的尾端，三相共 6 个抽头按一定规律接在电动机外壳接线盒的 6 个接线柱上。当电动机接线板损坏或电动机重新绕制后，定子绕组的 6 个线头无法分清时，不能盲目接线，以免电动机在运行时引起三相电流不平衡，使电动机不能正常运转或电动机定子绕组由于过热而烧毁等严重事故发生。因此，必须分清 6 个线头的首尾端后，才允许接线。可用万用表判别三相异步电动机定子绕组的首尾端。

【方法和步骤】

1. 直流法

（1）用万用表电阻挡分别找出三相定子绕组的各相两个线头，并用打结方式做好标记。

（2）将万用表转换开关置于直流电流毫安挡（或微安挡），并给其中一相绕组假设编号，如假设 W_1 接万用表正极，W_2 接万用表负极，连接方法如图 4-51 所示。

（3）选取未接万用表的两相中的任意一相两个线头进行判别，注视万用表指针的摆动方向。在合上开关的瞬间，若指针摆向大于零的一边，则接电池负极的线头与万用表正极所接的线头同为首端或尾端；如指针反向摆动，则电池正极所接的线头与万用表正极所接的线头同为首端或尾端。

（4）再将电池和开关接另一相两个线头进行测试，就可正确判别各相绕组的首尾端。

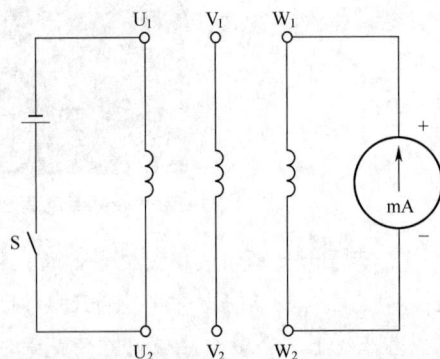

图4-51　用直流法判别电动机定子绕组首尾端

⚠ **注意**

图 4-51 中的开关可用按钮开关或直接用手将导线与电池进行接触代替。

2. 剩磁法

（1）用万用表电阻挡分别找出三相定子绕组各相的两个线头，并用打结方式做好标记。

（2）给各相绕组假设编号为 U_1、U_2，V_1、V_2，W_1、W_2。

（3）将万用表转换开关置于直流电流毫安挡（或微安挡），按图 4-52 所示方法连接。

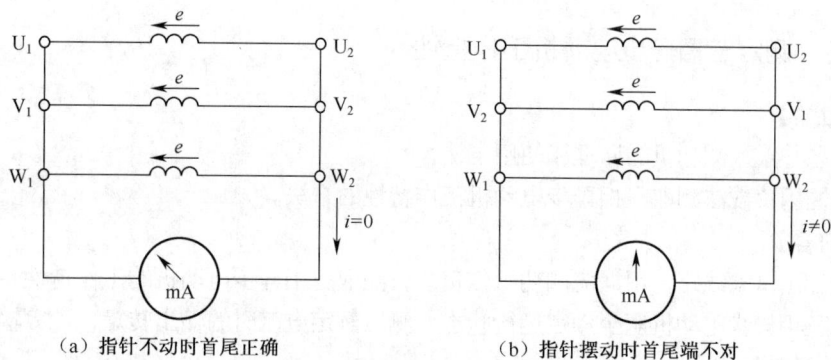

（a）指针不动时首尾正确　　　　　　（b）指针摆动时首尾端不对

图4-52　用剩磁法判别电动机绕组首尾端

（4）用手转动电动机转子，如万用表（毫安挡或微安挡）指针不动，则证明假设的编号是正确的；若指针有偏转，则说明其中一相首尾端假设编号不对，应逐相对调重测，直至正确（指针不动）为止。

3. 交流法

（1）用万用表电阻挡分别找出三相定子绕组的各相两个线头，并用打结方式做好标记。

（2）按图4-53（a）将三相绕组接成星形。将其中任一相接入交流36V电源，另两相出线接万用表（10V交流挡），记下有无读数，然后改成图4-53（b）所示的接法，测试后再记下读数。如果两次都无读数，则说明接在星点的三相为首端或尾端；若都有读数，则说明两次都是没有接电源的那一相接反；若两次中只有一次无读数，另一次有读数，则说明无读数的那一次接电源的相接反了。

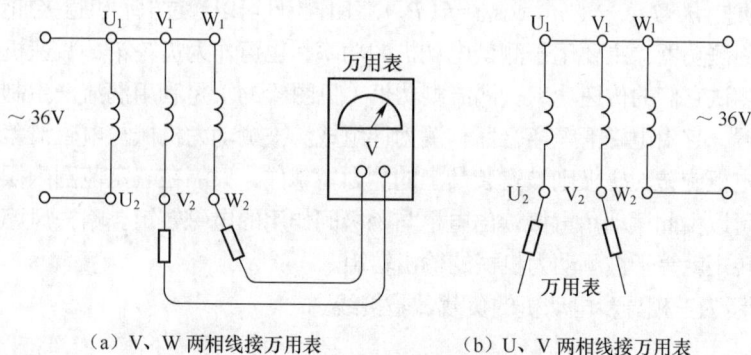

（a）V、W两相线接万用表　　　　　　（b）U、V两相线接万用表

图4-53　用交流法判别电动机绕组首尾端

【检查与评价】

填写表4-5所示的任务训练评价表。

表4-5　判别三相异步电动机定子绕组首尾端任务训练评价表

内容	学生自评	小组互评	教师评价	总结与改进
会正确使用万用表				
能熟练使用直流法、剩磁法、交流法判别三相异步电动机首尾端				
能正确判别电动机首尾端				
6S 职业素养				

注　按优秀、良好、中等、合格、差5个等级进行评定。

任务三　测定三相异步电动机工作特性

【训练目的】

（1）熟悉并掌握测功机的原理和使用方法；

（2）掌握用负载法测取三相异步电动机工作特性的方法。

【训练内容】

（1）设计出试验线路，用涡流测功机作负载，测取三相异步电动机的工作特性；

（2）将三相异步电动机调至额定运行状态，测取额定电流时的输出转矩，计算输出功率。

【仪器与设备】

（1）异步电动机1台；

（2）功率表2台；

（3）调压器1只；

（4）电流表2只；

（5）电压表1只；

（6）涡流测功机1台；

（7）电工工具若干。

【基本原理】

异步电动机的工作特性是指在额定电压和额定频率下，电动机的转速 n（或转差率 s）、电磁转矩 T_{em}（或输出转矩 T_2）、定子电流 I_1、效率 η 和功率因数 $\cos\varphi_1$ 与输出功率 P_2 之间的关系曲线，即 $U_1 = U_N$，$f_1 = f_N$ 时，n、T_{em}、I_1、η、$\cos\varphi_1 = f(P_2)$。工作特性可以通过电动机直接加负载试验得到。

测功机也称测功器，主要用于测试电动机的功率，也可作为齿轮箱、减速机、变速箱的加载设备，用于测试它们的传递功率。涡流测功机（见图 4-54）是利用涡流产生制动转矩来测量机械转矩的装置，它由电磁滑差离合器、测力计组成。被测动力机械与电磁滑差离合器的输入轴连接，带动电枢旋转，磁极则被安装其上的测力臂掣住，只能在一定范围内摆动一个角度，配合测力计就可以由此摆动角直接读出电枢与磁极间作用的电磁转矩。略去风摩损耗等测量误差时，此电磁转矩就等于被测动力机械的输出转矩。

图 4-55 所示为三相异步电动机的负载试验接线。

图4-54　涡流测功机

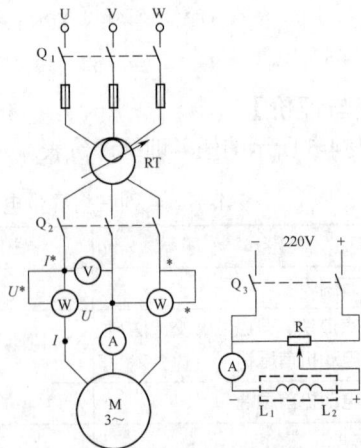

图4-55　三相异步电动机的负载试验接线

【方法和步骤】

（1）设计并画出试验线路图（参考图 4-55），按图接线，然后仔细检查。

（2）自耦调压器调零后接通三相电源，逐步增加电压起动电动机，保持端电压 380V 不变。

（3）调节励磁电阻 R，使涡流测功机电流为零，合上负载开关 Q_3，逐渐增加负载使 $I_1=I_N$，读取三相电流、功率、转速和转矩，逐渐减小负载直至空载，测取 7～9 点，将测取数据记入表 4-6 中。

（4）拉断开关 Q_1 使电动机切断电源，开始停转，然后再拉断开关 Q_3。

表 4-6 工作特性数据

序号	U=380V						
	试验值				计算值		
	I_1	P_1	T_2	n	P_2	η	$\cos\varphi_1$
1							
2							
3							
4							
5							
6							
7							

⚠ **注意**

（1）本次试验是利用涡流测功机做异步电动机的负载试验，测功机涡流闸上刻盘上的读数是以"kg·m"为单位的，计算时需将"kg·m"转换为"N·m"。

（2）合电源之前，必须确保调压器手柄处于"零"位，变阻器 R 处于阻值最大位。

（3）试验完毕时，变阻器的位置未处于最大值时，不能先拉断 Q_3 开关，应先拉断 Q_2，过 3～4s 后再拉断 Q_3，以保证机组安全。

【检查与评价】

填写表 4-7 所示的任务训练评价表。

表 4-7 测定三相异步电动机工作特性任务训练评价表

内容	学生自评	小组互评	教师评价	总结与改进
能正确、熟练地完成试验电路接线				
操作顺序正确				
电流、功率、转速及仪表及挡位选取正确				
仪表读数方法正确				
会根据读取的数据正确计算电动机输出功率、效率及功率因数				
6S 职业素养				

注　按优秀、良好、中等、合格、差 5 个等级进行评定。

任务四　三相异步电动机的起动、反转与制动

【训练目的】

（1）学习并掌握三相笼形异步电动机常用的几种起动方法；

（2）粗略测量采用各种不同起动方法时起动电流的大小；

（3）学习并掌握三相笼形异步电动机反转的方法；

（4）学习三相笼形异步电动机能耗制动的方法，观察制动效果。

【训练内容】

（1）三相笼形异步电动机的起动；

（2）测量各种不同起动方法时的起动电流；

（3）三相笼形异步电动机的反转；

（4）三相笼形异步电动机的能耗制动。

【仪器与设备】

（1）三相笼形异步电动机 Y2-112M-4，1 台；

（2）倒顺开关 HZ3，1 个；

（3）星形–三角形起动器（手动）QX1 或 QX2，1 个；

（4）三相自耦变压器，容量与被控电动机相配，1 台；

（5）三刀双投闸刀开关 1 个；

（6）钳形电流表 1 只；

（7）直流电流表 0～5A，1 只；

（8）直流电源 0～110V，5A，1 套；

（9）双刀开关 1 个；

（10）可变电阻 0～20Ω，300W，1 个。

【基本原理】

（1）三相笼形异步电动机的起动分直接起动和降压起动两种。由于直接起动接线及控制较方便，因此小功率异步电动机及凡允许采用直接起动的场合一般均优先选用直接起动。

（2）降压起动中应用最广泛的是星形–三角形降压起动，其次是自耦变压器降压起动。因此本训练中的星形–三角形降压起动为必做的内容，而自耦变压器降压起动则可根据具体设备条件选做。

（3）若将三相异步电动机定子绕组中任意两相绕组与电源的接线对调，则旋转磁场的转向发生改变，从而使电动机的转向改变。改变三相异步电动机转向的电路有组合开关或万能转换开关控制电路及按钮接触器控制电路，本任务训练采用万能转换开关控制电动机正反转电路。

（4）三相异步电动机的制动是指给电动机轴上加一个与转动方向相反的转矩，使电动机停转或保持一定的转速旋转，可分机械制动和电气制动两大类。本任务训练选用电气制动中使用较广泛的能耗制动。能耗制动即是在三相异步电动机从交流电网上切除后，给定子绕组加直流电，产生直流磁场，使转子绕组产生的电磁转矩方向与其旋转方向相反，从而使转子较快地停转。

【方法和步骤】

1. 三相异步电动机的直接起动

直接起动即直接将三相异步电动机接在额定电压的交流电源上起动电动机，本任务训练的电动机容量较小，可直接用刀开关控制。

2. 三相异步电动机的正、反转

用倒顺开关控制三相异步电动机的正、反转电路如图4-56所示。HZ3-132型转换开关的手柄有"倒""停""顺"3个位置，手柄只能从"停"位置左转45°和右转45°。移去上盖可见两边各装有3个静触点，转轴上固定着6个不同形状的动触点，6个动触点分成两组，每组3个。两组动触点不同时与静触点接触。手柄从"停"位置左转45°和一组静触点接触，控制电动机正转；手柄从"停"位置右转45°和另一组静触点接触，控制电动机反转。

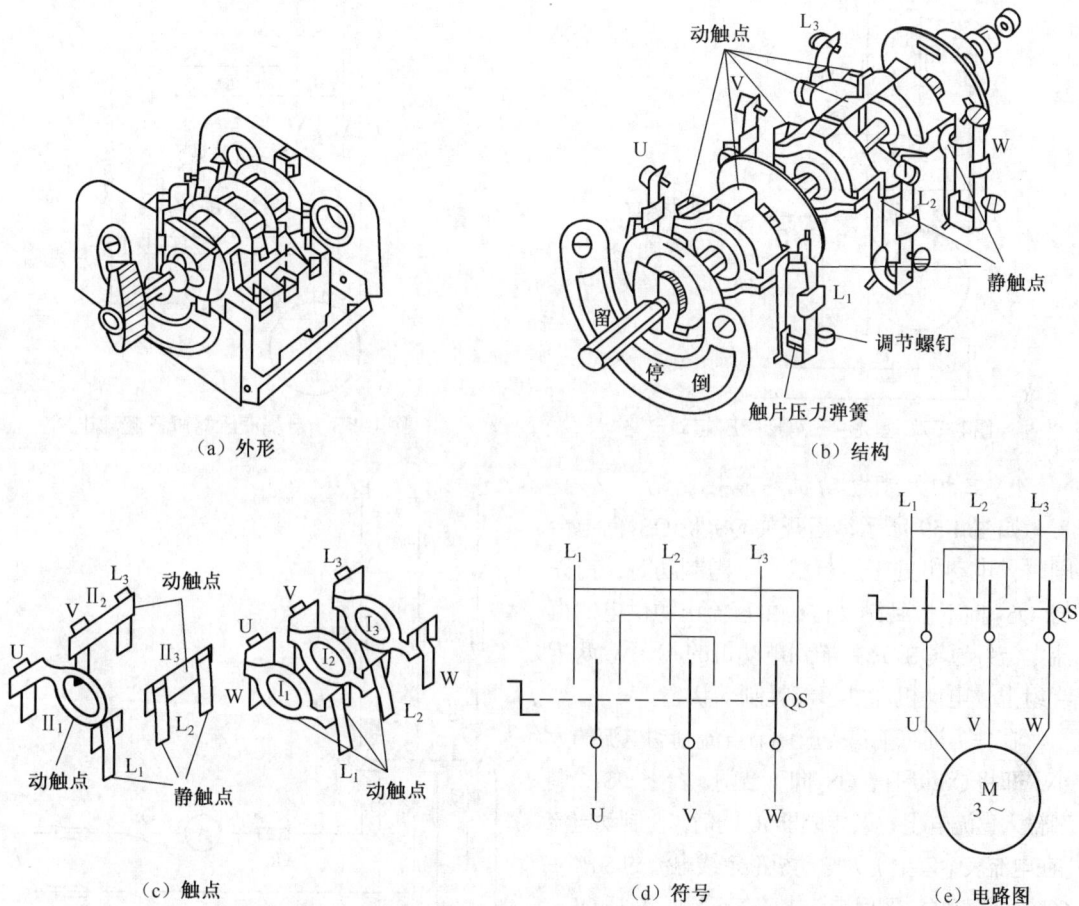

（a）外形　　　　　　　　　　　　　　　（b）结构

（c）触点　　　　　　　　（d）符号　　　　　　　（e）电路图

图4-56　倒顺开关控制三相异步电动机正、反转电路

3. 三相异步电动机降压起动

（1）星形-三角形降压起动电路如图4-57所示。图4-57中QS_2为星形-三角形降压起动器。任务训练前应先打开电动机接线盒，将电动机定子绕组的6个出线端连接片拆开，随后再按图4-57所示接线，QS_2手柄处于中间断开位。合上电源开关QS_1，将QS_2手柄推向星形连接位置，电动机以星形连接起动，待起动快结束时，将手柄推向三角形连接位置，电动机正常运行。

记录：电动机星形连接时的起动电流（用钳形电流表测量）约为＿＿＿A。

电动机星形连接时及三角形连接时的转速情况：＿＿＿＿＿＿＿＿＿＿＿＿＿＿＿＿。

（2）自耦变压器降压起动电路如图4-58所示。图4-58中T为自耦变压器，QS_2为三刀双投开关，接好线后，合上电源开关QS_1，将QS_2向下合闸，三相交流电源经自耦变压器T降压后，加在三相定子绕组上，电动机降压起动，待起动快结束时，将手柄推向运行位，电动机正常运行。

记录：电动机降压起动时的起动电流约为_____A。

电动机降压起动时及正常运行时的转速情况：_____。

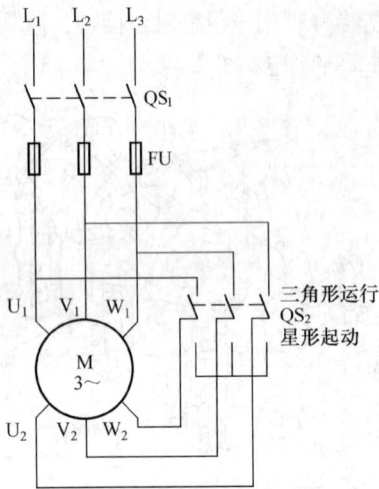

图4-57 星形-三角形降压起动电路

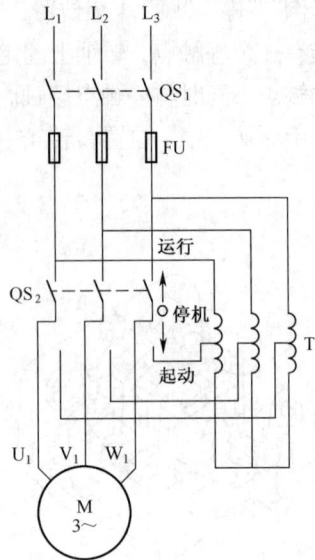

图4-58 自耦变压器降压起动电路

4. 三相异步电动机的能耗制动

如图4-59所示，当开关 QS_1 及 QS_2 向上合闸时，电动机处于运行状态。需制动时，首先将 QS_2 向下扳到制动位，由直流电源供电的直流电流经过 QS_3 开关加到电动机的 V、W 两相绕组上，电动机即处于能耗制动状态。

在任务训练前首先应调节直流制动电流的大小，即将 QS_1 断开，QS_2 向下合闸，合上 QS_3，调节输入直流电压 U 及电阻器 R_P 的值，使制动电流（在电流表中读出）为电动机额定线电流的 50%～60%。调节好后即保持该电流值不动，断开 QS_3。在需进行能耗制动时，只需合上 QS_3 即可。

记录：电动机制动电流为_____A。电动机制动所需时间（从 QS_2 由运行位扳向制动位，加上直流制动电流起，到电动机停转所需的时间）约为_____s。电动机自然停转所需的时间约为_____s。

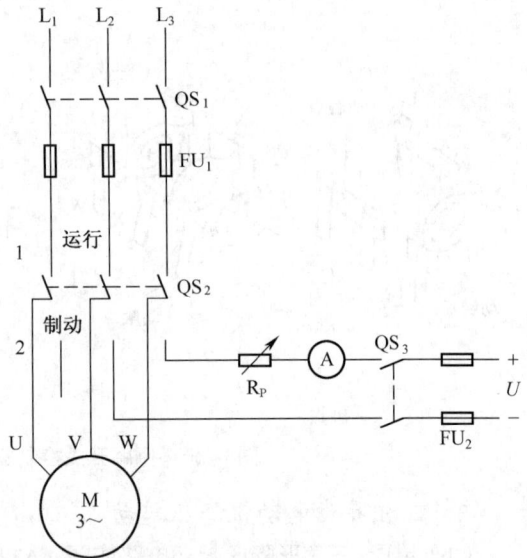

图4-59 能耗制动控制电路

减小直流制动电流，电动机制动所需时间将_____；增大直流制动电流，电动机制动所需时间将_____。

⚠ **注意**

（1）用倒顺开关控制电动机正、反转训练时，开关手柄由正转位扳到反转位的速度不能太快，必须在中间零位停留一段时间，最好等电动机停转后再扳向反转位。

（2）用手动星形-三角形起动器对电动机进行降压起动时，手柄由星形连接扳向三角形连接的速度应尽量快，以免电动机停止时间较长，造成转速下降。

（3）用自耦变压器降压起动时，手柄由起动位扳向运行位的速度也应尽量快。

（4）进行能耗制动时，由运行向制动过渡的操作时间也应尽量短。另外，制动前调节直流制动电流的速度要尽量快。

（5）手柄合闸及分闸时应随时观察电动机的转动情况，发现异常应立即切断电源。

（6）注意人身及设备的安全。

【检查与评价】

填写表 4-8 所示的任务训练评价表。

表 4-8　三相异步电动机的起动、反转与制动任务训练评价表

内容	学生自评	小组互评	教师评价	总结与改进
能正确、熟练地完成各试验电路接线				
试验过程中操作正确				
电流表、转速表使用正确				
电流表、转速表读数方法正确				
总结不同起动方法对电动机起动电流的影响				
总结不同制动电流对电动机停车时间的影响				
6S 职业素养				

注　按优秀、良好、中等、合格、差 5 个等级进行评定。

●●● 小结 ●●●

1．三相异步电动机按转子结构分为笼形异步电动机和绕线转子异步电动机。

2．在电动机三相对称绕组中通入三相对称交流电将产生圆形旋转磁场，依靠电磁感应作用，在转子中感应电动势、产生电流，进而产生电磁力和电磁转矩，带动转子转动。

3．异步电动机运行时，转子旋转方向与磁场旋转方向一致。

4．异步电动机转子转速总是低于旋转磁场转速，它们之间的关系可用转差率 s 来表示。

5．异步电动机的铭牌参数是选用电动机的重要依据。

6．机械特性是指转矩与转速两者之间的关系曲线，即 $n = f(T_{em})$，通过分析机械特性临界点，可得出最大转矩、临界转差率与转子电阻、电压的关系，这对分析电动机的起动、调速有重要的作用。

7．功率较大的三相异步电动机一般都要采取适当的起动方法降低起动电流。三相笼形异步电动机一般采用定子回路串接电阻或电抗的降压起动、自耦变压器降压起动、星形-三角形降压起动等。由于降压起动不但降低了起动电流，而且减小了起动转矩，故只宜用于空载或轻载起动的生产机械。

8．三相绕线转子异步电动机由于其转子绕组的特点，适宜于在转子回路中串接适当大小的电阻来起动，既可增大起动转矩 T_{st}，又可减小起动电流 I_{st}，从而较好地改善了异步电动机的起

动性能，解决了较大容量异步电动机重载起动的问题。

9．根据转速公式可知三相异步电动机的调速有变极、变频及改变转差率3种方法。改变转差率的调速又包括转子回路串电阻、改变定子电压、串级调速等方法。

10．三相异步电动机的制动是指在电动机轴上加一个与其旋转方向相反的转矩，使电动机减速、停止或以一定速度旋转。三相异步电动机的电气制动方法有回馈制动、反接制动（倒拉反接制动与两相电源反接制动）和能耗制动3种方法。

••• 思考题与习题 •••

1．三相笼形异步电动机由哪些部件组成？各部分的作用是什么？

2．为什么三相异步电动机定子铁芯和转子铁芯均用硅钢片叠压而成？能否用钢板或整块钢制作？为什么？

3．什么是旋转磁场？旋转磁场是如何产生的？

4．如何改变旋转磁场的转速和转向？

5．说明三相异步电动机的工作原理，为什么电动机的转速总是小于旋转磁场的转速？

6．一台三相异步电动机，型号为Y2-160M2-2，额定转速为 $n_N = 2\,930$ r/min，$f_1 = 50$Hz，求转差率 s。

7．为什么变压器的效率较高，而三相异步电动机的效率相应较低？

8．一台三相异步电动机，额定输出功率 $P_2 = 2.2$kW，额定电压 $U_1 = 380$V，额定转速 $n_N = 1\,420$r/min，功率因数 $\cos\varphi = 0.82$，$\eta = 81\%$，$f = 50$Hz，试计算额定电流 I_N 和额定转矩 T_N。

9．一台型号为Y2-132-4三相异步电动机，其额定功率为7.5kW，额定转速为1 440r/min；一台型号为Y2-10L-8的三相异步电动机，其额定功率也为7.5kW，额定转速为720r/min。分别求它们的额定转矩。

10．什么叫三相异步电动机的机械特性曲线？过载系数、起动转矩倍数分别指什么？

11．转矩和电压的关系是什么？临界转差率和转子回路电阻的关系是怎样的？

12．某台三相异步电动机，额定功率 $P_N = 20$kW，额定转速 $n_N = 970$r/min，过载系数 $\lambda_m = 2.0$，起动转矩倍数 $\lambda_{st} = 1.8$。求该电动机的额定转矩 T_N、最大转矩 T_m、起动转矩 T_{st}。

13．某台电动机额定功率 $P_N = 5.5$kW，额定转速 $n_N = 1\,440$r/min，起动转矩倍数 $\lambda_{st} = 2.3$，起动时拖动的负载为 $T_L = 50$N·m。问：

（1）在额定电压下该电动机能否正常起动？

（2）当电网电压降为额定电压的80%时，该电动机能否正常起动？

14．三相笼形异步电动机的起动方法分为哪几种？分别适用于什么场合？

15．三相绕线转子异步电动机一般采用什么起动方法？有什么优点？

16．三相异步电动机有哪些调速方法？

17．三相绕线转子异步电动机一般采用什么方法调速？

18．什么是制动？三相异步电动机的制动方法有哪些？

19．电源反接制动如何实现？有什么优缺点？

20．分析三相异步电动机的能耗制动原理及优缺点。

单相异步电动机

● ● ● 学习导引 ● ● ●

学习目标

[知识目标]

1. 掌握单相异步电动机的结构和工作原理。
2. 掌握单相异步电动机的基本形式。
3. 熟悉单相异步电动机的铭牌参数。
4. 熟悉单相异步电动机的调速方法与反转方法。

[能力目标]

1. 具备单相异步电动机拆装与简单修理的能力。
2. 能完成一般家用电器中单相异步电动机主、副绕组的判别。

[素质目标]

1. 坚韧不拔的毅力和不断进取的精神。
2. 爱岗敬业、服务社会的奉献精神。
3. 分析问题、解决问题的思维能力。

内容导入

压缩式电冰箱是家用电冰箱中最多的品种，在电冰箱制冷过程中，制冷系统内制冷剂的低压蒸气被压缩机吸入并压缩为高压蒸气后排至冷凝器，同时轴流风扇吸入的冰箱外空气流经冷凝器，带走制冷剂放出的热量，使高压制冷剂蒸气凝结为高压液体。高压液体再经过过滤器、节流机构后喷入蒸发器，并在相应的低压下蒸发，吸取周围的热量，而贯流风扇使空气不断进入蒸发器的肋片间进行热交换，并将放热后变冷的空气送向室内。如此冰箱内空气不断循环流动，达到降低温度的目的。

为了使电冰箱能正常工作，压缩机、风扇、蒸发器、电动风门等需要不同的单相异步电动机来驱动。单相异步电动机功率一般功率较小，主要制成小型电动机。它的应用非常广泛，除电冰箱外，还广泛用于其他家用电器，如洗衣机、电风扇、空调等，以及电动工具（如手电钻）、医用器械、自动化仪表等。单相异步电动机是如何工作的？其结构和工作方式与三相异步电动机有何不同？这是本模块将要学习的内容。

学习导图

单相异步电动机
- 单相异步电动机的结构、铭牌及工作原理
  - 单相异步电动机的结构
  - 单相异步电动机的铭牌
  - 单相异步电动机的工作原理
- 单相异步电动机的基本形式
  - 电阻分相式单相异步电动机
  - 电容分相式单相异步电动机
  - 罩极式单相异步电动机
- 单相异步电动机的调速及反转
  - 单相异步电动机的调速
  - 单相异步电动机的反转
- 任务训练：判别与安装家用吊扇绕组

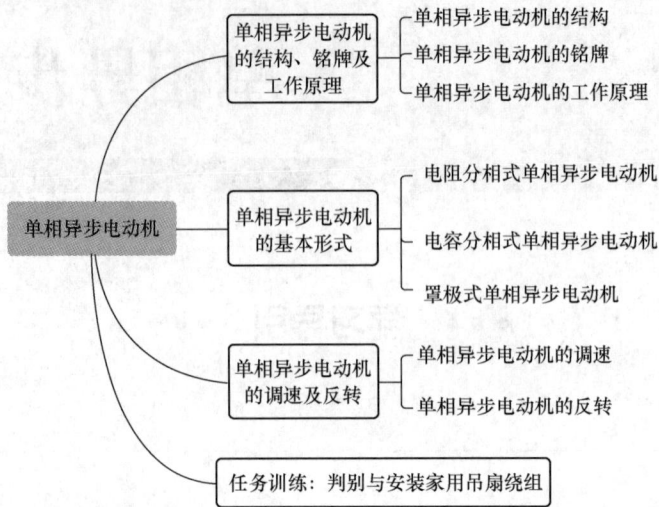

5.1 单相异步电动机的结构、铭牌及工作原理

在单相交流电源下工作的电动机称为单相电动机。单相电动机按工作原理、结构、转速等的不同可分为三大类，即单相异步电动机、单相同步电动机和单相串励电动机。

单相异步电动机是接单相交流电源运行的异步电动机，其结构简单、成本低廉，只需单相电源，广泛应用于家用电器、电动工具、医疗器械等方面，在工、农业生产及其他领域中的应用也越来越广泛，如台扇、吊扇、电冰箱、吸尘器、洗衣机、电钻、小型鼓风机、医疗器械等均需要单相异步电动机驱动。其外形如图 5-1 所示。

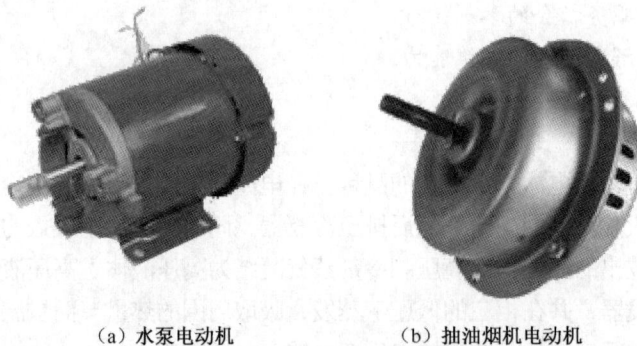

（a）水泵电动机　　　（b）抽油烟机电动机

图5-1　单相异步电动机外形

单相异步电动机的功率从几瓦到几百瓦，一般只制成小型和微型系列。与同容量的三相异步电动机相比，其体积较大，运行性能较差，效率和功率因数稍低，但由于容量不大，故此缺点并不突出。

5.1.1 单相异步电动机的结构

单相异步电动机的结构和三相异步电动机大体相似，一般来讲也由定子和转子两大部分组成。

1. 定子

单相异步电动机的定子部分由定子铁芯、定子绕组、机座、端盖等部分组成，其主要作用是通入交流电，产生旋转磁场。

（1）定子铁芯。定子铁芯大多用厚 0.35mm 的硅钢片冲槽后叠压而成，片与片之间涂有绝缘漆，槽形一般为半闭口槽，槽内则用以嵌放定子绕组，如图 5-2 和图 5-3 所示。定子铁芯的作用是作为磁通的通路。

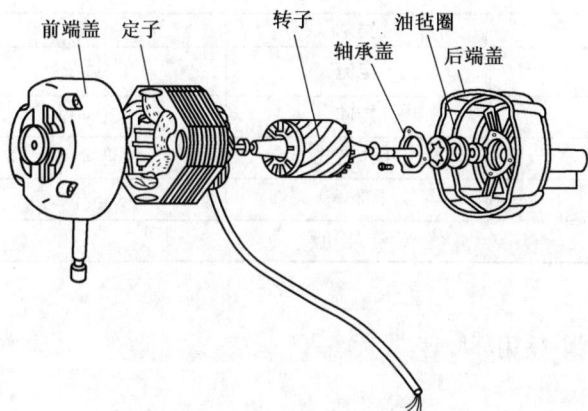

图5-2 电容运行台扇电动机结构

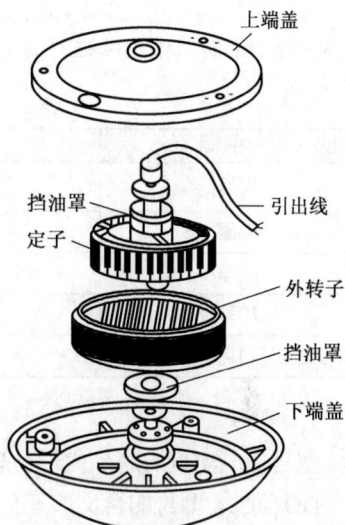

图5-3 电容运行吊扇电动机结构

（2）定子绕组。单相异步电动机定子绕组一般都采用两相绕组的形式，即定子上有两相绕组，在空间中互差 90° 电角度，一相为主绕组，又称为运行绕组；另一相为副绕组，又称为起动绕组。两相绕组的槽数和绕组匝数可以相同，也可以不同，视不同种类的电动机而定。定子绕组的作用是通入交流电，在定子、转子及气隙中形成旋转磁场。

单相异步电动机中常用的定子绕组形式主要有单层同心式绕组、单层链式绕组和正弦绕组，这类绕组均属分布绕组。而单相罩极式电动机的定子绕组则多采用集中绕组。

定子绕组一般均由高强度聚酯漆包线事先在绕线模上绕好后，再嵌放在定子铁芯槽内，并需进行浸漆、烘干等绝缘处理。

（3）机座与端盖。机座一般由铸铁、铸铝或钢板制成，其作用是固定定子铁芯，并借助两端端盖与转子连成一个整体，使转轴上输出机械能。单相异步电动机机座通常有开启式、防护式、封闭式等几种。开启式结构和防护式结构的定子铁芯和绕组外露，由周围空气直接通风冷却，多用于与整机装成一体的场合，如图 5-2 所示的电容运行台扇以及洗衣机电动机等。封闭式结构则是整个电动机均采用密闭方式，电动机内部与外界完全隔绝，以防止外界水滴、灰尘等侵入，电动机内部散发的热量由机座散出，有时为了加强散热，可再加风扇冷却。

2. 转子

转子部分由转子铁芯、转子绕组、转轴等组成，其作用是导体切割旋转磁场，产生电磁转矩，拖动机械负载工作。

（1）转子铁芯。转子铁芯与定子铁芯一样用厚 0.35mm 的硅钢片冲槽后叠压而成，槽内置放转子绕组，最后将铁芯及绕组整体压入转轴。

（2）转子绕组。转子绕组均采用笼形结构，一般用铝或铝合金压力铸造而成。

（3）转轴。用碳钢或合金钢加工而成，轴上压装转子铁芯，两端压上轴承，常用的有滚动轴承和含油滑动轴承。

5.1.2 单相异步电动机的铭牌

每台单相异步电动机的机座上都有一个铭牌，它标记电动机的型号、各种额定值等。下面以 DO2-6314 型单相电容运行异步电动机铭牌参数（见表 5-1）为例来说明各数据的含义。

表 5-1 单相电容运行异步电动机铭牌参数

类别	参数	类别	参数
型号	DO2-6314	电流	0.94A
电压	220V	转速	1 400r/min
频率	50Hz	工作方式	连续
功率	90W	标准号	
编号、出厂日期	× × × ×		× × × 电机厂

1. 型号

型号指电动机的产品代号、规格代号、使用环境等。

DO2-6314 型号的含义如下：

```
D O 2 - 6 3 1 4
            └── 规格代号（4 极）
          └──── 规格代号（1 号铁芯长）
        └────── 机座代号（轴中心高 63mm）
      └──────── 设计代号（第 2 次改型设计）
    └────────── 系列代号（封闭式）
  └──────────── 系列代号（小功率单相电容运行异步电动机）
```

2. 电压

电压是指电动机在额定状态下运行时加在定子绕组上的电压，单位为 V。根据国家规定，电源电压在±5%范围内变动时，电动机应能正常工作。电动机使用的电压一般均为标准电压，我国单相异步电动机的标准电压有 12V、24V、36V、42V 和 220V。

3. 频率

频率是指加在电动机上的交流电源的频率，单位为 Hz。由单相异步电动机的工作原理可知，电动机的转速与交流电源的频率直接有关，频率高，电动机转速高，因此电动机应接在规定频率的交流电源上使用。

4. 功率

功率是指单相异步电动机轴上输出的机械功率，单位为 W。铭牌上标出的功率是指电动机在额定电压、额定频率和额定转速下运行时输出的功率，即额定功率。

我国常用的单相异步电动机的标准额定功率为 6W、10W、16W、25W、40W、60W、90W、120W、180W、250W、370W、550W 和 750W。

5. 电流

在额定电压、额定功率和额定转速下运行的电动机，流过定子绕组的电流值，称为额定电流，单位为 A。电动机在长期运行时电流不允许超过该电流值。

6. 转速

转速是指电动机在额定状态下运行时的转速，单位为 r/min。每台电动机在额定运行时的实际转速与铭牌规定的额定转速有一定的偏差。

7. 工作方式

工作方式是指电动机的工作是连续式还是间断式。连续运行的电动机可以间断工作，但间断运行的电动机不能连续工作，否则会烧毁电动机。

5.1.3 单相异步电动机的工作原理

1. 单相绕组的脉动磁场

首先分析在单相定子绕组中通入单相交流电后产生磁场的情况。

如图 5-4（a）所示，假设在单相交流电的正半周时，电流从单相定子绕组的左半侧流入，从右半侧流出，则电流产生的磁场如图 5-4（b）所示，该磁场的大小随电流的大小而变化，方向则保持不变。当电流过零时，磁场也为零。当电流变为负半周时，产生的磁场方向也随之发生变化，如图 5-4（c）所示。由此可见，向单相异步电动机定子绕组通入单相交流电后，产生的磁场大小及方向在不断变化，但磁场的轴线（图 5-4 中纵轴）固定不变，把这种磁场称为脉动磁场。

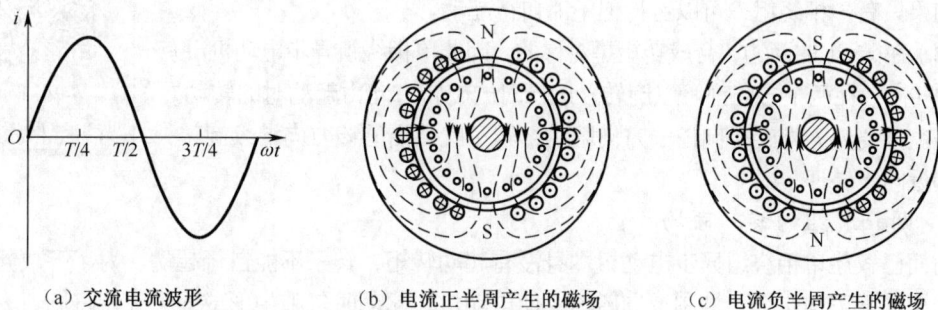

微课 5-1：脉动磁场

（a）交流电流波形　　　　（b）电流正半周产生的磁场　　　　（c）电流负半周产生的磁场

图5-4　单相脉动磁场的产生

由于磁场只是脉动而不是旋转，单相异步电动机的转子如果原来静止不动，在脉动磁场作用下，转子导体因与磁场之间没有相对运动，而不产生恒定方向的感应电动势和电流，也就不会产生恒定方向的电磁力的作用，因此转子仍然静止不动。就是说单相异步电动机（一个定子绕组）没有起动转矩，不能自行起动。这是单相异步电动机的一个主要缺点。

如果用外力去拨动一下电动机的转子，则转子导体切割定子脉动磁场，从而有恒定方向的电动势和电流产生，并将在磁场中受到力的作用，与三相异步电动机转动原理相同，转子将顺着拨动的方向转动起来。因此，要使单相异步电动机具有实际使用价值，就必须解决电动机的起动问题。

单相异步电动机的转动原理可用双旋转磁场理论来解释。当仅将单相异步电动机的一相绕组接通单相交流电源，流过交流电流时，电动机中产生的磁动势为脉振磁动势。由于一个脉振磁动势可以分解为两个转向相反、转速相同、幅值相等的旋转磁动势 F_+ 和 F_-，所以单相异步电动机的转子在脉振磁动势作用下产生的电磁转矩 T_{em}，应该等于正转磁动势 F_+ 和反转磁动势 F_- 分别作用下产生的电磁转矩之和。

笼形转子在旋转磁动势作用下产生的电磁转矩在三相异步电动机中已经分析过，并且得出了相应的机械特性。单相异步电动机的笼形转子在正转磁动势和反转磁动势的作用下会分别产生电磁转矩，因此，可以直接利用三相异步电动机的机械特性来分析单相异步电动机。设在正转磁动势作用下单相异步电动机的电磁转矩为 T_+，机械特性为 $T_+=f(s)$ 或 $T_+=f(n)$，如图 5-5 中的曲线 3 所示，同步转速为 n_1。在反转磁动势作用下，单相异步电动机的电磁转矩为 T_-，机械特性为 $T_-=f(s)$ 或 $T_-=f(n)$，如图 5-5 中的曲线 2 所示，同步转速为 $-n_1$。由于 $F_+=F_-$，所以两条特性曲线是对称的。合成转矩 $T=f(s)$ 或 $T=f(n)$ 就是一相绕组单独通电时的机械特性，如图 5-5 中的曲线 1 所示。从合成机械特性 $T=f(n)$ 可以看出如下几点。

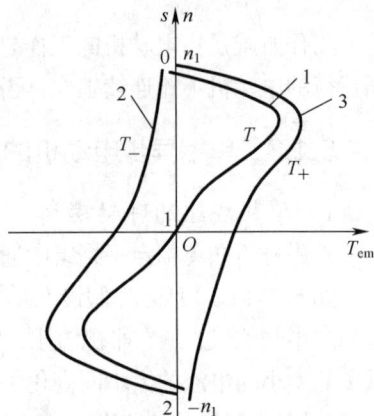

图5-5 单相绕组通电时的机械特性

（1）当转速 $n=0$ 时，电磁转矩 $T_{em}=0$，即一相绕组单独通电时，没有起动转矩，不能自行起动。

（2）当 $n>0$ 时，$T_{em}>0$，即只要电动机已经正转，而且在此转速下的电磁转矩大于轴上的负载转矩，就能在电磁转矩的作用下升速至接近于同步转速的某点稳定运行。因此，单相异步电动机如果只有一相绕组，可以运行但不能自行起动。

（3）在 $s=1$ 的两边，合成转矩是对称的，因此单相绕组异步电动机没有固定的转向，在两个方向都可以旋转，运行时的旋转方向由起动时的转动方向而定。只要外力把转子向任一方向驱动，转子就将沿着该方向继续旋转，直到接近同步转速。

微课 5-2：单相异步电动机的工作原理

2. **两相绕组的旋转磁场**

前面已叙述单相绕组异步电动机本身没有起动转矩，转子不能自行起动。为了解决起动问题，应该加强正向磁场，抑制反向磁场，使电动机在起动时气隙中形成一个旋转磁场。为达此目的，可在定子上另装一个空间上与工作绕组不同相、阻抗不同的起动绕组。

如图 5-6 所示，在单相异步电动机定子上放置在空间相差 90° 的两相定子绕组 U_1U_2 和 Z_1Z_2，向这两相定子绕组中通入在时间上相差约 90° 的两相交流电 I_Z 和 I_U，用前面学习过的三相绕组中通入三相交流电产生旋转磁场的相同方法分析，可知此时产生的也是旋转磁场。由此可以得出结论：向在空间相差 90° 的两相定子绕组中通入在时间上相差一定角度的两相交流电，其合成磁场也是沿定子和转子气隙旋转的旋转磁场。

单相异步电动机的运行绕组和起动绕组同时通入相位不同的交流电流时，一般产生椭圆旋转磁动势，这种磁动势可以分解为两个转向相反、转速相同、幅值不等的旋转磁动势。设正转磁动势的幅值为 F_+，大于反转磁动势的幅值 F_-，则 F_+ 单独作用于转子时的机械特性 $T_+=f(s)$ 如图 5-7 中的曲线 1 所示，F_- 单独作用于转子时的机械特性 $T_-=f(s)$ 如图 5-7 中的曲线 2 所示，转子产生的合成转矩 $T = T_+ + T_-$，合成机械特性 $T = f(s)$ 如图 5-7 中的曲线 3 所示。从该机械特性看出：$F_+ > F_-$，以及在椭圆旋转磁动势正转的情况下，$n = 0$ 时，$T_{em} > 0$，电动机有起动转矩，能自行起动，并正向运行。显然，如果 $F_+ < F_-$，即在椭圆旋转磁动势反转的情况下，电动机能够反方向起动，并反方向运行。

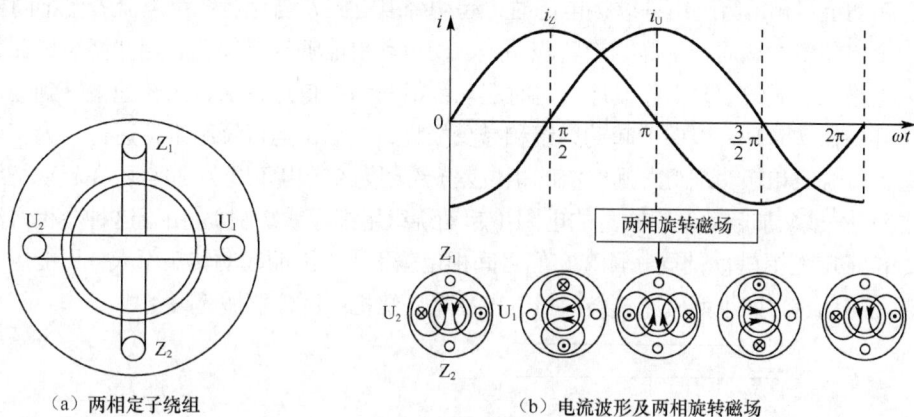

（a）两相定子绕组　　　　　　（b）电流波形及两相旋转磁场

图5-6　两相旋转磁场的产生

如果电动机中产生的是圆形旋转磁动势，则单相异步电动机的机械特性与三相异步电动机情况相同。

以上分析表明，单相异步电动机自行起动的条件是电动机起动时的磁动势是椭圆或圆形旋转磁动势，为此，一般应有起动绕组，并且要使起动绕组与运行绕组中电流的相位不同。

单相异步电动机起动后，可以将其起动绕组断开，也可以不断开。若需断开，可在起动绕组回路串联一个开关，当转速上升到同步转速的 75%～80% 时，使开关自动打开，切除起动绕组电路。此开关可用装在电动机轴上的离心开关，当转速升至一定程度靠离心力打开；也可以用电流继电器的触点作为开关，起动开始电流大，触点吸合，转速上升至一定程度时电流减小，触点打开。

单相异步电动机起动绕组和运行绕组由同一单相电源供电，如何把这两个绕组中的电流的相位分开，即所谓分相是很重要的。单相异步电动机也因分相方法的不同而分为不同的类型。

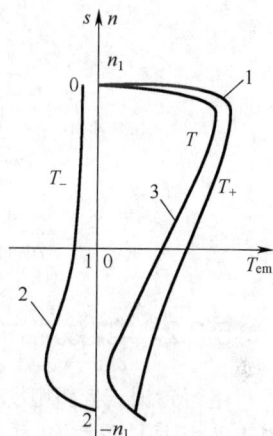

图5-7　椭圆旋转磁动势时的机械特性

? 思考

与三相异步电动机相比，单相异步电动机为什么只用于功率较小的场合？

••• 5.2　单相异步电动机的基本形式 •••

根据起动方法或运行方法的不同，单相异步电动机一般可分为电阻分相式、电容分相式和罩极式，下面分别进行介绍。

5.2.1 电阻分相式单相异步电动机

电阻分相式单相异步电动机的定子铁芯上嵌放有两套绕组，即运行绕组和起动绕组，如图 5-8 所示。设计时起动绕组的匝数较少，导线截面取得较小，与运行绕组相比，其电抗小而电阻大。起动绕组和运行绕组并联接电源时，起动绕组电流 $\dot{I}_2$ 与运行绕组电流 $\dot{I}_1$ 便不同相，$\dot{I}_2$ 超前 $\dot{I}_1$ 一个电角度，从而产生椭圆旋转磁动势，使电动机能够自行起动。起动绕组只在起动过程中接入电路，一般按短时工作设计，这时起动绕组回路串有开关 K，当转速上升到接近稳定转速时，开关自动断开，以保护起动绕组和减少损耗，之后由运行绕组维持运行。为了增加起动时流过运行绕组和起动绕组之间电流的相位差（希望为 90° 电角度），通常可在起动绕组回路中串联电阻 R 或增加起动绕组本身的电阻（起动绕组用细导线绕制）。由于这种分相方法，相量 $\dot{I}_1$ 与 $\dot{I}_2$ 位于电压相量 $\dot{U}$ 的同一侧，它们之间相位差不大，因而起动转矩不大，只能用于空载和轻载起动的场合，如小型机床、鼓风机、电冰箱压缩机、医疗器械等设备中。

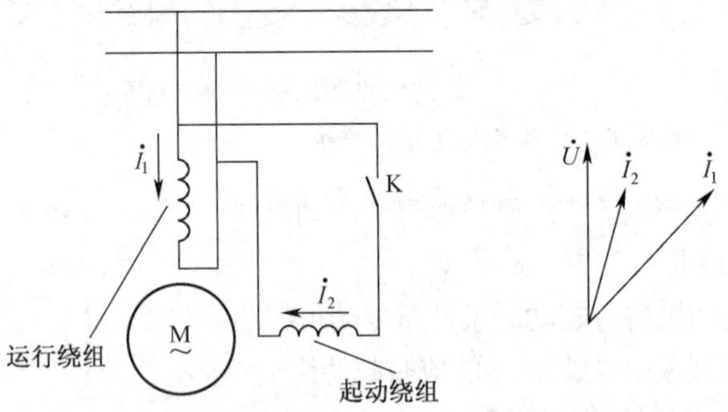

（a）接线原理图　　　　　　　　（b）相量图

图5-8　电阻分相式单相异步电动机原理

微课 5-3：电阻分相式单相异步电动机

5.2.2 电容分相式单相异步电动机

电容分相式异步电动机是在起动绕组回路中串联一个电容器，使起动绕组中的电流 $\dot{I}_2$ 超前于电压 $\dot{U}$，从而与 $\dot{I}_1$ 之间产生较大的相位差，起动性能和运行性能均优于电阻分相电动机。根据性能要求的不同，电容分相式单相异步电动机分为以下 3 种。

微课 5-4：电容分相式单相异步电动机

1. 电容起动单相异步电动机

图 5-9 所示为电容起动单相异步电动机的原理图，其接线图如图 5-9（a）所示，起动绕组串联一个电容器 C 和一个起动开关 K，再与运行绕组并联接单相电源。电容器的大小合适时，起动绕组的电流相位差接近 90° 电角度，相量图如图 5-9（b）所示，这样可使起动时电动机中的磁动势接近于圆形。这种电动机的机械特性如图 5-10 所示，其中曲线 1 为接入起动绕组起动时的机械特性，曲线 2 的实线部分为起动开关断开，起动绕组切除以后的机械特性。

起动绕组是按短时运行方式设计的，如果长期通过电流，会因过热而烧坏。因此，在起动过程中，当电动机的转速达到同步转速的 75%～85% 时，由离心开关 K 把起动绕组从电源断开，电动机便作为单相绕组异步电动机运行。

电容起动单相异步电动机有较大的起动转矩，但起动电流也较大，适用于各种满载起动的机械,如小型空气压缩机,在部分电冰箱压缩机中也使用。

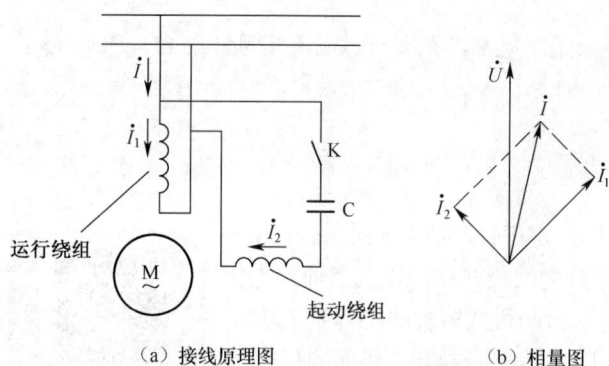

（a）接线原理图　　　　　（b）相量图

图5-9　电容起动单相异步电动机原理

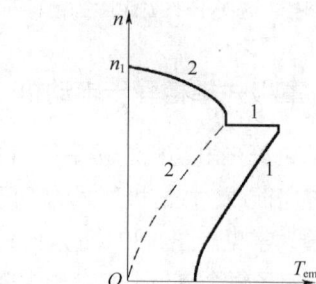

图5-10　电容起动单相异步电动机的机械特性

2. 电容运转单相异步电动机

电容运转单相异步电动机是指起动绕组及电容始终参与工作的电动机,其接线如图5-11所示。与电容起动单相异步电动机相比,电容运转单相异步电动机仅将起动开关去掉,使起动绕组和电容器不仅起动时起作用,运行时也起作用,从而提高电动机的功率因数和效率,所以其运行性能优于电容起动单相异步电动机。

电容运转单相异步电动机起动绕组所串联电容器 C 的电容量,主要是根据运行性能要求而确定的,比根据起动性能要求而确定的电容量要小,因此,其起动性能不如电容起动单相异步电动机好。因为电容运转单相异步电动机不需要起动开关,所以结构比较简单,价格也比较便宜,使用维护方便,只要任意改变起动绕组（或运行绕组）首端和末端与电源的接线,即可改变旋转磁场的转向,从而实现电动机的反转。电容运转单相异步电动机常用于吊扇、台扇、洗衣机、复印机、吸尘器、通风机等。

电容运转单相异步电动机是应用最普遍的单相异步电动机。

3. 电容起动运转单相异步电动机

图5-12所示为电容起动运转单相异步电动机的接线,在起动绕组回路中串入两个并联的电容器 C_1 和 C_2,其中电容器 C_2 串接起动开关 K。起动时,K 闭合,两个电容器同时作用,电容量为两者之和,电动机有良好的起动性能。当转速上升到一定程度,K 自动打开,切除电容器 C_2,电容器 C_1 与起动绕组参与运行,确保良好的运行性能。由此可见,电容起动运转单相异步电动机虽然结构复杂,成本较高,维护工作量稍大,但其起动转矩大,起动电流小,功率因数和效率较高,适用于空调机、水泵、小型空压机、电冰箱等。

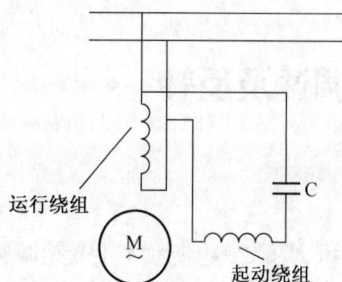

图5-11　电容运转单相异步电动机的接线

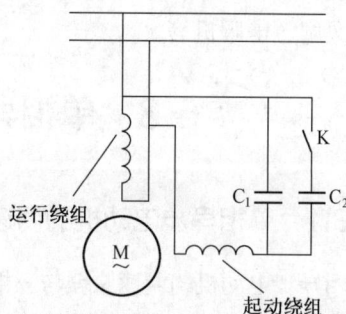

图5-12　电容起动运转单相异步电动机的接线

5.2.3 罩极式单相异步电动机

罩极式单相异步电动机的转子仍为笼形，定子铁芯部分通常由 0.5mm 厚的硅钢片叠压而成，按磁极形式的不同可分为凸极式和隐极式两种，其中凸极式结构最为常见。图 5-13（a）所示为一台凸极式罩极单相异步电动机的结构原理。定子每个磁极上套有集中绕组，作为运行绕组，极面的一边约 1/3 处开有小槽，经小槽放置一个闭合的铜环，称为短路环，因为是把磁极的小部分罩在环中，所以称为罩极电动机。

微课 5-5：罩极式单相异步电动机

定子磁极绕组接通单相交流电源，通入交流电流时，电动机内产生脉振磁动势，有交变磁通穿过磁极。其中大部分为穿过未罩部分的磁通 $\dot\Phi_A$，另有一小部分与 $\dot\Phi_A$ 同相位的磁通 $\dot\Phi_A'$ 穿过被罩部分。当 $\dot\Phi_A'$ 穿过短路环时，短路环内感应电动势 $\dot E_K$ 相位上落后于磁通 $\dot\Phi_A'$，$\dot E_K$ 在短路环内产生电流 $\dot I_K$，$\dot I_K$ 在相位上落后于 $\dot E_K$ 一个不大的电角度，如图 5-13（b）所示。因为电流 $\dot I_K$ 产生磁通 $\dot\Phi_K$ 与 $\dot I_K$ 同相，所以实际穿过被罩部分的磁通 $\dot\Phi_B$ 应为 $\dot\Phi_A'$ 与 $\dot\Phi_K$ 的相量和，短路环内的感应电动势 $\dot E_K$ 应为 $\dot\Phi_B$ 感应产生，其在相位上落后 $\dot\Phi_B$ $90°$ 电角度。由图 5-13（b）可见，磁通 $\dot\Phi_A$ 和 $\dot\Phi_B$ 不但在空间上相差一个电角度，在时间上也不同相位，因而在电动机中形成的合成磁场为椭圆旋转磁场，旋转的方向总是从未罩部分转向被罩部分。电动机在此椭圆旋转磁场作用下，产生起动转矩自行起动，然后主要由运行绕组维持运行。由于磁通 $\dot\Phi_A$ 与 $\dot\Phi_B$ 无论是在空间位置上，还是在时间相位上，相差的电角度都远小于 $90°$，故起动转矩较小，只能空载或轻载起动；而且转向总是由磁极的未罩部分转向被罩部分，不能改变。罩极式单相异步电动机的优点是结构简单、维护方便、价格低廉，适用于小型鼓风机、风扇、电唱机等。

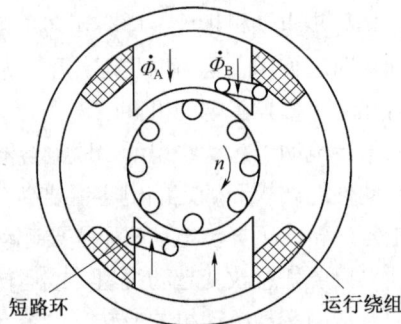

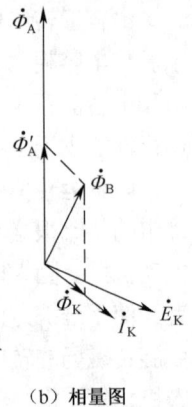

（a）绕组结构原理　　　（b）相量图

图5-13　凸极式罩极单相异步电动机结构原理及相量图

●●● 5.3　单相异步电动机的调速及反转 ●●●

5.3.1　单相异步电动机的调速

单相异步电动机的调速原理与三相异步电动机一样，可以用改变电源频率（变频调速）、改变电源电压（调压调速）、改变绕组的磁极对数（变极调速）等方法。目前，使用最普遍的是改变电源电压调速。调压调速有两个特点：一是电源电压只能从额定电压往下调，因此电动机的转速也只能是从额定转速往低调；二是因为异步电动机的电磁转矩与电源电压的二次方成正比，因此电压降低时，电动机的转矩和转速都下降。所以这种调速方法只适用于转矩随转速下降而下降的负载（称为风机负载），如风扇、鼓风机等。常用的调压调速又分为串电抗器调速、自耦变压器调速、串电容器调速、绕组抽头法调速、晶闸管调压调速、PTC元件（热敏元件）调速等，下面分别进行介绍。

1. 串电抗器调速

将电抗器与电动机定子绕组串联，通电时，在电抗器上产生的电压降施加到电动机定子绕组上的电压低于电源电压，从而达到降低调速的目的。因此，串电抗器调速时，电动机的转速只能由额定转速往低调。图5-14（a）所示为罩极电动机串电抗器调速电路，图5-14（b）所示为电容运转电动机串电抗器调速（带有指示灯）的电路。

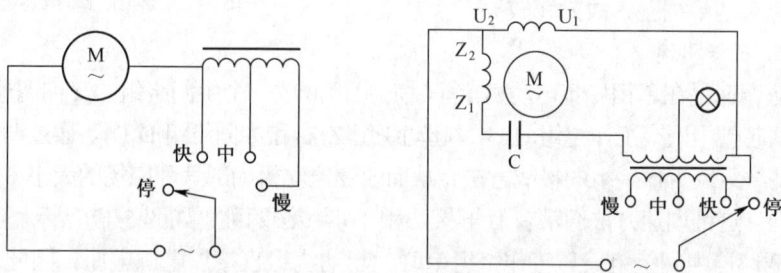

（a）罩极电动机串电抗器调速电路　（b）电容运转电动机串电抗器调速（带指示灯）的电路

图5-14　单相异步电动机串电抗器调速电路

串电抗器调速方法线路简单，操作方便；缺点是电压降低后，电动机的输出转矩和功率明显降低。因此，该方法只适用于转矩及功率都允许随转速降低而降低的场合，目前主要用于吊扇及台扇。

2. 自耦变压器调速

加在单相异步电动机上电压的调节可通过自耦变压器来实现。图5-15（a）所示电路在调速时是使整台电动机降压运行，因此在低速挡时起动性能较差。图5-15（b）所示电路在调速时仅使工作绕组降压运行，因此低速挡起动性能较好，但接线较复杂。

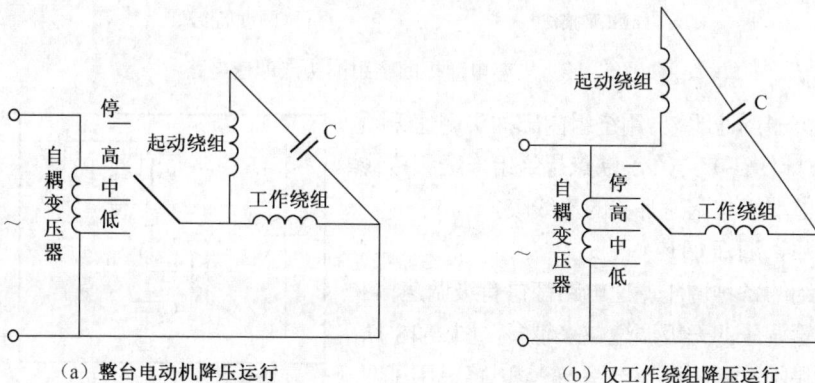

（a）整台电动机降压运行　　　　　　（b）仅工作绕组降压运行

图5-15　自耦变压器调速电路

3. 串电容器调速

将不同容量的电容器串入单相异步电动机电路中，也可调节电动机的转速。由于电容器容抗与电容量成反比，故电容量越大，容抗就越小，则电压降也小，电动机转速就高；反之，电容量越小，容抗就越大，电动机转速就低。图 5-16 所示为风扇的串电容器调速电路，具有 3 挡速度，电阻器 R_1 及 R_2 为泄放电阻，在断电时将电容器中的电能泄放掉。

由于电容器具有两端电压不能突变的特点，因此在电动机起动瞬间，调速电容器两端电压为零，即电动机上的电压为电源电压，因此，电动机起动性能好。因为正常运行时，电容器上无功率损耗，故效率较高。

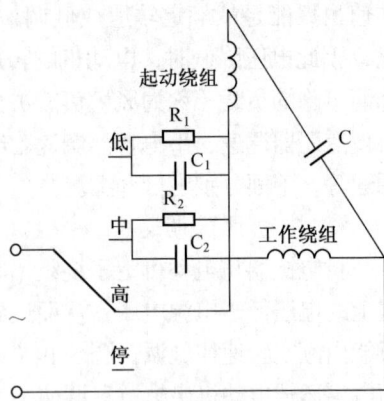

图5-16　风扇的串电容器调速电路

4. 绕组抽头法调速

绕组抽头法调速是在单相异步电动机定子铁芯上再嵌放一个中间绕组（又称调速绕组）。此时电动机定子铁芯槽中嵌有工作绕组 U_1U_2、起动绕组 Z_1Z_2 和中间绕组 D_1D_2。通过调速开关改变中间绕组与起动绕组及工作绕组的接线方法，从而改变电动机内部气隙磁场的大小，达到调节电动机转速的目的。这种调速方法通常有 L 形接法和 T 形接法两种，如图 5-17 所示。其中 L 形接法调速时，在低速挡中间绕组只与工作绕组串联，起动绕组直接加电源电压，因此低速挡时起动性能较好，目前使用较多。T 形接法低速挡起动性能较差，且流过中间绕组中的电流较大。

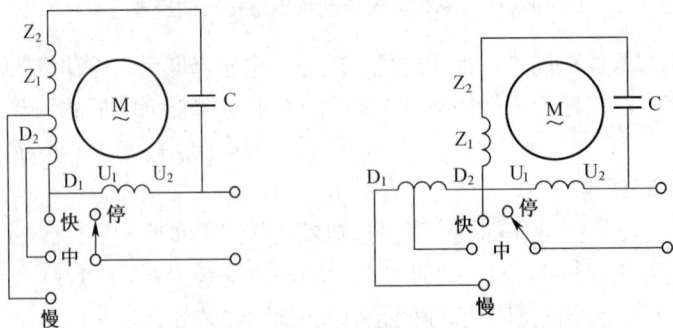

（a）L形接法　　　　　　　　　　　　（b）T形接法

图5-17　电容电动机的绕组抽头法调速电路

与串电抗器调速比较，用绕组内部抽头调速无须电抗器，故材料省，耗电少；缺点是绕组嵌线和接线比较复杂，电动机与调速开关的接线较多。

5. 晶闸管调压调速

前面介绍的各种调压调速电路都是有级调速，目前采用晶闸管调压的无级调速越来越多。图 5-18 所示为吊扇的晶闸管调压调速电路，整个电路只用了双向晶闸管、双向二极管、带电源开关的电位器、电阻器和电容器 5 个元件，电路结构简单，调速效果好。

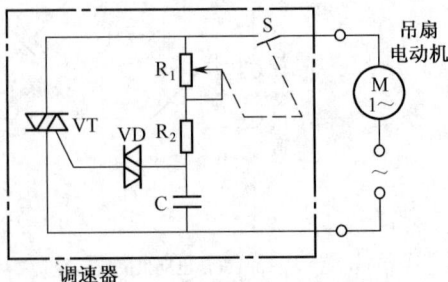

图5-18　吊扇的晶闸管调压调速电路

6. PTC 元件调速

在需要有微风挡的电风扇中，常采用 PTC 元件调速电路。所谓微风，是指电扇转速在 500r/min 以下送出的风，如果采用一般的调速方法，电扇电动机在这样低的转速下往往难以起动，较为简单的方法就是利用 PTC 元件的特性来解决这一问题。图 5-19 所示为 PTC 元件的工作特性，当温度 t 较低时，PTC 元件本身的电阻值很小，当高于一定温度后（图 5-19 中的 A 点以上），即呈高阻状态，这种特性正好满足微风挡的调速要求。图 5-20 所示为风扇微风挡的 PTC 元件调速电路，在风扇起动过程中，电流流过 PTC 元件，电流的热效应使 PTC 元件温度逐步升高，当达到 A 点温度时，PTC 元件的电阻值迅速增大，使风扇电动机上的电压迅速下降，进入微风挡运行。

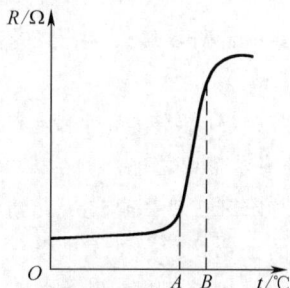

图5-19　PTC元件工作特性

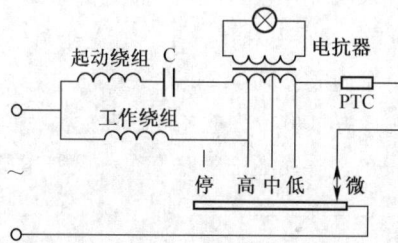

图5-20　风扇微风挡的PTC元件调速电路

5.3.2　单相异步电动机的反转

单相异步电动机的转向与旋转磁场的转向相同，因此要使单相异步电动机反转就必须改变旋转磁场的转向，方法有两种：一种是把工作绕组（或起动绕组）的首端和末端与电源的接线对调，使旋转磁场的方向改变，从而使电动机反转；另一种是把电容器从一组绕组中改接到另一组绕组中（此法只适用于电容运转单相异步电动机），从而改变旋转磁场和转子的转向。

洗衣机电动机是驱动家用洗衣机的动力源。洗衣机主要有滚筒式、搅拌式和波轮式 3 种。目前我国的洗衣机大部分是波轮式，洗衣桶立轴，底部波轮高速转动带动衣服和水流在洗涤桶内旋转，由此使桶内的水形成螺旋涡流，并带动衣物转动，上下翻滚，使衣服与水流和桶壁摩擦，在洗涤剂的作用下使衣服污垢脱落。对洗衣机用电动机的主要要求是出力大、起动好、耗电少、温升低、噪声小、绝缘性能好、成本低等。

微课 5-6：洗衣机电动机正反转的控制

洗衣机的洗涤桶在工作时要求电动机在定时器的控制下正反交替运转，由于其电动机一般均为电容运转单相异步电动机，故一般采用将电容器从一组绕组中改接到另一组绕组中的方法来实现正反转。因为洗衣机在正反转工作时的情况完全一样，所以两相绕组可轮流充当起动、运行绕组，因而在设计时，起动、运行绕组应具有相同的线径、匝数、节距及绕组分布形式。

图 5-21 所示为洗衣机用电容运转电动机的正反转控制电路，当主触点 K 与 a 接触时，流进绕组 I 的电流超前于绕组 II 的电流

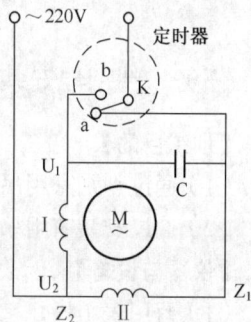

图5-21　洗衣机用电容运转电动机的正反转控制电路

某一角度。假如这时电动机按顺时针方向旋转，那么当 K 切换到 b 点，流进绕组Ⅱ的电流超前绕组Ⅰ的电流一个电角度时，电动机便逆时针旋转。

洗衣机脱水用电动机也是采用电容运转电动机，它的原理和结构与一般单相电容运转电动机相同。由于脱水时一般不需要正反转，故脱水用电动机按一般单相电容运转异步电动机接线，即主绕组直接接电源，起动绕组和移相电容串联后再接入电源。由于脱水用电动机只要求单方向运转，所以运行、起动绕组采用不同的线径和匝数绕制。

技术创新、国际领先

近年来，支持烘干、杀菌功能的设备受到了越来越多消费者的喜爱。当今人们对洗衣机的需求，也已经从"洗得干净"升级为"全面洗护"。2022 年 1 月 10 日，欧睿国际发布的 2021 年全球洗衣机零售数据显示，海尔再次拿下全球洗衣机销量第一的好成绩。这已经是海尔洗衣机第 13 年蝉联全球第一了，它是如何做到的呢？

从海尔的成长历程及海尔战略制定实施过程中我们或许可以找到答案。面对家电市场竞争的白热化，海尔确立了超前的企业发展战略及以创新为核心的海尔企业文化。早在从 1984 年开始的海尔名牌战略阶段，海尔就按照国际化品牌的质量与标准来生产、制造、营销产品，并较早进行国际化经营，同时启动"创造资源、美誉全球"的企业精神和"人单合一、速决速胜"的工作作风。在技术储备方面，海尔要明显强于其他洗衣机竞争对手，为创出中国人自己的世界名牌而持续创新！2021 年 9 月，海尔集团入选 2021 中国 500 强，发明专利数量稳居洗衣机技术发明专利第一位。在持续创新的过程中，海尔不仅赢得了全球消费者的认可，更承担了引领行业发展、推动用户向更好生活方式转变的使命，成为中国高端品质洗护品牌的一面旗帜。

【启示】海尔的经验告诉我们，超前的国际化战略发展定位和打造创新为核心的企业竞争力、发展过程中保持坚韧不拔的奋斗精神，才能保证企业在强者如林的世界中占有一席之地并成为翘楚。同学们在学习过程中也要提前做好职业规划，向着目标持续奋斗，提升专业水平与创新能力，才能在以后的职业岗位中做到游刃有余，成为同行中的佼佼者。同时大学生具有体能、技能和智能优势，也应学习海尔的企业精神和工作作风，做到敢于担当、勇于奋斗，努力做新时代具有责任意识和创新精神的建设者。

任务训练

任务　判别与安装家用吊扇绕组

【训练目的】
（1）通过判别家用吊扇绕组，掌握单相异步电动机运行、起动绕组的判别方法；
（2）通过安装家用吊扇，熟悉单相异步电动机的结构、工作原理和安装接线方法。

【仪器与设备】
（1）万用表 1 只；
（2）吊扇 1 台；
（3）试电笔 1 只。

【内容与步骤】

1. 判别家用吊扇绕组

家用吊扇电动机一般有 3 根出线和 1 个电容器，3 根线大多用红、蓝、黑 3 种颜色，电容器的 2 根线接在红、蓝线上，然后红线接到开关或调速器再接相线，黑线接中性线，即一般黑色是公共线出线端，红色是运行绕组，蓝色是起动绕组出线端。

如果颜色分辨不出来，可以利用万用表来判别绕组出线端。首先，电动机引出 3 根线说明起动绕组和运行绕组在机内已搭接，那么如何区分起动绕组和运行绕组呢？

把电容器、电源和电路断开，用万用表"×100"挡把 3 个头中每两个之间的阻值测量出来，其中会有一个小的、一个最大的、一个比小的阻值大一点，而最大的阻值应该等于两个小的电阻值之和。找出最大阻值的两根线，剩下的一根线就是公共头，将其接电源。从公共头分别测量另外两根线，阻值最小的那个是运行绕组，接电源和电容；阻值较大的是起动绕组，只接电容。吊扇绕组的判别及接线如图 5-22 所示。

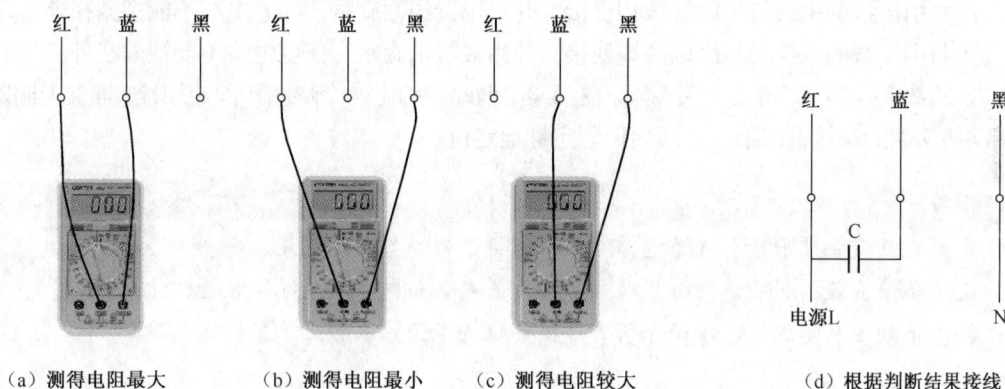

(a) 测得电阻最大   (b) 测得电阻最小   (c) 测得电阻较大   (d) 根据判断结果接线

图5-22　吊扇绕组的判断及接线

2. 安装家用吊扇

（1）机头部件的组装。

① 将装有波球的吊杆（或装有滑轮的吊杆）的 ϕ2.9mm 开口销卸下，取下 ϕ6mm 的 T 形销。

② 将装有波球的吊杆（或装有滑轮的吊杆）穿过天棚罩，注意天棚罩的方向应放置正确。

③ 取出机头放置在柔软物件上，接线盒向下，松开机头上端连接套上的两个 M5 紧固螺栓。

④ 将机头上端的 3 根引出线松开，并拉直后，由吊杆一头穿入，从装有波球的一端穿出，注意天棚罩不要遗漏。

⑤ 用 ϕ6mm 的 T 形销将机头与吊杆连接，在 T 形销带孔一端用 ϕ2.9mm 的开口销锁住，并将开口销一端弯曲使其 T 形销无法脱落。用 M5 螺栓锁紧吊杆，使吊杆垂直紧固安装在机头上，不产生晃动，这样机头部位的组装就完成了。

（2）叶片及叶叉的组装。

① 打开叶片包装，检查叶片是否有损坏（表面无划伤）变形（1～2mm 属于正常），选择叶片颜色，确定叶片安装面。

② 打开叶叉包装，检查表面是否有损坏（表面无划伤）。

③ 用零件包中的 M5 螺栓和 ϕ5mm 纸质垫圈将叶叉固定在叶片上。在组装过程中注意叶叉和叶片要轻装轻放，螺栓锁紧。如果同时安装多台吊扇，请不要将叶片和叶叉搞混，因为每台

吊扇的叶叉和叶片都是经过严格分组称重的，不能互换，否则会使吊扇晃动。

④ 卸下电动机部件、电动机端面上的叶叉螺栓和弹簧垫圈。

⑤ 用叶叉螺栓和弹簧垫圈将叶叉安装在电动机端面并锁紧螺栓，叶叉与电动机端面应紧密固定无间隙。

（3）吊架及吊钩安装。

① 进行整机吊装。在吊装前请仔细检查选定的安装位置是否牢固。请注意吊扇叶片应与地面相距至少 2.23m。

② 吊装方式一般有两种，即波球吊架式和传统吊钩式。

（4）接电源线。

① 在接通吊扇电源前，先检查天花板引出的中性线和相线。

② 切断天花板引出线电源，用试电笔确定是否已断电。

③ 剥去引出线头绝缘层 10～15mm。

④ 将引出线的相线与吊扇红线相连接，并且用接线帽旋紧，注意电线不能裸露在外。

⑤ 将引出线的中性线与吊扇黑线连接，并用接线帽旋紧，注意电线不能裸露在外。

⑥ 接线完毕后，即可安装天棚罩。在吊架的两端各拧上一个垫圈和固定螺栓，推上天棚罩，并转动将两端的螺栓卡口推入，两面用固定螺栓定位。

⚠ **注意**

（1）在正式安装吊扇和接通电源之前，先将吊扇的各部件组装。

（2）吊扇安装、拆装前，必须将电源关闭并确认与电源供应绝缘之后，方能进行。

（3）吊扇安装完成后，请确保所有连接部位均牢固，以防止吊扇掉落。

【检查与评价】

填写表 5-2 所示的任务训练评价表。

表 5–2 判别与安装家用吊扇绕组任务训练评价表

内容	学生自评	小组互评	教师评价	总结与改进
会根据颜色判断法、万用表测量法正确判别吊扇运行、起动绕组				
能按照正确的流程组装吊扇各部件				
正确连接吊扇电源				
会正确读数				
正确完成试验操作流程				
6S 职业素养				

注 按优秀、良好、中等、合格、差 5 个等级进行评定。

●●● 小结 ●●●

1．单相异步电动机是指利用单相交流电源供电，电动机转速随负载变化而稍有变化的一种交流异步电动机，通常其功率都比较小，主要用于由单相电源供电的场合。

2．根据单相异步电动机起动方法的不同，可分为电容分相式单相异步电动机、电阻分相式单相异步电动机和罩极式单相异步电动机三大类。

3．使用较多的单相异步电动机是电容运转单相异步电动机，它的结构简单，使用维护比较方便，但起动转矩较小，主要用于空载或轻载起动的场合。

4．单相异步电动机采用普通笼形转子，定子上有两相绕组，在空间互差 90° 电角度，一相为主绕组，又称为运行绕组；另一相为副绕组，又称为起动绕组。

5．由于一相绕组单独通入交流电流时，产生的磁动势为脉振磁动势，因此单相异步电动机本身没有起动转矩，不能自行起动。两相绕组同时通入相位不同的交流电流时，在电动机中产生的磁动势一般为椭圆旋转磁动势，特殊情况下可为圆形旋转磁动势。

6．单相异步电动机本身的结构与三相异步电动机相仿，也由定子和转子两大部分组成。但由于其功率一般较小，故而结构也较简单。

7．单相异步电动机的调速方法也与三相异步电动机一样，有变频调速、调压调速和变极调速 3 种。由于电动机功率小，目前用调压调速较多，常用的调压调速有串电抗器调速和晶闸管调速。

▶▶▶ 思考题与习题 ◀◀◀

1．单相异步电动机与三相异步电动机相比有哪些主要的不同之处？

2．什么叫脉动磁场？脉动磁场是怎样产生的？

3．简述单相异步电动机的主要结构。

4．单相异步电动机按其起动及运行方式的不同可分为哪几类？

5．单相异步电动机的调速方法有哪几种？目前使用较多的是哪一种？

6．简述串联电抗器调速的原理及方法。

7．单相异步电动机的旋转方向如何改变？

8．比较电阻起动单相异步电动机和电容起动单相异步电动机的不同之处。

9．常用的台扇可用哪几种调速方法？

10．电容起动单相异步电动机能否作为电容运转单相异步电动机使用？反过来，电容运转单相异步电动机能否作为电容起动单相异步电动机使用？为什么？

11．一台吊扇采用电容运转单相异步电动机，通电后无法起动，而用手拨动风叶后即能运转，这是什么原因造成的？

12．简述罩极式单相异步电动机的主要优缺点及使用场合。

••• 学习导引 •••

学习目标

[知识目标]

1. 掌握伺服电动机、测速发电机、步进电动机、直线电动机、微型同步电动机等常用特种电机的结构和分类。

2. 掌握几种常用特种电机的工作原理和工作特性。

3. 了解伺服系统和步进控制系统的组成。

4. 熟悉各特种电机在生产领域中的应用。

[能力目标]

1. 具备拆装与简单修理常用特种电机的能力。

2. 能完成交流伺服电动机的机械特性和调节特性的试验。

3. 具备简单计算特种电机各运行参数的能力。

[素质目标]

1. 坚定信念、锲而不舍的探索精神。

2. 克服困难的毅力和积极进取的人生态度。

3. 勇于担当、甘于奉献的情怀。

内容导入

自动控制系统中一般用特种电机作为执行元件，即特种电机在控制电压的作用下驱动被控对象工作。它通常作为随动系统、遥测和遥控系统及各种增量运动控制系统的主传动元件。

图 6-1 所示为数控机床伺服系统。它是以机床移动部件的机械位移和速度为直接控制目标的自动控制系统，也称位置、速度随动系统，它接收来自插补器的步进脉冲，经过变换放大后转化为机床工作台的位移和速度。高性能的数控机床伺服系统还由检测元件反馈实际的输出位置和速度的状态，并由位置和速度调节器构成闭环控制。

除此以外，特种电机在雷达的扫描跟踪、船舶方位控制、飞机自动驾驶、轧钢控制、工业机器人控制、遥测遥控、自动化仪表等自动控制系统中得到广泛应用。

特种电机通常是指结构、性能、用途或原理等与常规电机不同，且体积和输出功率较小的微型电机或特种精密电机，一般其外径不大于 130mm，分为驱动用特种电机和控制用特种电机两大类。不同的特种电机有什么结构特点，工作原理与工作特性与普通直流电机和交流电机又有什么不同，自动控制系统或精密控制系统为什么要采用特种电机作为驱动电机或测量及执行元件使用，这是本模块要学习的内容。

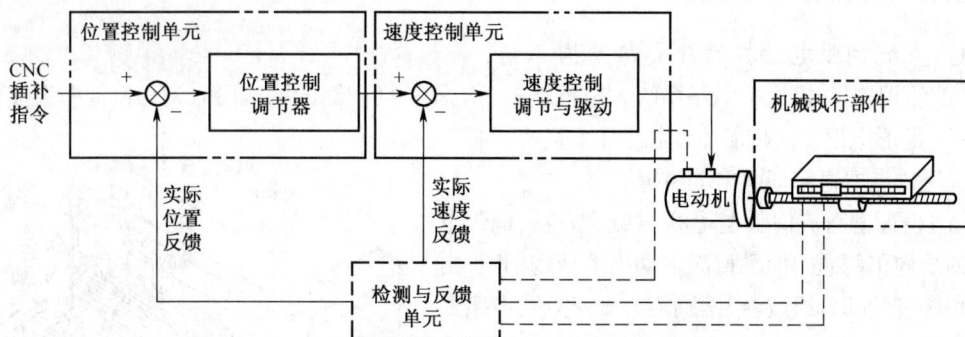

图6-1 数控机床伺服系统

学习导图

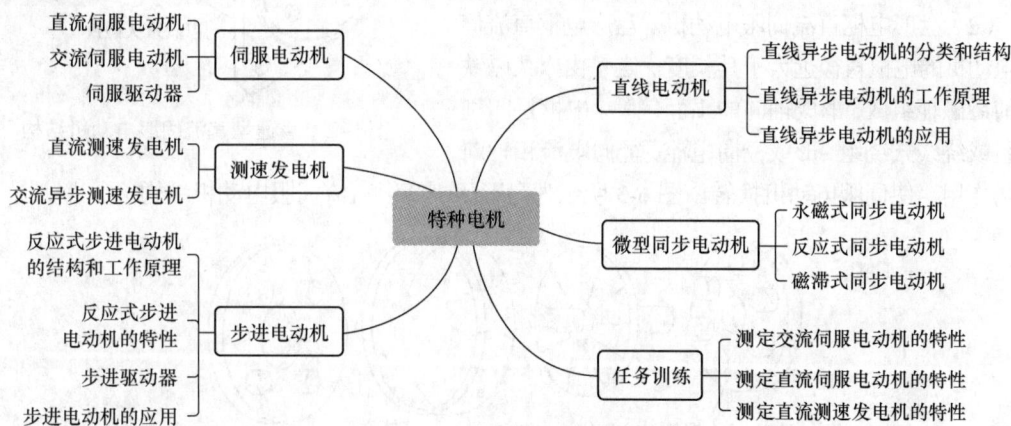

••• 6.1 伺服电动机 •••

伺服电动机又称执行电动机，在自动控制系统中用作执行元件。伺服电动机可以把输入的电压信号变换为电动机轴上的角位移、角速度等机械信号输出。改变控制信号的极性和大小，便可改变伺服电动机的转向和转速。

自动控制系统对伺服电动机的性能要求如下。

（1）无自转现象。在控制信号到来之前，伺服电动机转子静止不动；在控制信号来到之后，转子迅速转动；当控制信号消失时，伺服电动机转子应立即停止转动。控制信号为零时，电动机继续转动的现象称为自转现象，消除自转是自动控制系统正常工作的必要条件。

（2）空载始动电压低。电动机空载时，转子不论什么位置，从静止状态开始起动至连续运转的最小控制电压称为始动电压。始动电压越小，表示电动机的灵敏度越高。

（3）机械特性和调节特性的线性度好，能在宽广的范围内平滑稳定地调速。

（4）快速响应性好。即机电时间常数小，因而伺服电动机都要求转动惯量小。

伺服电动机根据控制电压可分为直流伺服电动机和交流伺服电动机两大类。

6.1.1 直流伺服电动机

1. 直流伺服电动机的分类与结构

直流伺服电动机根据磁路系统、电枢结构、电刷和换向器的结构可分为：普通型直流伺服电动机、盘形电枢直流伺服电动机、杯形直流伺服电动机、无槽电枢直流伺服电动机等。

（1）普通型直流伺服电动机。普通型直流伺服电动机的结构和普通的他励直流电动机的结构相同，由定子和转子两部分组成。根据励磁方式又分为电磁式和永磁式，一般为永磁式。为提高控制精度和响应速度，伺服电动机的电枢铁芯长度与直径之比比普通电机大，气隙也小。图6-2所示为普通型直流伺服电动机结构。

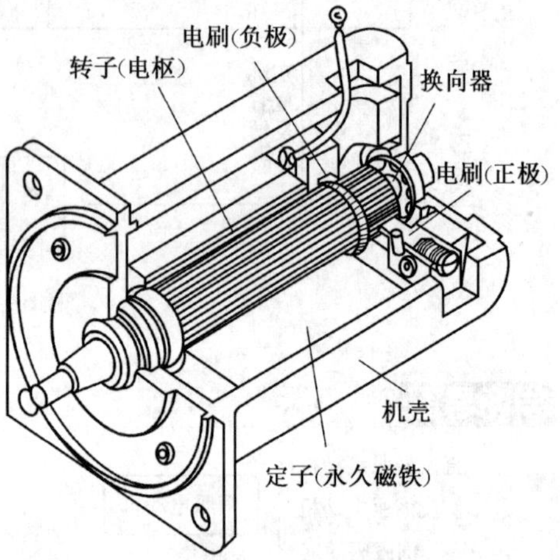

图6-2 普通型直流伺服电动机结构

（2）盘形电枢直流伺服电动机。盘形电枢直流伺服电动机的电枢直径远大于其长度。定子由永久磁铁和前后磁轭组成，形成轴向的平面气隙。电枢是印刷绕组或绕线式绕组，形成径向电流，径向电流和轴向磁场作用，使伺服电动机换转。图6-3所示为盘形印刷绕组直流伺服电动机结构。

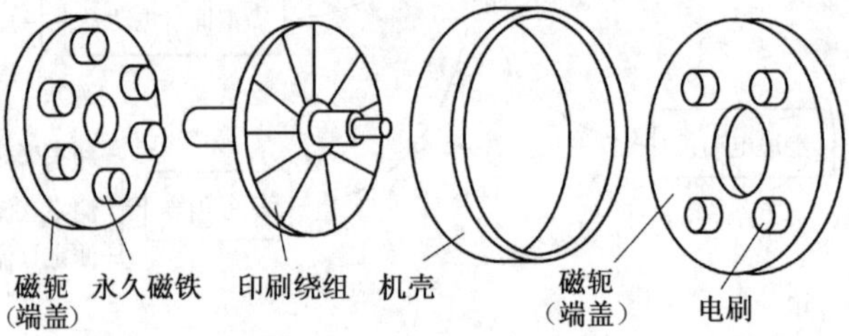

图6-3 盘形印刷绕组直流伺服电动机结构

盘形电枢直流伺服电动机的特点是：结构简单，起动转矩大，力矩波动小，转向性能好，电枢转动惯量小，反应快。它主要应用在低速、起动频繁、要求薄型安装的场合，如数控车床、机器人等。

（3）杯形直流伺服电动机。杯形电枢直流伺服电动机的结构如图6-4所示。空心杯形转子可以由事先成形的单个线圈，沿圆柱面排列成杯形，或直接用绕线机绕制成杯形，再用环氧树脂固化成形。它有内、外定子，外定子用永久磁钢，内定子起磁轭作用。

杯形直流伺服电动机的特点是：低惯量，灵敏度高，耗能低，力矩波动小，换向性能好等。它多应用在高精度的自动控制系统及测量设备中，如摄像机、录音机、X-Y函数记录仪等。

（4）无槽电枢直流伺服电动机。无槽电枢直流伺服电动机的结构如图6-5所示。其结构和普通电动机的结构基本没有差别，仅仅是电枢铁芯是光滑、无槽的圆锥体。电枢的制造是将敷设在光滑铁芯表面的绕组用环氧树脂固化成形黏接在铁芯上。它主要应用在动作速度快、功率大的场合，如数控机床、雷达天线的驱动等。

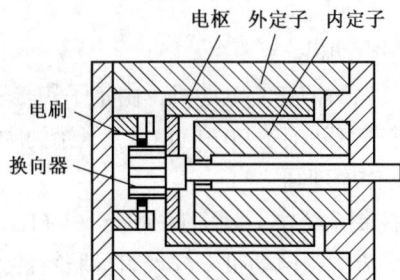

图6-4 杯形直流伺服电动机结构

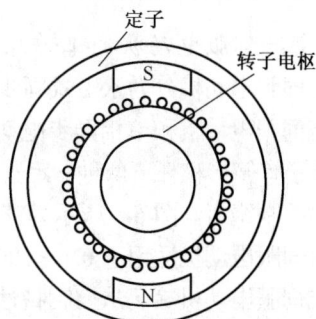

图6-5 无槽电枢直流伺服电动机结构

2. 直流伺服电动机的运行特性

直流伺服电动机的转速关系式为

$$n=\frac{U}{C_{e}\Phi}-\frac{R_{a}}{C_{e}C_{T}\Phi^{2}}T_{em}=\frac{U}{k_{e}}-\frac{R_{a}}{k_{e}k_{T}}T_{em}=\frac{U}{k_{e}}-kT_{em} \tag{6-1}$$

式中：$k_{e}=C_{e}\Phi$；$k_{T}=C_{T}\Phi$；$-k=-\dfrac{R_{a}}{k_{e}k_{T}}$。

根据式（6-1）可以得出直流伺服电动机的机械特性和调节特性。

（1）机械特性。机械特性是指在控制电压保持不变的情况下，直流伺服电动机的转速 n 随转矩变化的关系。给定不同的电枢电压（控制电压加在电枢绕组上），得到的直流伺服电动机的机械特性如图 6-6 所示。

从机械特性上看，不同电枢电压下的机械特性曲线为一组平行线，其斜率为$-k$。从图 6-6 中还可以看出，当控制电压一定时，不同的负载转矩对应不同的机械转速。

（2）调节特性。调节特性是指负载转矩恒定时，电动机转速与电枢电压的关系。直流伺服电动机的调节特性如图 6-7 所示。

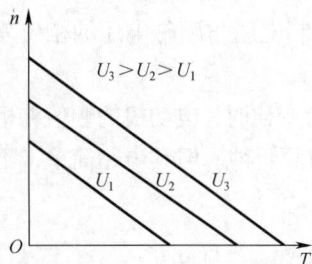

图6-6 电枢控制的直流伺服电动机的机械特性

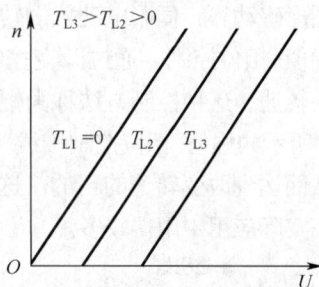

图6-7 直流伺服电动机的调节特性

当转矩一定时，转速与电压的关系也为一组平行线，其斜率为 $1/k_{e}$。当转速为零时，对应不同的负载转矩可得到不同的起动电压 U。当电枢电压小于起动电压时，伺服电动机将不能起动。

❓ 思考

直流伺服电动机在不带负载时，其调节特性有无死区？若有，为什么？调节特性死区的大小与哪些因素有关？

6.1.2 交流伺服电动机

1. 交流伺服电动机的工作原理

交流伺服电动机分为永磁式同步和异步交流伺服电动机。

交流伺服电动机和单相异步电动机的结构相似，为两相交流电动机，由定子和转子两部分组成。转子有笼形和杯形两种。定子为两相绕组，并在空间相差 90° 电角度，一个为励磁绕组，另一个为控制绕组。图 6-8 所示为交流伺服电动机工作原理图。

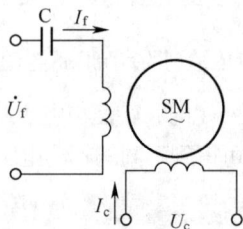

交流伺服电动机适用于 0.1～100W 小功率自动控制系统中，频率有 50Hz、400Hz 等多种。

交流伺服电动机除了从控制特性上要求必须像直流伺服电动机一样具有伺服特性外，还要解决自转现象。

自转现象就是当励磁电压不为零，控制电压突然切去为零时，伺服电动机相当于一台单相异步电动机，若转子电阻较小，阻转矩小于单相运行时的最大转矩，则电动机仍然旋转。这样就产生了自转现象，造成失控。避免自转现象的方法是增大转子电阻值，因此具有较大的转子电阻和下垂的机械特性是交流伺服电动机的主要特点。

2. 交流伺服电动机的控制方式

交流伺服电动机的控制方式有 3 种：幅值控制、相位控制和幅值-相位控制。

（1）幅值控制。控制电压和励磁电压保持相位差 90°，只改变控制电压幅值来实现对伺服电动机的控制，这种控制方法称为幅值控制。

微课 6-1：自转现象及消除

当励磁电压为额定电压、控制电压为零时，伺服电动机的转速为零，电动机不转；当励磁电压为额定电压，控制电压也为额定电压时，转速最大，转矩也最大。所以控制电压从零到额定电压，伺服电动机的转速也从零到最大。其工作原理如图 6-8 所示。

（2）相位控制。控制电压和励磁电压幅值均为额定值，通过改变控制电压和励磁电压相位差，实现对伺服电动机的控制，这种控制方法称为相位控制。

固定励磁不变，改变控制电压的相位从 0° 到 90°，旋转磁场由脉振磁动势变为椭圆磁动势，最后变为圆形磁动势，伺服电动机的转速也从零到最大转速，转矩也最大。

（3）幅值-相位控制。通过改变控制电压的幅值及控制电压与励磁电压的相位差来控制伺服电动机的转速，这种控制方法称为幅值-相位控制。

图 6-9 所示为幅值-相位控制接线。当控制电压的幅值变化时，电动机的幅值和相位差都发生变化，从而达到改变转速的目的。这种控制特性不如前面两种，但其电路简单，不需要移相器，因此在实际应用中用得较多。

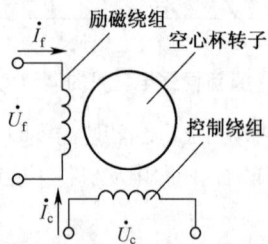

图6-8　交流伺服电动机工作原理

图6-9　幅值-相位控制接线

6.1.3 伺服驱动器

从伺服驱动产品当前的应用来看，直流伺服产品正逐渐减少，交流伺服产品则日渐增加，市场占有率逐步扩大。在实际应用中，精度更高、速度更快、使用更方便的交流伺服产品已经成为主流产品。伺服驱动器又称为伺服放大器，属于伺服系统的一部分。AC（自动控制交流）伺服器类似于变频器作用于普通交流电动机，将工频交流电源转换成幅度和频率均可调的交流电源供给伺服电动机。伺服驱动器一般通过位置、速度和力矩 3 种方式对伺服电动机进行控制，实现高精度的传动系统定位。

（1）位置控制。位置控制是伺服中最常用的控制方式。因为位置控制模式一般通过外部输入的脉冲频率来确定转动速度的大小，通过脉冲的个数来确定转动的角度，所以一般应用于定位装置。

（2）速度控制。通过控制驱动器输出频率来对电动机进行调速，因此可通过模拟量的输入或脉冲的频率实现对转动速度的控制。当使用模拟量输入时，无须脉冲输入信号也可工作，故不需控制器，此时伺服驱动器与变频器相似，但伺服驱动器能接收伺服电动机编码器反馈的速度信息，因此不但能调节电动机速度，还能让电动机速度保持稳定。

（3）转矩控制。转矩控制是通过外部模拟量的输入或直接的地址赋值来设定电动机轴对外的输出转矩的大小，主要应用于需要严格控制转矩的场合。此时伺服驱动器不需要脉冲输入也可工作。

1. 伺服驱动器的结构

交流伺服驱动器主要由主电路和控制电路组成，如图 6-10 所示。

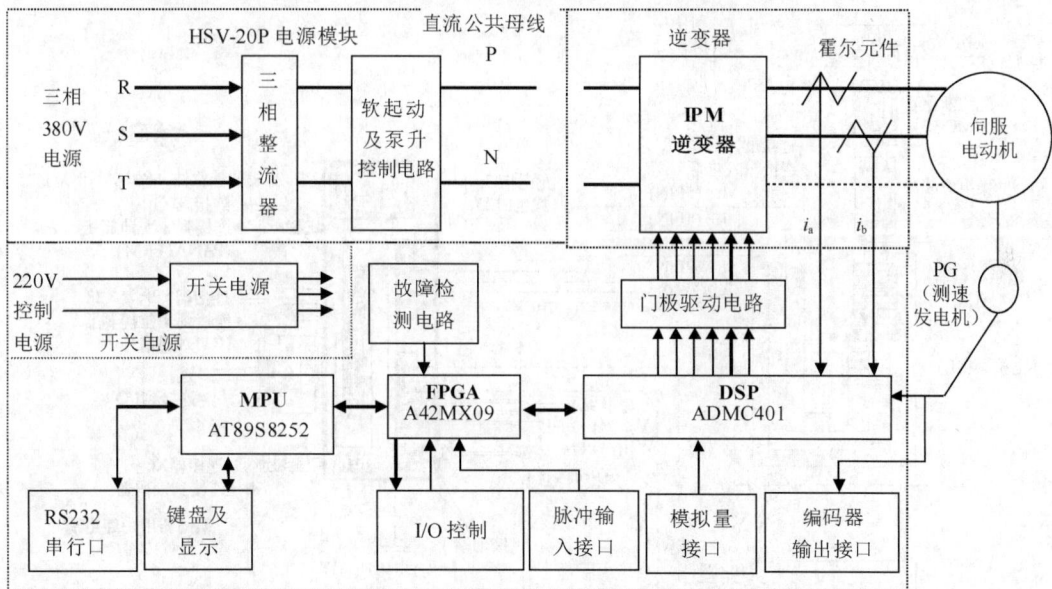

图6-10 交流伺服驱动器结构原理

伺服驱动器的主电路包含整流电路、软起动及泵升控制电路、逆变电路等。控制电路包含故障检测电路、数字信号处理器（DSP）等，并通过接口电路与驱动器的外接端口相连。

常见伺服驱动器的外形如图 6-11 所示。

2. 伺服系统的组成

伺服系统主要由控制器、伺服驱动器、伺服电动机控制对象和位置检测组成。典型伺服系统的组成如图 6-12 所示。

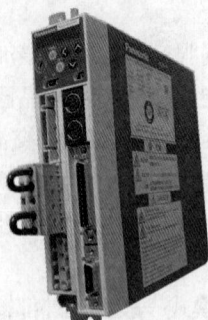

图6-11　交流伺服驱动器外形

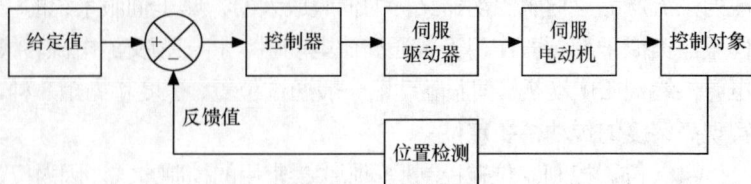

图6-12　伺服系统组成

控制器按照系统的给定值和通过反馈装置检测的实际运行值的差（反馈值），调节控制量。驱动器作为系统的主回路，一方面按控制量的大小将电网中的电能作用到电动机之上，调节电动机转矩的大小，另一方面按电动机的要求把恒压恒频的电网供电转换为电动机所需的交流电或直流电。电动机则按供电大小拖动机械运转。位置检测一般由编码器完成。

3.　伺服驱动器的端子及接线

伺服驱动器外部端子一般由控制电源输入端、电机接线端口、编码器信号端、I/O 控制信号端口、与计算机连接的通信端口等组成。以松下 MINAS A6N 系列 A 型伺服驱动器为例，其外部端子及与外部设备的连接如图 6-13 所示。

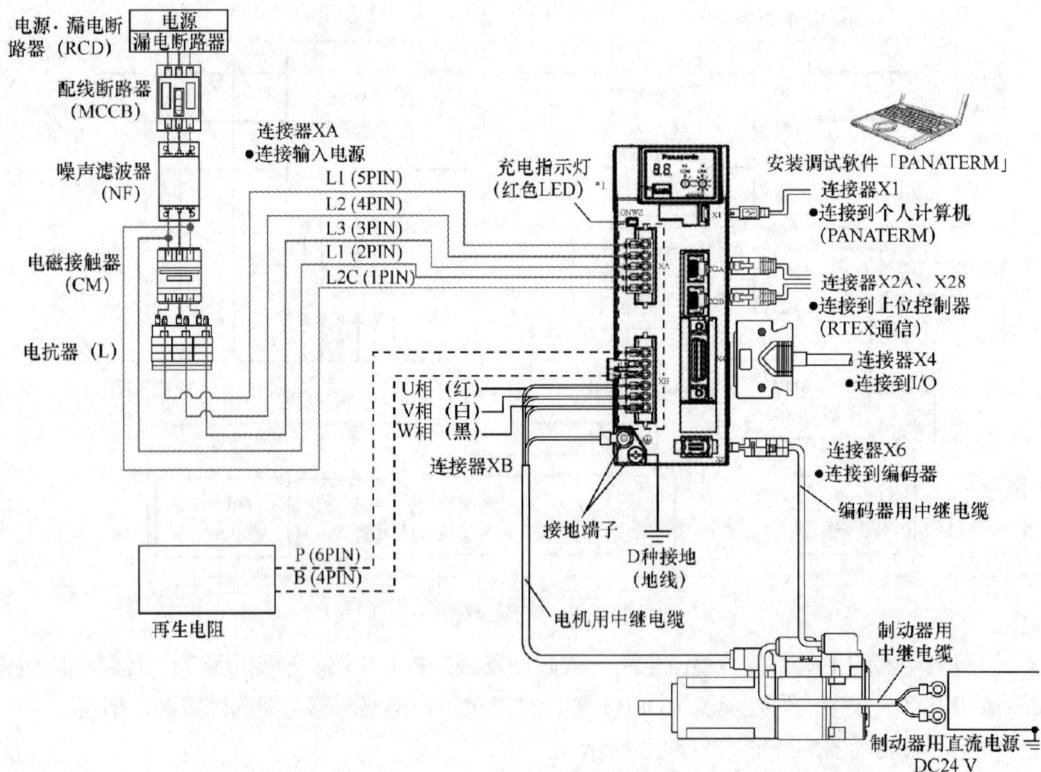

图6-13　松下MINAS A6N系列A型伺服驱动器外部端子及连接

4. 伺服驱动器的显示操作与参数设置

伺服驱动器可以与个人计算机连接后通过调试软件设置参数，也可以在驱动器的面板上设置。面板操作及软件使用请参阅具体型号的使用说明书。

> ### 🎓 中国制造、民族自信
>
> 过去中国伺服系统主要来源于国外进口，近年来，国内交流永磁同步电动机伺服控制系统的研究非常活跃，涌现出了一批国内知名品牌如汇川、华中数控、广州数控、南京埃斯顿等。由广州数控生产的 DA98 全数字式交流伺服驱动装置，由高原数控（烟台）有限公司生产的 GY-2000 系列数字化交流伺服驱动器，在中国的高精度数控伺服驱动行业已经打开局面，打破了外国公司垄断的格局，开创了民族品牌新纪元。
>
> 【启示】自 2010 年以来，中国制造业已连续 11 年位居世界第一，表明中国制造业大国的地位非常稳固。但"大而不强"一直是中国制造业亟待解决的问题，尤其是要解决核心基础零部件及元器件、关键基础软件、关键基础材料、先进基础工艺等基础问题。补短板锻长板，加强基础技术创新，推动中国制造走向中国创造，需要我们新一代青年的共同努力。

●●● 6.2 测速发电机 ●●●

测速发电机在自动控制系统中用于检测或自动调节电动机转速，在随动系统中用来产生电压信号，以提高系统的稳定性和精度，在计算解答装置中作为微分和积分元件。它还可以检测各种机械在有限范围内的摆动或非常缓慢的转速，并可以代替测速计直接测量转速。

测速发电机分为直流测速发电机和交流测速发电机两种。

在实际应用中，对测速发电机主要有以下几个方面的要求。

（1）线性度要好，输出电压要和转速成正比。

（2）转动惯量要小，以保证测速的快速性。

（3）灵敏度要高，即输出特性的斜率要大，较小的转速变化能够引起输出电压变化。

（4）正、反转两个方向的输出特性要一致。

6.2.1 直流测速发电机

直流测速发电机实际上是微型直流发电机，根据励磁方式分为永磁式和电磁式两种。常用的是永磁式测速发电机，因为它结构简单，省去励磁，因此便于使用，并且温度变化对励磁磁通的影响较小，但永磁材料较贵。

1. 直流测速发电机的输出特性

输出电压与转速之间的关系为

$$U_2 = \frac{E_a}{1 + \dfrac{R_a}{R_L}} = K_c n \tag{6-2}$$

$$K_c = \frac{C_e \Phi}{1 + \dfrac{R_a}{R_L}} = \frac{k_e}{1 + \dfrac{R_a}{R_L}}$$

式中 K_c——测速发电机的输出特性斜率。

直流测速发电机的工作特性，即输出电压与转速之间的关系称为输出特性，如图 6-14 所示，图中 R 为负载电阻。

2. 直流测速发电机的误差及减小误差的方法

实际测速发电机的输出电压与转速间并不是严格的正比关系，会产生一些误差。产生误差的原因主要有以下几个方面。

（1）电枢反应。电枢反应使得主磁通随负载的电流变化，特性曲线下弯，如图 6-14 所示的 R_1、R_2 曲线。

图6-14 直流测速发电机的输出特性

解决的办法除了在结构上采取措施外，尽量增加负载电阻，减小负载电流对电枢反应的影响，还可以提高测速发电机的灵敏度，即增大斜率。

（2）电刷接触电阻。电刷和换向器之间存在接触电阻，将会分得一部分电压，从而使输出电压处出现死区，并且接触电阻的变化与转速的变化呈现非线性关系。

（3）纹波影响。由于换向片的数量有限，实际输出电压是一个脉动的电流，对高精度系统影响很大。为消除影响可采用滤波电路。

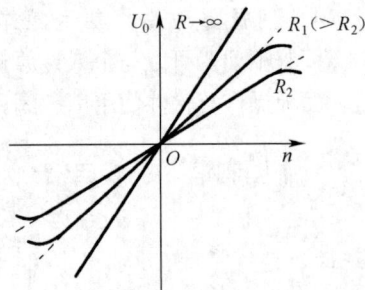

6.2.2 交流异步测速发电机

交流测速发电机分为同步和异步两类。同步测速发电机就是永磁转子的单相同步发电机，由于输出的频率随转速变化，故应用很少；应用最广泛的是异步测速发电机。

1. 结构与原理

异步测速发电机在结构上与交流伺服电动机相似，它的定子上也有两个空间上互差 90° 电角度的绕组。其中一个是励磁绕组，另一个用来输出电压，称为输出绕组。

异步测速发电机转子有笼形和空心杯形两种。前者的转动惯量大、性能差，后者用得最广泛。空心杯形转子异步测速发电机的基本结构与空心杯形交流伺服电动机相同。转子是空心杯形，用电阻率较大、厚为 0.2～0.3mm 的铝或铜制成，属非磁性材料。其定子有内、外定子之分。小容量测速发电机的励磁绕组和输出绕组都装在外定子槽中，而容量较大的测速发电机则分装在内、外定子中。内定子由硅钢片叠成，目的是减小涡流损耗。交流异步测速发电机的结构简单，工作可靠，与直流测速发电机相比是目前较为理想的测速元件，应用较广。

交流测速发电机工作原理如图 6-15 所示。异步测速发电机的空心杯形转子可以看成是由很多导体并联而成的。定子励磁绕组加大小不变的交流励磁电压 U_1 后，励磁电流在励磁绕组的轴线方向上产生了随时间按正弦规律变化的脉振磁通 Φ_1。当转子静止不动时，异步测速发电机类似于一台变压器，励磁绕组相当于变压器的一次绕组，转子导体相当于变压器的二次绕组。由于磁通的方向与输出

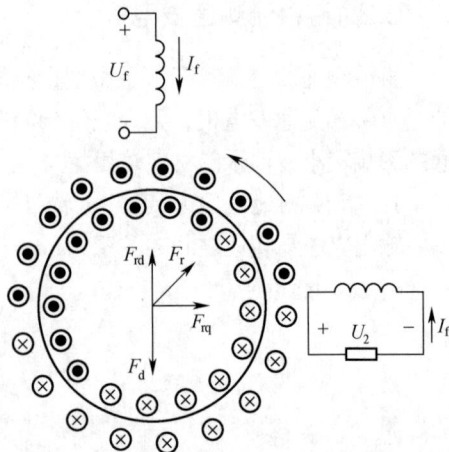

微课 6-2：交流测速发电机的工作原理

图6-15 交流测速发电机的工作原理

绕组的轴线垂直，所以不会在输出绕组中产生感应电动势，当转子不动时，输出绕组的输出电压 U_2 等于零。当转子旋转时，转子导体因切割磁通而产生感应电流，转子电流又产生磁通 Φ_2，此磁通在空间上是固定的，与输出绕组轴线相重合。Φ_2 在时间上是按正弦规律变化的，因此，在输出绕组中感应出频率相同的输出电压 U_2。杯形转子中感应电流的大小与转子的转速成正比，因此，输出电压与转子的转速成正比。转子反转时，输出电压的相位也相反。只要用一个电压表，就可测出速度大小及方向。

思考

在分析交流测速发电机的工作原理时，哪些与直流电机的情况相同？哪些与变压器相同？分析它们之间的相似之处和不同点。

2. 工作特性

交流测速发电机的工作特性是输出特性，包括输出幅值特性和输出相位特性。控制系统不仅要求交流测速发电机输出电压的大小与转速成正比，而且希望输出电压与励磁电压的相位相同。在一定的励磁电压下，交流测速发电机输出电压的幅值有效值与转速的关系称为输出幅值特性，即 $U_0 = f(n)$；输出电压与励磁电压的相位差 φ（输出相位）与转速的关系称为输出相位特性，即 $\varphi = f'(n)$。在理想情况下，输出幅值特性是一条通过原点的直线，输出相位特性是一条与横轴几乎重合的直线，如图 6-16 所示。

（1）$n = 0$ 时测速发电机不转。当转速 $n = 0$ 时，转子中的电动势为变压器性质电动势，该电动势产生的转子磁动势性质和励磁磁动势相同，均为直轴磁动势；输出绕组由于与励磁绕组在空间位置上相差 $90°$ 电角度，因此不产生感应电动势，输出电压 $U_2 = 0$。

（2）$n \neq 0$ 时测速发电机旋转。测速发电机旋转产生切割电动势 E_r，大小为

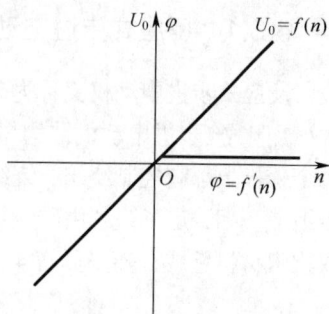

图6-16 交流测速发电机的输出特性

$$E_r = C_r \Phi_d n \qquad (6\text{-}3)$$

式中　C_r——转子电动势常数；

　　　Φ_d——脉振磁通幅值。

转子中感应电动势在杯形转子中产生短路电流 I_K，考虑转子漏抗的影响，转子电流要滞后转子感应电动势一定的电角度。短路电流 I_K 产生脉振磁动势 F_r，可分解为直轴磁动势 F_{rd} 和交轴磁动势 F_{rq}，直轴磁动势将影响励磁磁动势并使励磁电流发生变化，交轴磁动势 F_{rq} 产生交轴磁通 Φ_d。交轴磁通与输出绕组交链感应出频率与励磁频率相同、幅值与交轴磁通 Φ_q 成正比的感应电动势 E_2。

由于 $\Phi_q \propto F_{rq} \propto F_r \propto E_r \propto n$，所以 $E_2 \propto \Phi_q \propto n$，即输出绕组的感应电动势的幅值正比于测速发电机的转速，而频率与转速无关，为励磁电源的频率。

3. 异步测速发电机的误差

异步测速发电机的误差主要包括幅值及相位误差和剩余电压误差。

（1）幅值及相位误差。产生原因：励磁绕组存在漏电感，产生线性误差。

减小该误差的方法：增大转子电阻和在励磁绕组中接入适当的电容加以补偿。

（2）剩余电压误差。产生原因：加工、装配过程中存在机械上的不对称及定子磁性材料性能的不一致，使得测速发电机转速为零时，实际输出电压并不为零，此时的电压称为剩余电压，剩余电压引起的误差称为剩余电压误差。

减小剩余电压误差的方法：绕组采用 4 极，选择高质量的各方向特性一致的磁性材料，在机加工和装配过程中提高机械精度以及装配补偿绕组。

••• 6.3　步进电动机 •••

步进电动机是一种将电脉冲信号转换成相应角位移或线位移的电动机。每输入一个脉冲信号，转子就转动一个角度或前进一步，输出的角位移或线位移与输入的脉冲数成正比，转速与脉冲频率成正比。

步进电动机可以分为反应式、永磁式和感应式。反应式步进电动机的结构比较简单，在计算机应用系统中应用最为广泛。本节以反应式步进电动机为例，介绍步进电动机的原理及结构。

6.3.1　反应式步进电动机的结构和工作原理

反应式步进电动机又称为磁阻式步进电动机。图 6-17 所示为三相反应式（磁阻式）步进电动机结构与工作原理。定子上装有 6 个均匀分布的磁极，每个磁极上都有控制绕组，绕组接成三相星形接法，其中，每两个相对的磁极组成一相，定子铁芯由硅钢片叠成。转子上没有绕组，转子铁芯由硅钢片或软磁材料叠成，转子具有 4 个均匀分布的齿。

微课 6-3：反应式步进电动机的工作原理

（a）A 相通电情况	（b）B 相通电情况	（c）C 相通电情况

图6-17　三相反应式步进电动机结构与工作原理

当 A 相绕组通入电脉冲时，气隙中产生一个沿 A—A'轴线方向的磁场，由于磁通总是力图经过磁阻最小的路径形成闭合回路，所以将使转子铁芯齿 1 和齿 3 与轴线 A—A'对齐，如图 6-17（a）所示。此时，转子只受沿 A—A'轴线上的拉力作用而具有自锁能力。如果将通入的电脉冲从 A 相换到 B 相绕组，则由于同样的原因，转子铁芯齿 2 和齿 4 将与轴线 B—B'对齐，即转子逆时针转过 30° 角，如图 6-17（b）所示。当 C 相绕组通电而 B 相绕组断电时，转子铁芯齿 1 和齿 3 又转到与 C—C'轴线对齐，转子逆时针转过 30° 角。如定子三相绕组按 A—B—C—A 的顺序通电，则转子就沿逆时针方向一步一步地转动，每一步转过 30° 角。每一步转过的角度称为步距角 θ_{se}。从一相通电换接到另一相通电称作一拍，每一拍转子转过一个步距角。如果通电顺序改为 A—C—B—A，则步进电动机将反方向按顺时针一步一步地转动。

步进电动机的转速取决于脉冲频率，频率越高，转速越高，转动方向取决于相序。按照上述的通电方式，由于每次只有一相控制绕组通电，因此称为三相单三拍控制方式。除此控制方式外，还有三相单双六拍控制方式和三相双三拍控制方式。在三相单双六拍控制方式中，控制绕组的通电顺序为 A—AB—B—BC—C—CA—A（转子逆时针旋转）或 A—AC—C—CB—B—BA—A（转子顺时针旋转），步距角为 15°。在三相双三拍控制方式中，控制绕组的通电顺序为 AB—BC—CA—AB 或 AC—CB—BA—AC，步距角为 30°。

以上讨论的是最简单的反应式步进电动机的工作原理，这种步进电动机的步距角较大，不能满足实际生产的需要。实际使用的步进电动机，定、转子的齿都比较多，而步距角一般较小。图 6-18 所示为小步距角三相反应式步进电动机的结构。

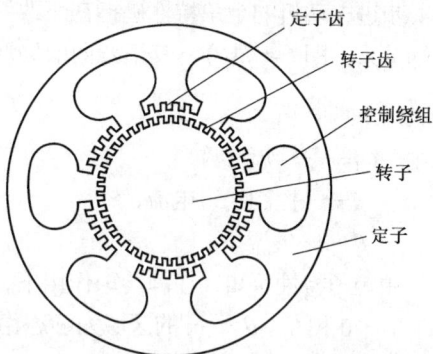

图6-18 小步距角三相反应式步进电动机结构

6.3.2 反应式步进电动机的特性

1. 步进电动机的基本概念

（1）齿距角。转子相邻齿间的夹角称为齿距角。

（2）步距角。步进电动机每改变一次通电状态（一拍）转子转过的角度称为步距角。步距角的计算公式为

$$\theta_{se} = \frac{360}{mZ_R C} \tag{6-4}$$

式中　m——步进电动机的相数；

C——通电状态系数，单拍或双拍工作时 $C=1$，单双拍混合方式工作时 $C=2$；

Z_R——步进电动机转子的齿数。

当输入脉冲数为 N 时，步进电动机转过的角度为

$$\theta = N\theta_{se} \tag{6-5}$$

（3）步进电动机的输出转速为

$$n = \frac{60f}{mZ_R C} \tag{6-6}$$

微课6-4：步距角

式中　f——步进电动机每秒的拍数，称为步进电动机通电脉冲频率。

由式（6-6）可见，步距角是齿距角的 $\frac{1}{mC}$。三相三拍方式下 3 个脉冲转过一个齿距，三相六拍方式下 6 个脉冲转过一个齿距角。由此可见三相六拍运行时的转速是三相三拍运行时的一半，因此一台步进电动机采用不同的供电方式，步距角可有两种不同数值，获得两种速度。

2. 反应式步进电动机的静特性

步进电动机的静特性是指在空载条件下步进电动机的通电状态不变，电动机处于稳定的状

态下所表现的性质，包括矩角特性和最大静转矩。

（1）矩角特性。步进电动机在空载条件下，控制绕组通入直流电流，转子最后处于稳定的平衡位置称为步进电动机的初始平衡位置，此时的电磁转矩为零。步进电动机偏离初始平衡位置的电角度称为失调角。

步进电动机的矩角特性是指在不改变通电状态的条件下，步进电动机的静转矩与失调角之间的关系，即 $T = f(\theta)$，其正方向取失调角增大的方向，T 可通过下式计算

$$T = -C_{\mathrm{T}} I^2 \sin\theta \tag{6-7}$$

式中　C_{T}——转矩常数；

　　　I——控制绕组电流；

　　　θ——失调角。

由矩角特性可知，在静转矩作用下，转子有一个平衡位置。其中 $\theta = 0$ 的点为稳定平衡点；$-\pi < \theta < 0$ 和 $0 < \theta < +\pi$ 的区域为静态稳定区；$\theta = \pm\pi$ 为不稳定平衡点。

（2）最大静转矩。在矩角特性中，静转矩的最大值称为最大静转矩。当 $\theta = \pm\dfrac{\pi}{2}$ 时，T 有最大值 T_{sm}，最大静转矩 $T_{\mathrm{sm}} = C_{\mathrm{T}} I^2$。

3. 反应式步进电动机的动特性

步进电动机的动特性是指步进电动机从一种通电状态转换到另一种通电状态所表现出的性质，包括动稳定区、起动转矩、起动频率及频率特性。

（1）动稳定区。动稳定区是指使步进电动机从一个稳定状态切换到另一稳定状态而不失步的区域。

稳定裕量角越大，步进电动机运行越稳定，当稳定裕量角趋于零时，电动机不能稳定工作。步距角越大，稳定裕量角也就越小。

（2）起动转矩。反应式步进电动机的最大起动转矩与最大静转矩之间有如下关系

$$T_{\mathrm{st}} = T_{\mathrm{sm}} \cos\frac{\pi}{mC} \tag{6-8}$$

当负载转矩大于最大起动转矩时，步进电动机将不能起动。

（3）起动频率。步进电动机的起动频率是指在一定负载条件下，电动机能够不失步地起动的脉冲最高频率。影响最高起动频率的因素如下。

① 起动频率 f_{st} 与步进电动机的步距角 θ_{se} 有关。步距角越小，起动频率越高。

② 步进电动机的最大静态转矩越大，起动频率越高。

③ 转子齿数多，步距角小，起动频率高。

④ 电路时间常数大，起动频率降低。

使用时，要想增大起动频率，可增大起动电流或减小电路的时间常数。

（4）频率特性。频率特性曲线是步进电动机的主要性能指标，是起动速度-力矩曲线。根据步进电动机的工作频率及其对应转动力矩所作的曲线，就是频率特性曲线。频率特性曲线的纵坐标为转动力矩，用 T 表示，横坐标为转动频率。步进电动机的转矩随频率的增大而减小，其频率特性曲线与许多因素有关，包括步进电动机的转子直径、齿槽比、内部的磁路、绕组的绕线方式、定转子间的气隙、控制线路的电压等。其中有些因素使用者是不能改变的，但有些因

素是可以改变的，如控制方式、绕组工作电压、线路时间常数等。

步进电动机的工作频率范围可分成 3 个区间：低频区、共振区和高频区。在这 3 个区间中转子的状态情况有所不同。在使用步进电动机时应使其工作于高频稳定区。

6.3.3 步进驱动器

步进电动机不能直接接到直流或交流电源上工作，必须使用专用的驱动电源，即步进电动机驱动器。步进驱动器实际是一种使步进电动机运转的功率放大器，如图 6-19 所示，它将控制器发来的脉冲信号转化为步进电动机的角位移。

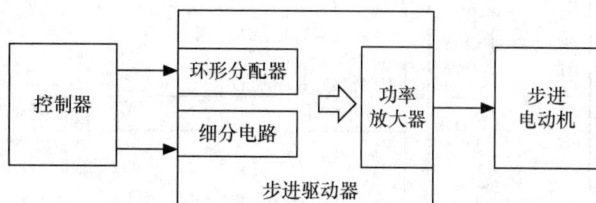

图6-19 步进电动机控制系统的组成

1. 对步进驱动器的基本要求

步进电动机的驱动电源应满足下述要求。

（1）驱动电源的相数、通电方式、电压和电流都应满足步进电动机的控制要求。

（2）驱动电源要满足起动频率和运行频率的要求，能在较宽的频率范围内实现对步进电动机的控制。

（3）能抑制步进电动机振荡。

（4）工作可靠，对工业现场的各种干扰有较强的抑制作用。

2. 步进驱动器的组成

步进电动机的控制电源一般由脉冲信号发生电路、脉冲分配电路、功率放大电路等部分组成。脉冲信号发生电路产生基准频率信号供给脉冲分配电路，脉冲分配电路将控制信号分配到各相，功率放大电路对脉冲分配电路输出的控制信号进行放大，驱动各相绕组，使步进电动机转动。脉冲分配器有多种形式，早期的有环形分配器，现在逐步被单片机取代。功率放大电路对步进电动机的性能有十分重要的作用。

3. 步进驱动器控制方式

步进电动机有恒压、恒流驱动两种控制方式，恒压驱动已近淘汰，目前普遍使用恒流驱动。恒流控制的基本思想是通过控制驱动器主电路中 MOSFET 的导通时间，即调节 MOSFET 触发信号的脉冲宽度，来达到控制输出驱动电压进而控制电动机绕组电流的目的。

4. 步进驱动器接线

步进驱动器必须有脉冲信号输入端和方向信号输入端。步进电动机驱动器输入电路有共阳极接法和共阴极接法。共阳极接法中，驱动器与外部控制信号的接线方法如图 6-20 所示，共阴极接法则如图 6-21 所示。SC2340M 驱动器

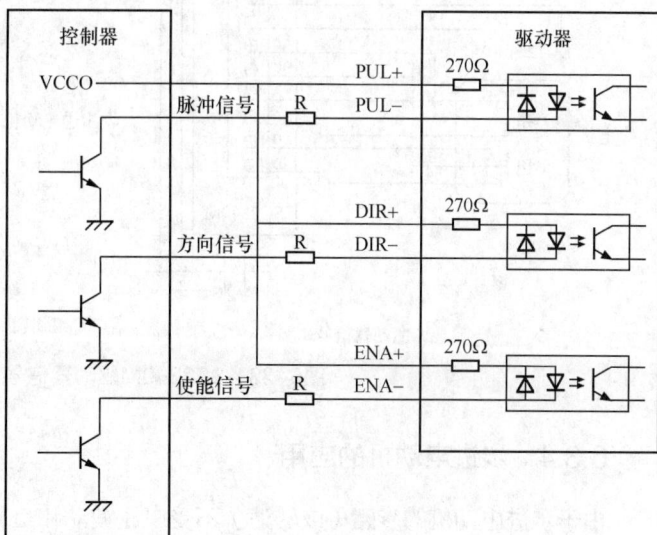

图6-20 共阳极接法

的外形如图 6-22 所示，其信号与接线如图 6-23 所示。

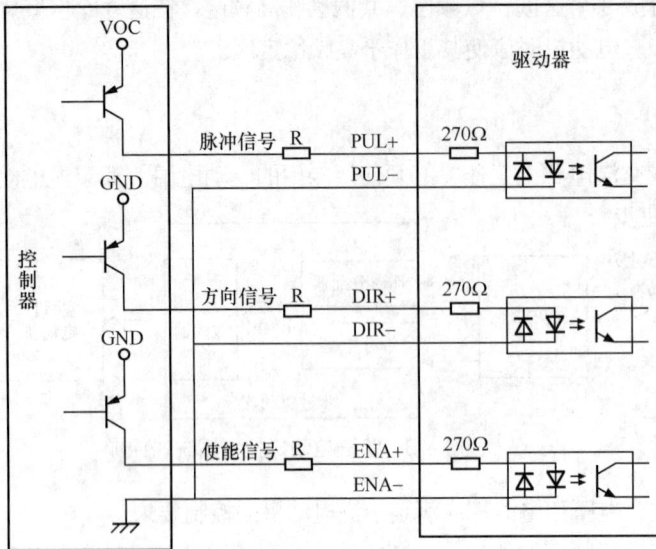

图6-21　共阴极接法

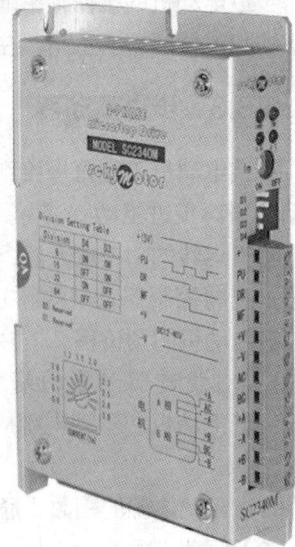

图6-22　SC2340M驱动器的外形

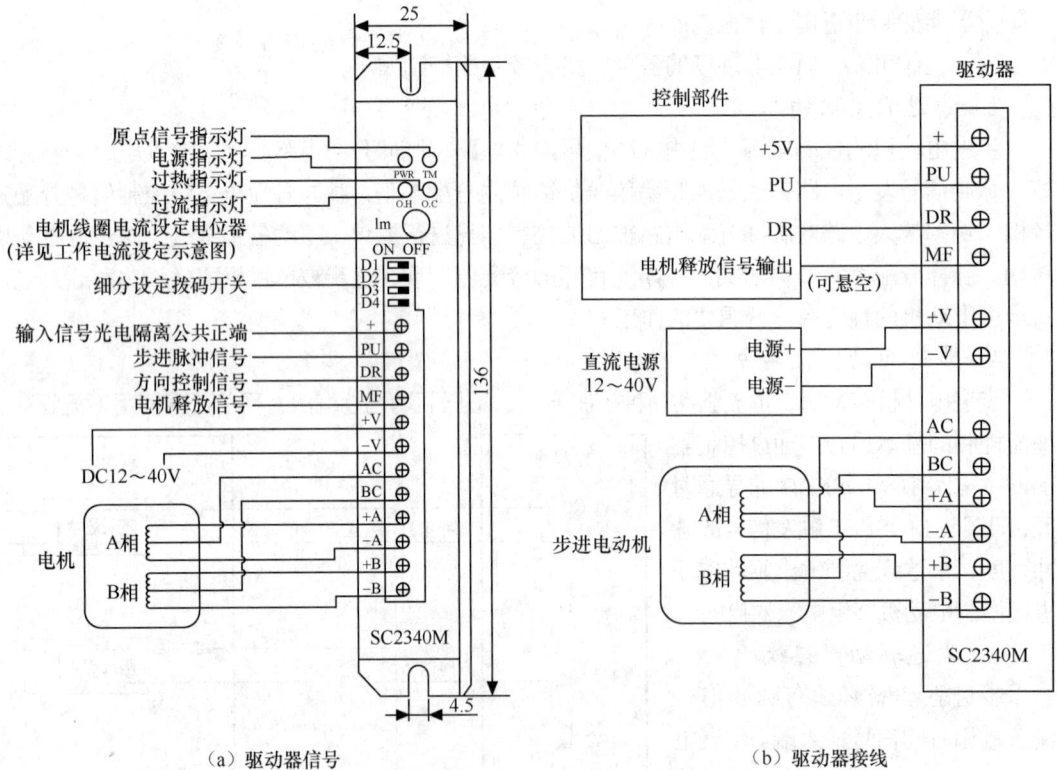

（a）驱动器信号

（b）驱动器接线

图6-23　SC2340M驱动器信号与接线

6.3.4　步进电动机的应用

由于步进电动机的步距（或转速）不受电压波动和负载变化的影响，也不受环境条件（温度、压力、冲击、振动等）的限制，而只与脉冲频率成正比，因此它能按照控制脉冲数的要求，立即起动、停止、反转。在不丢步的情况下运行时，角位移的误差不会长期积累，所以以用步进电动机能实现高精度的角度控制。因此，它主要用在高精度的开环系统中。步进电动机的应用范围已很广，除数控、工业控制、数模转换和计算机外部设备中大量使用外，在工业自动线、印刷机、遥控指示装置和航空系统中，都已成功应用了步进电动机。

？ 思考

步进电动机和伺服电动机相比各有什么优缺点？高档数控机床一般使用步进电动机还是伺服电动机？

••• 6.4 直线电动机 •••

直线电动机就是把电能转换成直线运动的机械能的电动机，省去了从旋转运动变成直线运动的中间传动机构，因而系统结构简单，运行效率和传动精度均较高。

直线电动机可分为直线异步电动机、直线同步电动机、直线直流电动机和其他直线电动机。其中以直线异步电动机应用最为广泛，本节主要介绍直线异步电动机。

6.4.1 直线异步电动机的分类和结构

直线异步电动机主要有平板形、圆筒形和圆盘形 3 种形式。

1. 平板形直线异步电动机

平板形直线异步电动机可以看成是从旋转电动机演变而来的。可以设想，有一极数很多的三相异步电动机，其定子半径相当大，定子内表面的某一段可以认为是直线，则这一段便是直线电动机。也可以认为把旋转电动机的定子和转子沿径向剖开，并展成平面，就得到了最简单的平板形直线异步电动机，如图 6-24 所示。旋转电动机的定子和转子，在直线异步电动机中称为初级和次级。直线异步电动机的运行方式可以是固定初级，让次级运动，此时称为动次级；相反，也可以固定次级而让初级运动，则称为动初级。为了在运动过程中始终保持初级和次级的耦合，初级和次级的长度不应相同，可以使初级长于次级，称为短次级；也可以使次级长于初级，称为短初级，如图 6-25 所示。由于短初级结构比较简单，制造和运行成本较低，故一般常用短初级。

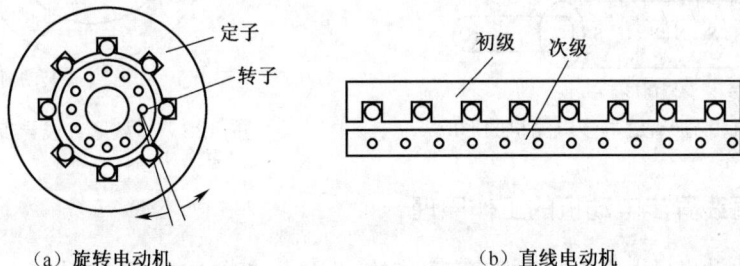

(a) 旋转电动机	(b) 直线电动机

图6-24 直线异步电动机的形成

图 6-25 所示的平板形直线异步电动机，仅在次级的一边具有初级，这种结构形式称为单边

形。单边形除了产生切向力外，还会在初级、次级间产生较大的法向力，这在某些应用中是不希望的。为了更充分地利用次级和消除法向力，可以在次级的两侧都装上初级，这种结构形式称为双边形，如图 6-26 所示。

平板形直线异步电动机的初级铁芯由硅钢片叠成，表面开有齿槽，槽中安放着三相、两相或单相绕组。它的次级形式较多，有类似笼形转子的结构，即在钢板上（或铁芯叠片里）开槽，槽中放入铜条或铝条，然后用铜带或铝带在两侧端部短接。但由于其工艺和结构较复杂，故在短初级

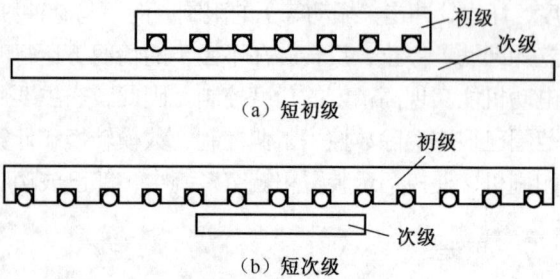

（a）短初级

（b）短次级

图6-25　平板形直线异步电动机（单边形）

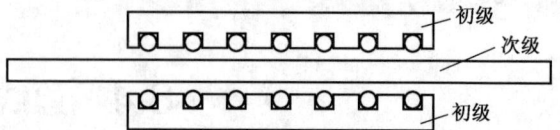

图6-26　双边形直线异步电动机

直线电动机中很少采用。最常用的次级有 3 种：第 1 种用整块钢板制成，称为钢次级或磁性次级，这时，钢既起导磁作用，又起导电作用；第 2 种为钢板上覆合一层铜板或铝板，称为覆合次级，钢主要用于导磁，而铜或铝用于导电；第 3 种是单纯的铜板或铝板，称为铜（铝）次级或非磁性次级，这种次级一般用于双边形电动机中。

2.　圆筒形直线异步电动机

若将平板形直线异步电动机沿着与移动方向相垂直的方向卷成圆筒，即成圆筒形直线异步电动机，如图 6-27 所示。

3.　圆盘形直线异步电动机

若将平板形直线异步电动机的次级制成圆盘形结构，并能绕经过圆心的轴自由转动，使初级放在圆盘的两侧，使圆盘在电磁力作用下自由转动，便成为圆盘形直线异步电动机，如图 6-28 所示。

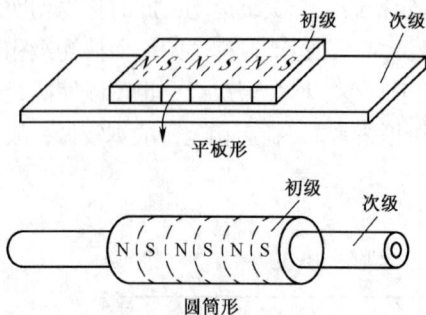

图6-27　圆筒形直线异步电动机的形成

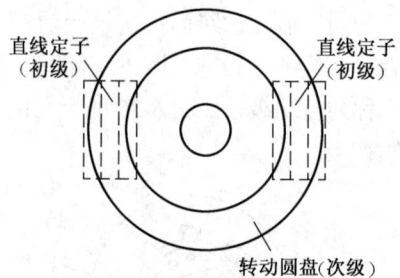

图6-28　圆盘形直线异步电动机

6.4.2　直线异步电动机的工作原理

直线异步电动机是由旋转电动机演变而来的，因而当初级的多相绕组中通入多相电流后，也会产生一个气隙基波磁场，但这个磁场不是旋转的，而是沿直线移动的磁场，称为行波磁场。行波磁场在空间作正弦分布，如图 6-29 所示。

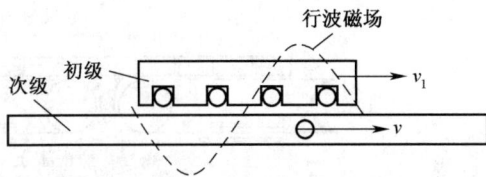

图6-29 直线电动机的工作原理

行波磁场的移动速度为

$$v_1 = \pi D_a \frac{n_1}{60} = 2p\tau \frac{n_1}{60} = 2\tau f_1 \quad (\text{cm/s}) \qquad (6\text{-}9)$$

式中　　τ——极距，cm；

　　　　f_1——电流频率，Hz。

行波磁场切割次级导条，将在其中感应出电动势并产生电流，该感应电流与行波磁场相互作用产生电磁力，使次级跟随行波磁场移动。若次级的运动速度为 v，则直线异步电动机的转差率为

$$s = \frac{v_1 - v}{v_1} \qquad (6\text{-}10)$$

将式（6-10）代入式（6-9），可得

$$v_1 = 2\tau f_1(1 - s) \qquad (6\text{-}11)$$

由式（6-11）可知，改变极距 τ 和电流频率 f_1，均可改变次级的移动速度。

6.4.3 直线异步电动机的应用

直线异步电动机主要应用在各种直线运动的电力拖动系统中，如自动搬运装置、传送带、带锯、直线打桩机、电磁锤、矿山用直线电动机推车机、磁悬浮车等，也用于自控系统中，如液态金属电磁泵、门阀、开关自动关闭装置、自动生产线机械手等。下面介绍两个直线异步电动机的应用实例。

1. 传送带

采用双边形直线异步电动机的 3 种传送带方案，如图 6-30 所示。直线异步电动机的初级固定，次级就是传送带本身，其材料为金属带或金属网与橡胶的复合带。

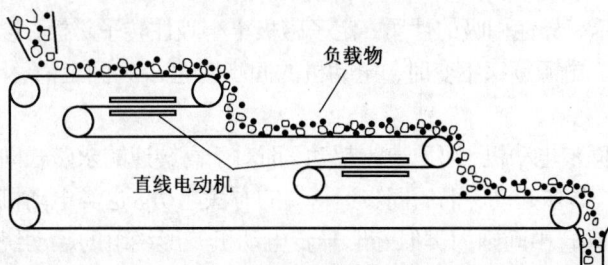

（a）连续传送带系统

图6-30 直线异步电动机传送系统

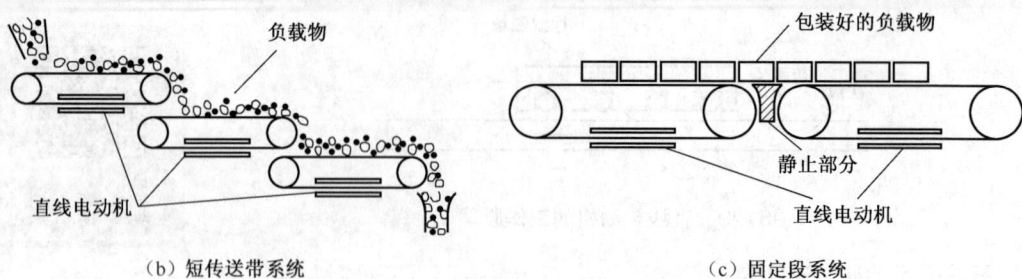

（b）短传送带系统　　　　　　　　　　　（c）固定段系统

图6-30　直线异步电动机传送系统（续）

2. 高速列车

直线异步电动机与磁悬浮技术相结合应用于高速列车上，可使列车达到高速而无振动噪声，成为一种先进的地面交通工具。列车的中间下方安放直线异步电动机，两边有若干个转向架，起磁悬浮作用的支撑电磁铁安装在各个支架上，它们可以保证直线异步电动机具有不变的气隙，并能转弯和上、下坡。电动机采用短初级结构，轨道的次级导电板选用铝材，磁悬浮是吸引式的。

••• 6.5　微型同步电动机 •••

微型同步电动机主要有3种类型，即永磁式微型同步电动机、反应式微型同步电动机和磁滞式同步电动机。这些电动机的定子结构都是相同的，或者是三相绕组通以三相交流电，或者是两相绕组通入两相电流（包括单相电源经过电容分相），或者是单相罩极，其主要作用都是为了产生一个旋转磁场。但是转子结构形式和材料却有很大差别，因而运行原理也就不同。由于这些电动机的转子上都没有励磁绕组，也不需要电刷和集电环，因而具有结构简单、运行可靠、维护方便等优点。功率从零点几瓦至数百瓦的各种微型同步电动机广泛应用于需要恒速运转的自动控制装置、遥控、无线电通信、磁带录音机及随动系统中。

6.5.1　永磁式同步电动机

永磁式微型同步电动机的转子由永久磁钢制成。它可以是两极的，也可以是多极的。现以两极电动机为例说明其运行原理。

图6-31所示为两极永磁式同步电动机运行原理。当定子绕组通电后，气隙中即产生旋转磁场，根据磁极同性相斥、异性相吸的性质，定子磁极牢牢吸住转子磁极，以同步转速一起旋转。当电动机的极数一定、电源频率不变时，电动机的同步转速 n_1 为固定值，因此该电动机的转速恒定不变。

低转速的永磁式同步电动机，可以自行起动，而对于高转速的永磁式同步电动机，则需采用"异步起动，而后同步运行"的方法起动。这类电动机的转子两端为永久磁钢，中间则为类似笼形异步电动机笼形绕组的起动绕组。图6-32所示为永磁式同步电动机的转子。起动时利用起动绕组作为异步电动机起动，当转速接近同步转速时，定子吸住转子的永久磁钢而牵入同步运行。

微课6-6：永磁式同步电动机

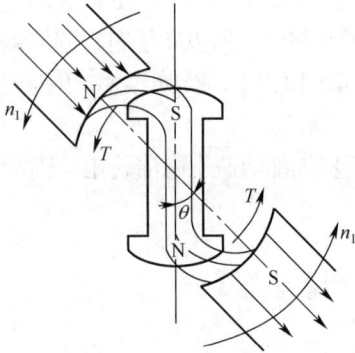

图6-31　两极永磁式同步电动机运行原理

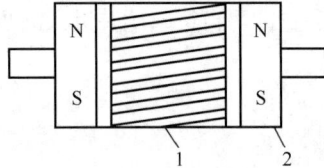

图6-32　永磁式同步电动机的转子
1—笼形起动绕组；2—永久磁铁

6.5.2　反应式同步电动机

反应式同步电动机的定子一般采用罩极结构，定子铁芯由硅钢片叠成；转子采用软磁材料制成凸极式结构，本身没有磁性。

反应式同步电动机运行原理如图 6-33 所示。当定子绕组通入单相交流电后，由于短路环的电磁感应作用，像单相罩极式异步电动机那样，在气隙中产生旋转磁场。根据"磁力线总是力求沿磁阻最小的路径通过"的性质，定子磁场的磁力线将由转子的凸极而形成闭合回路，由此在转子上反应产生与定子磁极相反的极性，从而定子、转子磁场间产生吸力，促使转子跟随定子磁场一起同步旋转。

因为这种依靠转子自身直轴和交轴两个方向磁阻不同而产生的转矩称为磁阻转矩，也称为反应转矩。所以反应式同步电动机又称为磁阻电动机。

6.5.3　磁滞式同步电动机

磁滞式同步电动机的定子一般也采用罩极结构，而转子采用硬磁材料制成圆柱体或螺旋体等。磁滞式同步电动机运行原理如图 6-34 所示。当定子绕组通入交

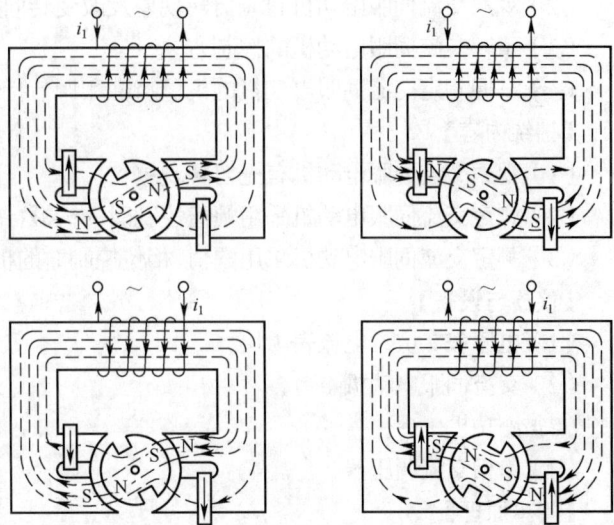

图6-33　反应式同步电动机运行原理

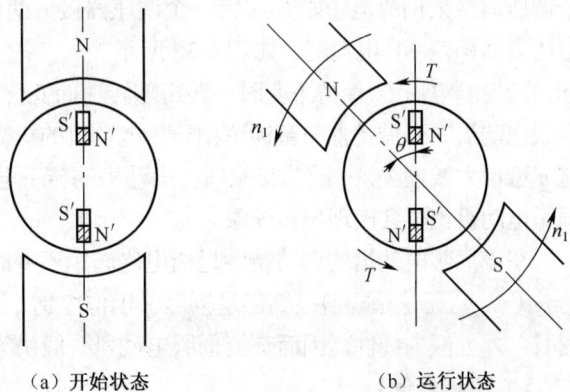

（a）开始状态　　　　　（b）运行状态

图6-34　磁滞式同步电动机运行原理

181

流电后，气隙中产生旋转磁场。开始时定子磁场对转子进行磁化，转子产生有规则的磁极，如图 6-34（a）所示。随之定子磁场旋转，由于转子采用硬磁材料，所以转子有较强的剩磁，当定子磁场离开时，转子极性还存在，定转子磁极间产生的吸引力就形成转矩（称为磁滞转矩），促使转子转动，并最终进入同步运行状态，如图 6-34（b）所示。

磁滞式同步电动机的优点是转子的转速不论是否同步，都能产生磁滞转矩，因此它不需要任何起动装置即可自行起动并进入同步运行。

● ● ● 任务训练 ● ● ●

任务一 测定交流伺服电动机的特性

【训练目的】

（1）熟悉由三相电源变成相位差成 90° 电角度的两相电源的接法；

（2）观察交流伺服电动机有无自转现象及改变转向的方法；

（3）了解交流伺服电动机的控制方式；

（4）掌握测定交流伺服电动机的机械特性和调节特性的试验方法。

【训练内容】

（1）观察交流伺服电动机有无自转现象；

（2）测定交流伺服电动机采用幅值控制时的机械特性和调节特性；

（3）测定交流伺服电动机采用幅值–相位控制时的机械特性和调节特性。

【仪器与设备】

（1）电压表 2 块，电流表 1 块；

（2）交流伺服电动机 1 台；

（3）测功机 1 台；

（4）单相交流调压器 2 台。

【基本原理】

施加于交流伺服电动机上的两相正弦电源是通过两个单相调压器变换而得到的。将其中一个调压器接某相的电压如 U_V，另一个调压器接另两相的线电压 U_{UW}，则两个单相调压器输出的电压之间相差 90° 电角度，如图 6-35 所示。

当控制电压 U_c 保持不变时，转矩随转速而变化的关系 $T = f(n)$ 称为机械特性。为使交流伺服电动机的机械特性与普通单相异步电动机的机械特性不同，即在转差率 $0 < s < 1$ 范围内，T 与 n 近似为线性关系，因此交流伺服电动机的转子电阻做得很大，这就使在控制电压 $U_c = 0$ 时，伺服电动机也不会出现自转现象。

交流伺服电动机的调节特性是指电磁转矩不变时，转速随控制电压大小而变化的关系，即 $n = f(U_c)$。无论是幅值控制还是幅值—相位控制，调节特性都不是线性的。只是在小信号和低速时，才近似为线性。因而交流伺服电动机一般由 400Hz 中频电源供电，以提高其同步转速。

【方法和步骤】

1. 观察交流伺服电动机有无自转现象

交流伺服电动机试验线路如图 6-36 所示。合上开关 Q_1、Q_2，起动伺服电动机，当伺服电动机空载运转时，迅速将控制绕组两端开路或将调压器 T_2 的输出电压调节至 0，观察电动机有无自转现象，并比较这两种方法电动机的停转速度。将控制电压相位改变 $180°$ 电角度，注意电动机的转向有无改变。

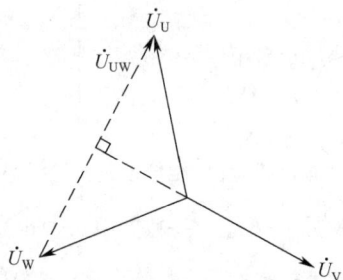

图6-35 互成90°相位电压相量图

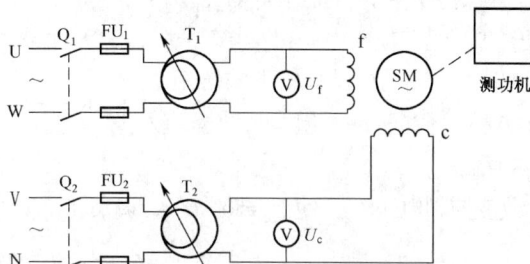

图6-36 交流伺服电动机试验线路

2. 测定幅值控制时的机械特性和调节特性

（1）测定机械特性。按图 6-36 接线，调节调压器 T_1、T_2 使 $U = U_{fN}$，$U_c = U_{cN}$。使伺服电动机空载运行，记录空载转速 n_0。然后调节测功机，逐步增加电动机轴上的负载，直至将电动机堵转，读取转速 n 与相应的转矩 T 共 6～7 组数据，将数据填入表 6-1 中。

改变控制电压 U_c，使 $U_c = 50\%U_{cN}$，重复上述试验，将数据填入表 6-1 中。

表6-1 幅值控制时机械特性测量数据 　　　　　　　　　　　　$U_f=$____ V

序号	$U_c=U_{cN}=$　　V		$U_c=50\%U_{cN}=$　　V	
	n/(r/min)	T/(N·m)	n/(r/min)	T/(N·m)

（2）测定调节特性。仍按图 6-36 所示接线，保持 $U_f = U_{fN}$，电动机轴上不加负载，调节控制电压，从 $U_c = U_{cN}$ 开始，逐渐减小到 0，分别读取转速 n 和相应的控制电压 U_c 共 5～6 组数据，将数据填入表 6-2 中。

表6-2 幅值控制时调节特性测量数据 　　　　　　　　　　　　$U_f=$____ V

序号	$T=0$ N·m		$T=$　　N·m	
	n/(r/min)	U_c/V	n/(r/min)	U_c/V

增加电动机轴上负载，并保持电动机输出转矩不变，重复上述试验步骤，将数据填入表 6-2 中。

3. 测定幅值-相位控制时的机械特性和调节特性

（1）测定机械特性。线路如图 6-37 所示。合上开关 Q_1，调节调压器 T_1，使 $I_f = I_{fN}$ 并保持不变。合上开关 Q_2，调节调压器 T_2，起动伺服电动机，当 $U_c = U_{cN}$ 时，测取 U_1。调节电动机轴上的转矩 T，读取 T 和 n 数据 5～6 组，将数据填入表 6-3 中。

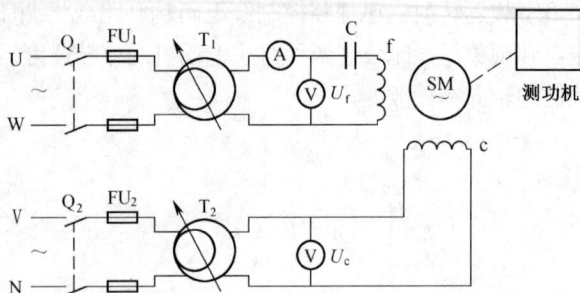

图6-37　交流伺服电动机幅值-相位控制试验线路

改变控制电压 U_c，使 $U_c = 50\% U_{cN}$，调节 T_2，读取 T 和 n 数据 5～6 组，将数据填入表 6-3 中。

表 6-3　幅值-相位控制时机械特性测量数据　　　　　U_1=＿＿＿V

序号	$U_c = U_{cN}$		$U_c = 50\% U_{cN}$	
	$T/(N \cdot m)$	$n/(r/min)$	$T/(N \cdot m)$	$n/(r/min)$

（2）测定调节特性。接线图如图 6-37 所示。合上开关 Q_1，调节调压器 T_1，使 U_1 为常数，并使电动机空载。合上开关 Q_2，调节调压器 T_2，将电动机开始转动时的 U_c 最低值调整至 U_{cN} 范围内，读取 n 和 U_c 数值 5～6 组，将数据填入表 6-4 中。

保持 U_1 为常数，使 $T = 25\% T_N$，重复上述步骤，将测量数据填入表 6-4 中。

表 6-4　幅值-相位控制时调节特性测量数据　　　　　U_1=＿＿＿V

序号	$T = 0 N \cdot m$		$T = 25\% T_N =$　　N·m	
	$n/(r/min)$	U_c/V	$n/(r/min)$	U_c/V

【检查与评价】

填写表 6-5 所示的任务训练评价表。

表 6-5　测定交流伺服电动机的特性任务训练评价表

内容	学生自评	小组互评	教师评价	总结与改进
能根据试验线路熟练接线				
能根据试验流程正确操作				
能正确使用仪表并读数				
根据试验数据正确绘制交流伺服电动机机械特性曲线和调节特性曲线				
6S 职业素养				

注　按优秀、良好、中等、合格、差 5 个等级进行评定。

任务二　测定直流伺服电动机的特性

【训练目的】

（1）掌握测定直流伺服电动机在电枢控制时的机械特性和调节特性的试验方法；

（2）了解直流伺服电动机的调速和反向方法。

【训练内容】

（1）测定电枢控制时直流电动机的机械特性；

（2）测定电枢控制时直流电动机的调节特性；

（3）观察直流伺服电动机磁极控制时的调速和反向。

【仪器与设备】

（1）直流电压表 2 块，直流电流表 1 块；

（2）直流伺服电动机 1 台；

（3）测功机 1 台；

（4）可调变阻器 2 个。

【基本原理】

直流伺服电动机的控制方式有电枢控制和磁极控制两种。将电枢绕组作为接受控制信号的控制绕组，而励磁绕组接到恒定直流电压 U_f 上，这样的控制方法称为电枢控制。将励磁绕组作为控制绕组，电枢绕组接到恒定的直流电压 U_a 上，这样的控制方法称为磁极控制。

直流伺服电动机的机械特性是指 U_f＝常数、U_a＝常数时，转速 n 与转矩 T 之间的关系，即 $n＝f(T)$。直流伺服电动机的调节特性是指负载转矩 T＝常数时，转速 n 与控制电压 U_c 之间的关系，即 $n＝f(U_c)$。直流电动机无论是电枢控制还是磁极控制，其机械特性都是线性的。当采用电枢控制时，其调节特性是线性的；而采取用磁极控制时，其调节特性是非线性的。因此，除小功率电动机外，一般不采用磁极控制。

【方法和步骤】

1. 测定直流伺服电动机绕组电阻

用电桥法测定励磁绕组电阻 R_f 和电枢绕组电阻 R_a 的阻值，并记录室温。

2. 测定直流伺服电动机空载转速 n_0

直流伺服电动机试验线路如图 6-38 所示。拆除测功机，合上开关 Q_1，调节 R_1 使 $U_f＝U_{fN}$。合上开关 Q_2，调节 R_2，测取 U_a、I_a、n 共 3 组数据，将数据填入表 6-6 中。

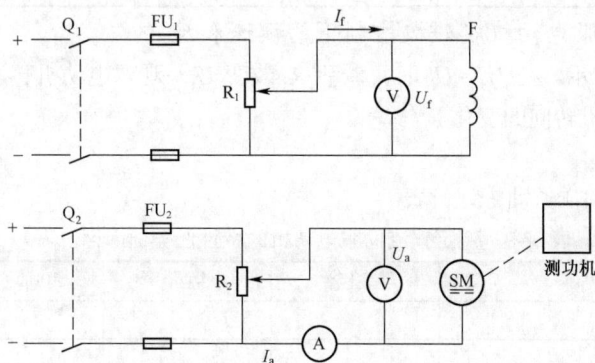

图6-38　直流伺服电动机试验接线

表6-6　空载转速测量数据

序号	测量数据			计算值
	U_a/V	I_a/A	N/(r/min)	n_0/(r/min)

3. 测定电枢控制时的机械特性

如图6-38所示，调节 R_1 和 R_2，使 $U_f = U_{fN}$，$U_a = U_N$，然后调节转矩 T，直到电枢电流 $I_a = I_N$ 为止，测量 I_a、T、n 数据5～6组，将数据填入表6-7中。

调节可变电阻 R_2 使 $U_a = 60\% U_N$，重复上述试验步骤，将数据填入表6-7中。

表6-7　机械特性测量数据

序号	$U_a = U_N =$　V			$U_a =$　V		
	I_a/A	T/(N·m)	n/(r/min)	I_a/A	T/(N·m)	n/(r/min)

4. 测定电枢控制时的调节特性

（1）空载时的调节特性。在 $U_f = U_{fN}$ 时使电动机处于空载状态，调节 R_2 直到 $U_a = U_N$ 为止，测量 U_a、n 数据5～6组，将数据填入表6-8中。

（2）负载时的调节特性。保持 $U_f = U_{fN}$，使电动机轴上的转矩为某一定值。重复上述试验步骤，将数据填入表6-8中。

表6-8　调节特性测量数据

序号	$T = 0$ N·m		$T =$　N·m	
	U_a/V	n/(r/min)	U_a/V	n/(r/min)

5. 观察直流伺服电动机在磁极控制下的调速和反转

线路如图6-38所示。在 $U_a = U_N$ 时，调节 R_1 改变 U_f，观察电动机转速的变化情况。将 U_f 电源反向，观察电动机转向的变化。

【检查与评价】

填写表6-9所示的任务训练评价表。

表6-9　测定直流伺服电动机的特性任务训练评价表

内容	学生自评	小组互评	教师评价	总结与改进
能根据试验线路熟练接线				
能根据试验流程正确操作				
能正确使用仪表并读数				

续表

内容	学生自评	小组互评	教师评价	总结与改进
根据试验数据正确绘制直流伺服电动机机械特性曲线和调节特性曲线				
6S 职业素养				

注　按优秀、良好、中等、合格、差 5 个等级进行评定。

任务三　测定直流测速发电机的特性

【训练目的】

（1）了解直流测速发电机的输出特性及求取方法；

（2）熟悉直流测速发电机的工作原理。

【训练内容】

（1）求取直流测速发电机输出特性；

（2）测量直流测速发电机输出电压的波动。

【仪器与设备】

（1）直流测速发电机组，CY 型永磁式 ZCF 型励磁式，1 台；

（2）直流伺服电机，45SZ 或 55SZ 1 台；

（3）高精度、高内阻直流电压表（数字电压表），DS 型或 DT 型，1 只；

（4）直流电流表，0.2A，2 只；

（5）直流稳压电源，110V，3～5A，1 台；

（6）远距离测速计与测速发电机转速配套，1 台；

（7）双刀开关，HK1-15，2 个；

（8）单刀开关，5A，1 个；

（9）滑线电阻：R_P，1A，150Ω，1 个；R_f，0.5A，150Ω，1 个；R_1，0.5A，100Ω，1 个；R_2，0.2 A，100Ω，1 个（如用 CY 型永磁式，R_2 可不用）；R_L，0.1A，1 500Ω，1 个。

【基本原理】

将直流伺服电机作为原动机，与直流测速发电机同轴连接进行试验。调节滑线变阻器 R_P，可以改变伺服电动机的电枢电压，从而改变伺服电动机的转速，由直流测速发电机测量转速的大小，用数字式电压表测量输出电压的数值，从而可得到直流测速发电机的电压—转速特性。当 S_2 断开时，直流测速发电机空载；合上 S_2，改变 R_L 值，即可改变直流伺服电机负载的大小。在理想情况下，直流测速发电机的输出特性如图 6-39 所示。

图 6-40 所示为直流测速发电机输出特性试验电路。

【方法和步骤】

（1）按图 6-40 所示接线。

（2）起动直流伺服电机 SM，分别将滑线变阻器 R_P 置于 4 个不同的位置，用改变伺服电机电枢电压的方法来改变其转速。

（3）在滑线变阻器置于位置 1 时进行测量。

① 测量直流测速发电机 TG 在空载（S_2 开路，$R_L \to \infty$）时的输出电压 U_0 与转速 n_0 数值，将数据填入表 6-10 中。

② 测量直流测速发电机 TG 在负载（即 S_2 合上，$R_L = 1\,500\Omega$，750Ω，300Ω）时的输出电压 U_0 与转速 n_0 的数值，将数据填入表 6-10 中。

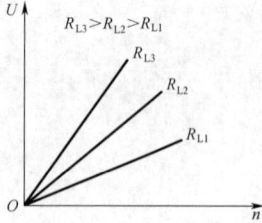

图6-39　直流测速发电机的输出特性　　　　图6-40　直流测速发电机输出特性试验电路

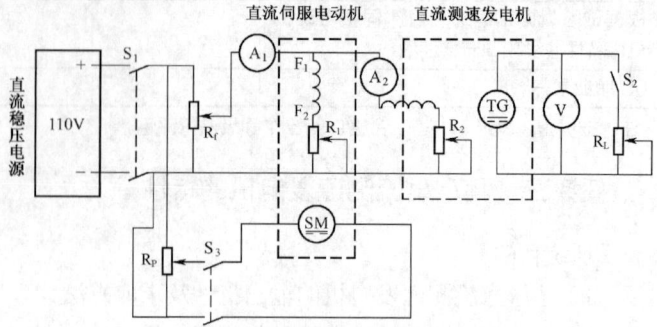

表 6-10　输出特性数据

测量值 序号	$R_L \rightarrow \infty$		$R_L = 1\,500\Omega$		$R_L = 750\Omega$		$R_L = 300\Omega$	
	输出电压 U_0/V	转速 n_0/(r/min)	输出电压 U_0/V	转速 n_0/(r/min)	输出电压 U_0/V	转速 n_0/(r/min)	输出电压 U_0/V	转速 n_0/(r/min)
1								
2								
3								
4								

（4）将滑线变阻器置于另外 3 个不同的位置，重复上述步骤进行试验。

【检查与评价】

填写表 6-11 所示的任务训练评价表。

表 6-11　测定直流测速发电机的特性任务训练评价表

内容	学生自评	小组互评	教师评价	总结与改进
能根据试验线路熟练接线				
能根据试验流程正确操作				
能正确使用仪表并读数				
能根据试验数据正确绘制直流测速发电机输出特性曲线				
6S 职业素养				

注　按优秀、良好、中等、合格、差 5 个等级进行评定。

••• 小结 •••

1．伺服电动机分为直流、交流两大类，在自动控制系统中作为执行元件，转速的大小及方向都受控制电压信号控制。

2．直流伺服电动机在电枢控制时具有良好的机械特性和调节特性，机电时间常数小，始动电压低。其缺点是由于有电刷和换向器，所以摩擦阻转矩较大，有火花干扰及维护不方便。

3．交流伺服电动机是两相绕组的交流电动机。为了消除只有励磁绕组接入电源时的自转现象，其转子电阻要相当大，其临界转差率 s_m 为 3～4。

4．交流伺服电机可采用 3 种控制方式，即幅值控制、相位控制和幅相控制。在实际应用中，以后者最为普遍。

5．交流伺服电动机的机械特性和调节特性的线性度比直流伺服电动机要差。为扩大正常运行的调速范围，可提高同步转速值。因此，励磁电源频率常采用 400Hz。

6．测速发电机分为直流、交流两大类，在自动控制系统中作为检测元件使用，将转速变换为电压信号。

7．直流测速发电机有他励式、永磁式两种。其工作原理与直流发电机相同。

8．直流测速发电机在应用时，都规定其最高正常运行转速和最小负载电阻，以使输出特性有较好的线性度。

9．交流测速发电机普遍采用空心杯形转子结构。定子有两相绕组，即励磁绕组和输出绕组，两者在空间位置上互差 90° 电角度。输出电动势的频率与励磁电源频率相同。

10．交流测速发电机的误差有线性误差、相位误差、剩余电压等。在相对转速较低时，交流测速发电机具有较好的线性输出特性。

11．步进电动机是将脉冲信号交换为角位移的同步电动机。

12．反应式步进电动机是利用磁阻转矩运行的，控制方式分单拍、双拍和混合拍 3 种。

13．步进电动机可按照控制脉冲的要求起动、停止、反转和无级调速。在不失步的情况下，角位移误差不会持续积累，因此，在频率开环的数控系统中获得了广泛应用。

14．直线异步电动机相当于将三相异步电动机切开展平，适于带动直线运动的负载，这样省去了由旋转运动变直线运动的转换装置，因而结构简单、运行可靠、效率高。

15．微型同步电动机主要指永磁式同步电动机、反应式同步电动机和磁滞式同步电动机。这些电动机的定子结构都可以是相同的，但转子的结构形式和材料却有很大差别，因而运行原理也就不同。由于这些电动机转子上都没有励磁绕组和电刷、集电环装置，因而结构简单、运行可靠，广泛应用于需要恒速运转的各种自动控制、无线电通信及同步随动等系统中。

●●● 思考题与习题 ●●●

1．试述控制电机的分类和用处。

2．什么是自转现象？两相伺服电动机如何防止自转？

3．直流伺服电动机的励磁电压下降，对电动机的机械特性和调速特性有何影响？

4．一台直流伺服电动机带恒转矩负载，测得始动电压为 4V，当电枢电压为 50V 时，转速为 1 500r/min，若要求转速为 3 000r/min，则电枢电压应为多大？

5．为什么异步测速发电机的输出电压大小与电动机的转速成正比，而与励磁频率无关？

6．什么是异步测速发电机的剩余电压？如何减少剩余电压？

7．为什么直流测速发电机的负载不能小于规定值？

8．反应式步进电动机的步距角如何计算？

9．步进电动机的驱动系统由哪几部分组成？作用分别是什么？

10．一台三相反应式步进电动机，采用三相单三拍方式通电时，步距角为 1.5°，求转子齿数。

11．简述反应式步进电动机的工作过程以及转速控制和方向控制原理。为了使步进电动机停转时具有制动作用，应采取什么措施？

12．直线异步电动机与旋转异步电动机的主要差别是什么？直线异步电动机有哪几种结构形式？

13．微型单相同步电动机有哪些类型？

模块七
电动机的选择

••• 学习导引 •••

学习目标

[知识目标]

1. 熟悉电动机系列、结构形式、额定参数及质量性能选择的一般内容。
2. 了解电动机的发热过程和工作制。

[能力目标]

1. 掌握不同工作情况下电动机容量的选择方法。
2. 具备综合比较电动机性能差异，择优选用电动机的能力。

[素质目标]

1. 良好的敬业精神。
2. 严谨细致、遵守规程的工作作风。
3. 信息检索能力。

内容导入

　　电机特别是电动机在我们的生产生活中应用非常普遍，如生活中使用的空调、冰箱的压缩机及风扇等电器都使用了电动机，工厂中的机床、加工中心等各种电力拖动中都使用了电动机。但我们日常生活的环境和工厂环境有时相差很大，如电压等级、灰尘、湿度、易燃易爆、振动、负荷大小等，因此选择电动机时必须考虑多重因素。例如，某普通 CA6140 车床根据工厂动力电源使用 380V 额定电压，主轴电动机根据加工工件最大直径计算选择 7.5kW，尾座快速移动电动机因为轻载，功率较小，所以选择 0.25kW，冷却泵电动机为 90W。根据不同的工作需求和其他外在因素影响，如何选择合适的电动机是本模块需要学习的内容。

```
                        ┌─ 电动机系列的选择
              电动机选择 ─┼─ 电动机结构形式的选择
              的内容      ├─ 电动机额定参数的选择
                        └─ 电动机质量性能的选择

电动机的选择
                        ┌─ 电动机的发热过程
              电动机额定 ─┼─ 电动机的工作制
              功率的选择  ├─ 电动机的容量选择和过载能力
                        └─ 电动机额定容量的选择方法

              任务训练：认识三相异步电动机铭牌参数
```

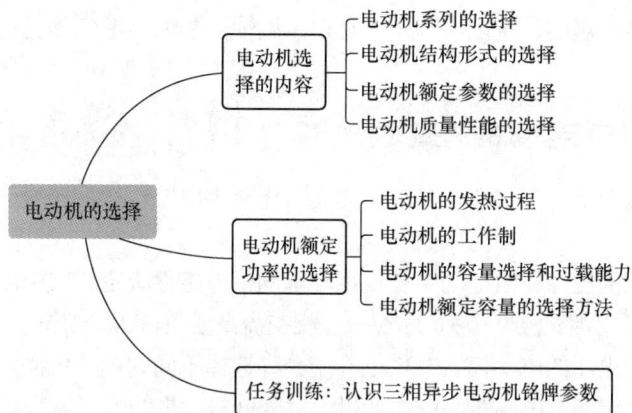

●●● 7.1 电动机选择的内容 ●●●

电力拖动系统中电动机通常可以分为直流电动机和交流电动机两类。直流电动机又分为他励电动机、并励电动机、串励电动机等。交流电动机包括笼形、绕线型异步电动机以及同步电动机等。电力拖动系统电动机的选择主要是考虑在电动机的性能满足拖动系统生产机械要求的条件下，尽量选用结构简单、工作可靠、价格经济的电动机。从结构简单的角度看，交流电动机优于直流电动机，异步电动机优于同步电动机，笼形异步电动机优于绕线型异步电动机。

在电力拖动系统中，异步电动机的应用最广，需求量最大，有90%左右的机械采用异步电动机驱动。

本章的重点是讨论交流拖动系统中的三相异步电动机的选择。选择的主要内容包括电动机的系列、结构形式、额定参数以及质量性能等。

7.1.1 电动机系列的选择

首先选择三相异步电动机的系列，其产品系列有基本系列、派生系列和专用系列。基本系列是一般用途系列产品，适用于一般传动要求，是通用系列；派生系列按不同的使用要求在基本系列基础上做了一部分改动，其零部件一般与基本系列通用，包括电气派生、结构派生和环境派生等系列；专用系列是指有特殊使用要求或有特殊防护要求的系列产品。

7.1.2 电动机结构形式的选择

电动机的结构形式很多，可从安装方式、轴伸端个数、防护方式等方面选择。

从安装角度看有立式、卧式等结构，安装后的转轴为水平放置的是卧式电动机，转轴垂直地面放置的是立式电动机，立式安装的电动机需要使用特种轴承以承受转子轴向质量及推力，其价格略高。卧式电动机的机座下有底脚，立式电动机端盖上有凸缘，有的电动机既有底脚又有凸缘。选用电动机时应考虑安装、运行、维护方便等需要。

电动机伸出端盖外，与负载连接的转轴部分，称为轴伸。电动机通常分单轴伸与双轴伸两种形式，普通电动机用单轴伸，特殊情况也可选用双轴伸的电动机。

电动机按其防护等级不同可以分为开启式、防护式、封闭式等防护方式，另外还有特殊环境下使用的隔爆结构、增安结构等。拖动系统电动机的选用应按系统具体的生产机械类型、使用环境条件，如温度、湿度、灰尘、雨水、瓦斯、腐蚀、易燃易爆气体含量等要求，确定电动机的防护结构形式。

7.1.3 电动机额定参数的选择

电动机的额定参数有很多，选择时首先需要考虑额定电压、额定转速、额定功率等额定值的确定。

电动机额定电压的选择，由拖动系统使用环境的供电条件决定。我国用电标准一般是直流电压为 220V/440V，三相交流低压为 380V，三相交流高压有 3kV、6kV、10kV 等供电方式，应选用具有相应额定电压的电动机。在供电环境允许选择不同的电动机额定电压时，一般容量大的电动机尽量考虑用额定电压较高的电动机，以降低电动机的输出电流。

> **思考**
> 如果一台三相异步电动机接上电源后能起动并运行，但是转速明显偏低，伴随沉闷的"嗡嗡"声，可能是什么原因？如果接上电源时不能起动，但是用物件拨动一下轴伸端，电动机能起动并运行，同样转速明显偏低，并伴随沉闷的"嗡嗡"声，又是什么原因？

电动机额定转速的选择关系到电力拖动系统的经济性和生产机械的效率。其选择的原则通常根据拖动需要的转速大小来决定。在频繁起动、制动或反向的拖动系统中，还应选择适当的额定转速。电动机额定转速的选择应根据系统生产机械具体情况，考虑投资和维护费用的经济性、系统瞬态变化的过渡过程、电动机的损耗等因素。额定功率相同的电动机，转速高则体积小，价格低；但与同样的生产机械配套时，电动机的转速高，则相应的拖动系统要求的传动机构速比大，传动机构较复杂，系统运行可靠性、经济性下降。额定功率一致的电动机，转速慢的电动机通常转子的飞轮转矩大，影响电动机过渡过程的时间，不利于控制拖动系统。

电动机额定功率的选择是额定参数选择中考虑因素较多，比较复杂的一个选项。电动机的额定功率（即额定容量）是电动机设计、制造时的确定数值，其值规定为在一定环境温度条件下，电动机的发热情况所允许的运行时最大输出功率。电动机的额定功率与电动机的发热与冷却、材料的性能、运行状况、运行工作制、结构形式、冷却方式等都有关系。本章将详细讨论额定功率的选择问题。

7.1.4 电动机质量性能的选择

电动机是各行各业主要的动力产生装置，其质量性能关系到人身、财产及重要装备的安全，受到政府、企业、社会的关注，也是选用电动机的重要依据。

国际、国内产品技术条件等相关标准对电动机的质量性能及参数都有明确规定。电动机额定状态下的性能指标一般包括效率、功率因数、起动电流、起动转矩、最大转矩、最小转矩、噪声、振动、温升等参数。

考查电动机质量性能，主要考虑以下几个方面的质量指标水平。

1. 效率及功率因数

效率是电动机最重要的技术经济指标之一，直接关系到电动机的运行成本。效率提高可以为用户节能，随着电动机的运行负载率、年运行时间的增加，节能效果越来越明显。由于电动机运行效率对环境保护及节能意义重大，所以许多国家对电动机的效率有严格规定。GB 18613—2020《电动机能效限定值及能效等级》明确规定了效率指标等级，并确定了达到各级指标的过渡期限时间表是选用电动机的重要依据。

交流电动机性能特性除了效率指标外，还有功率因数要求。按异步电动机原理，电动机功率因数的大小主要取决于额定电压时的励磁电流，而励磁电流的大小受电动机气隙大小、铁芯质量、导磁材料性能等多种因素影响，功率因数过低将影响电网质量，增大补偿设备投入。

各种不同系列、不同规格的电动机均有相关的产品技术条件，具体规定了各自的效率、功率因数的最低值及容差下限。选择电动机时应注意其效率、功率因数实际值与相关标准指标的符合性。

2. 起动性能

电动机的起动性能主要包括起动转矩、最大转矩、起动电流等方面。拖动电动机需要有足够大的起动转矩和较小的起动电流，保证拖动系统迅速带动负载起动至额定转速；同时，为了保证运行过程中拖动系统正常运行，需要足够大的最大转矩以保证电动机的过载能力；此外，应尽量限制电动机的起动电流，避免电动机过热，以及对电源供电设备的冲击，干扰其他用电设备。

起动性能指标主要取决于电动机的电磁参数。起动电流指标与效率、起动转矩等性能指标有矛盾，取决于电动机的起动漏抗计算；最小转矩、最大转矩值受电动机绕组形式、转子斜槽、槽配合等参数影响。

选择电动机时，应结合负载特性，参考电动机产品技术条件上规定的各种不同系列、不同规格的起动性能参数指标，以确定拖动系统的电动机规格。例如，最小转矩偏小的情况可能发生在单绕组多速异步电动机上；而深槽、双笼形等高起动转矩异步电动机，起动过程中基波转矩较大，最小转矩一般能符合负载要求；而对绕线转子异步电动机，由于转子采用短距分布绕组，谐波转矩受到抑制，同时转子串电阻起动，对最小转矩的考核意义不大。

3. 噪声、振动水平

电动机的噪声、振动数值综合反映了电动机设计、工艺、制造、装配水平。

电动机的噪声可以分为通风噪声、机械噪声、电磁噪声等。在正常情况下，通风噪声是电动机噪声的主要部分；机械噪声主要是因轴承运转、机械共振、电刷摩擦、旋转振动等产生的；电磁噪声主要是由电动机主磁场、谐波磁场引起的，异步电动机的定子、转子齿谐波磁通相互作用产生径向交变磁拉力，使定子铁芯产生周期性径向变形，从而引起定子发出电磁噪声。铁芯机座的固有振荡频率接近交变磁拉力的频率时，电磁噪声会显著增大，其频率范围为 700～4 000Hz，是人耳听觉敏感的范围，因此，电磁噪声有时是电动机需要特别抑制的主要噪声，电动机噪声可以通过频谱分析来鉴别其主要声源。

电动机的振动与噪声是一对关联度极高的性能指标，特别是高频振动，可直接看作是噪声产生的原因；而低频振动虽对噪声影响较小，但对电动机振动数值影响较大。电动机的振动速度取决于电磁力、转子不平衡离心力、轴承运转撞击等力量的大小和频次，同时也与电动机结构件的材质、强度、质量、尺寸及其间隙的配合等相关。抑制振动可在轴承选择、动平衡精度要求、零部件加工精度及装配质量方面提出要求。

GB/T 10068—2020《轴中心高为56mm及以上电机的机械振动 振动的测量、评定及限值》

GB/T 10069.1—2006《旋转电机噪声测定方法及限值　第1部分：旋转电机噪声测定方法》规定了电机噪声、振动的限值以及测试方法。

4. 温升水平

根据电动机原理，电动机在运行过程中会产生铁损耗、铜损耗、杂散损耗、机械损耗等各种损耗，这些损耗将转变为热能引起电动机自身发热，使电动机温度升高超过周围环境介质的温度，电动机将向周围冷却介质散发热量。对于电动机自身各部件，其温度从未运行时的温度值上升到新的温度值，这个差值称为电动机该部件的温升，单位是K。

电动机运行时由损耗产生的热量可分为两部分，一部分储藏在电动机内，引起电动机本身温度升高，另一部分散发到周围介质里。

当电动机运行在恒定负载条件下时，其损耗认为不变，单位时间内产生的总热量为定值。电动机开始工作时，电动机温度为环境温度，温升值为零，电动机向周围介质散热少，而储藏多，电动机温度上升快，温升增加；随着电动机温度的上升，电动机与环境温差逐渐增大，电动机向环境散发的热量增多，而提供给电动机自身的热量减少，因而电动机温度升高减慢，直到接近形成动态热平衡，此时电动机提供自身的热量不再增加，电动机温度不再升高，电动机产生的热量全部传给周围环境，形成新的热稳定状态。此时电动机的温度称为额定运行条件下的稳态温度，其温度值与初始温度值之差，称为该电动机的稳态温升。

电动机的温度过高将使绝缘老化，机械强度下降，使用寿命缩短，严重时甚至烧毁电动机绕组。一台额定功率确定的电动机，负载越大，伴随产生的损耗也越大，造成单位时间内产生的热量也越多，温升也越高。

电动机的温度和温升是既有联系又有区别的两个概念。电动机的稳态温度随周围介质温度的不同而改变，因此设计、选用电动机时，通常用温升值来评价电动机的性能，也作为衡量电动机发热的标志。为考核比较温升水平，GB/T 1032—2012《三相异步电动机试验方法》中规定了温升试验方法，同时在各类电动机产品技术条件中规定了额定运行状态下的温升最高限值。为限制温升，一方面应控制电动机损耗，减少发热量；另一方面应改善电动机的冷却性能提高散热能力。

电动机温升是发热、冷却动态平衡状态下的综合性指标，功率也是与一定的温升相对应的，只有确定温升限值，才能使电动机的额定功率有切实的意义。

在选择质量性能时，需要综合比较其性能差异，择优选用电动机。

？思考

电动机温升试验是型式试验中非常重要的试验，电动机温升的高低，决定着电动机绝缘的使用寿命。所以温升试验对电动机的质量具有非常重要的作用。电动机温升试验一般有哪些测试方法？

严谨细致、守护安全

某工厂有一台电动机，其功率为90kW，额定电流167A，正常工作运行电流150A左右，电动机的电缆规格为 $3 \times 70mm^2 + 1 \times 35mm^2$，采用直接起动。运行一段时间后，电动机接线柱出现发热老化及铜接头烧断的现象。根据现场情况，电气人员仔细查看，发现事故原因主要为以下几种情况。

（1）电动机接线不规范，电缆横截面积为 $70mm^2$，接线鼻选用 $95mm^2$，电缆接线鼻孔径不对应，造成接线鼻压不紧，引起发热老化。

（2）电动机在墙角处，散热风叶罩壳在墙边，通风散热不良，造成电动机温升过高，加速了电动机老化。

（3）电动机正常使用时振幅大，紧固弹垫使用过久，失去作用，造成接线处松动。

经过深入分析和研究，该事故最主要的原因是没有规范接线，经过一段时间运行后，发热更严重，问题暴露出来。

【启示】电气安全无小事，关系到用户的人身安全和财产安全，容不得丁点马虎。电气从业人员必须严格遵守电气安全操作规程，在工作中保持高度责任感，以严谨、认真、细心的态度对待工作，杜绝违章作业，消除事故隐患。

••• 7.2 电动机额定功率的选择 •••

在拖动电动机众多的额定参数选择中，最重要的是额定功率的选择。

正确选择电动机的额定功率在保证拖动系统可靠运行的同时，对于节约能源也有很重要的意义。拖动系统内的机械设备工作时需要消耗机械功率，所需功率是由拖动电动机的轴伸端输出提供的。额定功率的选择原则应该是在满足生产机械负载要求的条件下，尽量选择额定功率小的电动机。

电动机额定功率的选择过程，就是根据负载转矩、转速变化范围、起动频繁程度等要求，考虑三个方面条件，即电动机的允许温升、过载能力和起动能力等质量性能指标，配置合适额定功率的电动机。

电动机额定容量的选择以及效率、温升等质量性能分析都需要考虑电动机的发热和冷却过程。

7.2.1 电动机的发热过程

电动机是由多种材料（铜、铁、绝缘等）构成的复杂物体，要精确研究电动机的发热、冷却过程是非常困难的，从工程角度出发，为分析简便与有效起见，常作以下假设。

（1）电动机是一个均匀的发热体，其比热容、散热系数为常数，电动机各部分温度均匀。

（2）电动机向周围介质散发的热量与电动机和周围介质的温差成正比，与电动机本身的温度无关。

在电动机工作过程中，各部分产生的损耗转变成热能，其中一部分被电动机本身吸收，使电动机温度升高，其余部分通过电动机的表面散发到周围介质中。设电动机初始温升为 τ_0，稳定温升为 τ_w，若使电动机的额定温升 $\tau_N \geqslant \tau_w$，则电动机可以正常运行。

随着运行时间的变化，电动机发热过程的温升曲线如图 7-1 所示。

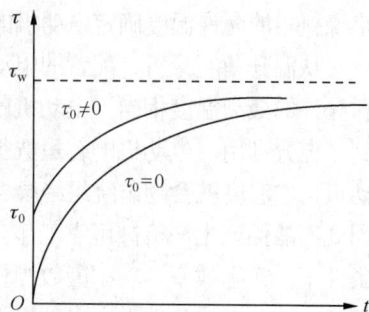

图7-1 电动机发热过程的温升曲线

7.2.2 电动机的工作制

电动机的工作制是对电动机承受负载情况的说明，它包括起动、电制动、空载、断能停转以及这些阶段的持续时间和先后顺序，选择电动机额定容量时需要考虑电动机的工作制。电动机工作制有 S1～S10 等，以下主要介绍 S1～S3。

1. S1——连续工作制

电动机在恒定负载下的运行时间足以达到热稳定，即达到温升稳定值。采用连续工作制的生产机械有水泵、鼓风机、机床主轴等。

2. S2——短时工作制

电动机在恒定负载下按给定的时间运行，该时间不足以达到热稳定，随之即断能停转足够时间，使电动机再度冷却到与冷却介质温度之差在 2K 以内。采用短时工作制的生产机械有机床的辅助运动机械、某些冶金辅助机械等。GB/T 755—2019《旋转电机 定额和性能》规定的短时工作制时间有 15min、30min、60min、90min 等。

3. S3——断续周期工作制

电动机按一系列相同的工作周期运行，每一周期包括一段恒定负载运行时间和一段断能停转时间。在断续周期工作制中，工作时间和停歇时间轮流交替，两段时间都较短。在工作期间，电动机温升来不及达到稳定值，而在停歇期间，温升也来不及降到冷却后的稳定温升。经过一个工作与停歇的周期，温升有所上升，最后温升将在某一范围内上下波动。采用断续周期工作制的生产机械有起重机、电梯、轧钢辅助机械等。

断续周期工作制与短时工作制相似，若连续运行，电动机将会过热。

在断续周期工作制中，负载工作时间与整个周期之比称为负载持续率 FC%，用百分数表示，即

$$FC\% = \frac{t_g}{t_g + t_0} \times 100\% \tag{7-1}$$

式中 t_g——工作时间；

　　　t_0——停歇时间。

GB/T 755—2019 规定的负载持续率有 15%、25%、40%、60%等 4 种，一个周期的总时间规定为 $t_g + t_0 \leqslant 10$ min。

7.2.3　电动机的容量选择和过载能力

运行在一定环境温度下的电动机，其负载越大，实际运行时的电动机温度也越高。需要按绝缘材料的允许温度确定电动机的温升限值，进而确定电动机的允许带负载能力。

从温升角度分析，配置的电动机额定功率合适，电动机运行时的稳态温度将与绕组绝缘材料允许的最高温度相当，电动机就能够达到合理的使用年限，从绝缘结构方面可认为电动机得到了充分利用。电动机的容量选得过小，电动机过载运行，提高了所承受的机械负荷强度，电动机稳态温度就会超出绕组绝缘材料允许的最高温度，增加了温升，缩短了电动机的使用寿命，因此不能保证生产机械可靠工作。电动机功率选得过大，则设备投资增加，电动机运行在轻载条件下，实际效率、功率因数等性能指标较低，电动机稳态温度比绝缘材料允许的最高温度低很多，按照发热条件看，电动机没有得到充分利用，运行经济性差。电动机额定容量的选择原则应该是，在满足生产机械负载要求的条件下，尽量选额定功率小的电动机。

电动机的过载能力取决于它的电气性能，对于变化的负载，在决定电动机的容量时，需要校验它的过载能力。电动机的最大转矩应不小于负载转矩的最大值，并考虑干扰系数。每一台具体的电动机，其过载能力可以在制造企业产品目录样本中查到。

由于生产机械的传动机构在静止状态下的摩擦阻力往往大于运动时的摩擦阻力，因此要使所选的电动机能带着负载起动，应使电动机的起动能力满足负载要求。

直流电动机过载能力受换向的限制，但在刚起动时转速等于零，有利于换向，因此，一般说来，起动时容许的电流过载倍数可略大于正常工作时允许的电流过载倍数。

在选用笼形异步电动机时，由于它的起动转矩较小，且受电网电压波动的影响大，因此除需校验过载能力之外，还需校验起动转矩。如果起动转矩不够大，可以考虑选用起动性能较好的深槽式异步电动机、双笼形异步电动机或者高转差率笼形异步电动机。

7.2.4 电动机额定容量的选择方法

从节约能源的方面考虑，需要正确选择电动机的额定功率。生产实际中的负载性质是多种多样的，有时不可能按照发热观点中充分利用电动机的要求来选择电动机的额定功率。例如，有的生产机械存在短时间的大负载，在这段时间内，温升并不会达到很高的数值，但如果按照发热观点使材料得到充分利用的条件来配置电动机，很可能受到过载能力的限制，不允许电动机在短时间内带动这样大的负载，因而不得不按照过载条件选择额定功率较大的电动机。再如一些要求快速起动、制动的生产机械，也必须选择额定功率较大的电动机去满足缩短起动、制动时间的要求。因此，需要根据具体情况采取不同的额定功率选择方法。

1. 连续工作的电动机容量的选择

选择电动机额定功率一般分 3 步：计算负载功率，预选电动机，校核电动机的发热、过载能力及起动能力。

连续工作的负载可分为两类：恒定负载与周期变化的负载。

（1）恒定负载连续工作的电动机额定功率的选择。恒定负载选择电动机的容量较简单。先计算出负载功率 P_L，再选择一台额定功率为 P_N，满足 $P_N \geq P_L$ 的电动机即可。按恒定负载连续工作设计的电动机，电动机设计及出厂试验保证了电动机在额定功率及以下工况下工作时，温升将不会超过允许值，故不需要进行发热校验。通常以环境温度 40℃ 为基准温度，当电动机工作的实际环境温度常年与 40℃ 相差较大时，工程上可用下式修正电动机允许输出功率

$$P_N' = P_N \sqrt{1 + \frac{40 - \theta}{\tau_N}(1 + \alpha)} \qquad (7-2)$$

式中 P_N'——电动机在该实际环境温度下允许输出的功率；

P_N——电动机铭牌上的额定功率；

θ——实际温度；

τ_N——电动机的额定温升；

α——电动机在额定负载情况下不变损耗与可变损耗之比。

当实际环境温度低于 40℃ 时，电动机允许输出的功率增大，即电动机可提高容量使用。当实际环境温度高于 40℃ 时，电动机允许输出的功率减小，即电动机需降低容量使用。

因为连续工作制电动机的最大转矩和起动转矩均大于额定转矩，所以一般不必校验短时过载能力或起动能力，通常只需在重载或起动比较困难而采用笼形异步电动机或同步电动机的场合，校验其起动能力。

（2）负载周期变化的连续工作电动机容量的选择。图 7-2 所示为一个周期内负载变化的生

产机械负载。根据负载图可以求出平均功率 P_{av} 为

$$P_{av} = \frac{P_1t_1 + P_2t_2 + \cdots + P_nt_n}{t_1 + t_2 + \cdots + t_n} = \frac{\sum\limits_{i=1}^{n} P_it_i}{t_z} \qquad (7\text{-}3)$$

式中　P_1, P_2, $\cdots$, P_n——各段负载的功率；

　　　t_1, t_2, $\cdots$, t_n——各段负载的持续时间；

　　　t_z——一个周期的时间。

然后按 $P_N = (1.1 \sim 1.3)P_{av}$ 预选电动机，在变化负载中，大负载所占的分量多时，用较大安全容量系数。

电动机选好后，应进行发热校核。发热校核的方法有平均损耗法、等效电流法、等效转矩法及等效功率法，请大家参考相关资料。

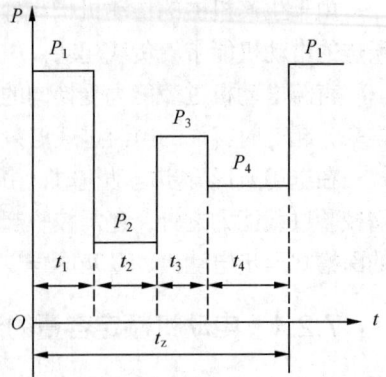

图7-2　负载周期变化的生产机械负载

2. **短时工作的电动机容量的选择**

有短时间工作需要时，可选用专门为短时工作制而设计的电动机，也可选用连续工作制的电动机。

（1）选用短时工作制的电动机。可以按生产机械的工作时间、功率和转速的要求，直接在产品样本上选择合适的电动机。如果短时负载是变化的，可求出平均功率，进行选择，并校验过载能力。如果电动机实际工作时间 t_{gx} 与标准工作时间 t_{gN} 不一致，可用近似换算公式

$$P_{gN} \approx P_{gx}\sqrt{\frac{t_{gx}}{t_{gN}}} \qquad (7\text{-}4)$$

式中　P_{gx}——t_{gx} 下的功率；

　　　P_{gN}——t_{gN} 下的功率。

应尽量取 t_{gx} 与 t_{gN} 接近，然后按 P_{gN} 选取电动机的额定功率。

（2）选用连续工作制的电动机。短时工作制负载选用连续工作制电动机，若按生产机械所需功率来选择容量，运行时电动机将不会达到最大允许温升，电动机没有被充分利用。可以选用电动机功率比生产机械小一些，短时过载运行，运行结束时温升接近而不超过允许温升。

电动机容量为

$$P_N = \frac{P_g}{\lambda_g} \qquad (7\text{-}5)$$

式中　P_N——所选连续工作制电动机的额定容量；

　　　P_g——短时负载功率；

　　　λ_g——容量过载倍数。

对笼形异步电动机，还应检验起动能力。

3. **断续周期工作的电动机容量的选择**

在继续周期工作方式下，每个周期有起动、制动和停车等阶段，要求电动机具有起动和过载能力强、机械强度大、惯性小等特点，应选择能满足这些要求的断续周期工作制电动机。

若负载恒定，可根据生产机械的负载持续率、功率和转速从产品样本中直接选取合适的电

动机。若负载是变化的，则按等效功率选择并校验。

若生产机械的负载持续率 $FC_x\%$ 与标准负载持续率 $FC\%$ 不同，则按下式选择电动机容量

$$P = P_x \sqrt{\frac{FC_x\%}{FC\%}} \qquad （7\text{-}6）$$

式中　P_x——负载功率；

　　　P——接近于 $FC_x\%$ 的标准负载持续率时的功率。

再根据功率 P 来选择电动机的额定功率。

当 $FC_x\% < 10\%$ 时，应按短时工作制选择电动机；若 $FC_x\% > 60\%$，则应按连续工作制选择电动机。

4. 选择电动机容量的工程方法

上述选择电动机功率的基本原理和方法，在实际使用中会发现，准确绘出电动机负载图有一定困难，同时计算量也较大。因此，实际选择电动机功率时经常采用工程简化方法。

（1）统计法。统计法就是对各种生产机械的拖动电动机进行统计分析，找出电动机容量与生产机械主要参数之间的关系，用数学公式表示，作为类似生产机械选择拖动电动机容量时的依据。

例如，机械制造业应用统计分析法得出下列几种机床电动机功率的计算公式。

① 卧式车床的电动机功率（kW）为

$$P = 36.5 D^{1.54} \qquad （7\text{-}7）$$

式中　D——加工工件的最大直径，mm。

② 立式车床的电动机功率（kW）为

$$P = 20 D^{0.88} \qquad （7\text{-}8）$$

式中　D——加工工件的最大直径，mm。

③ 摇臂钻床的电动机功率（kW）为

$$P = 0.064 D^{1.19} \qquad （7\text{-}9）$$

式中　D——最大钻孔直径，mm。

④ 外圆磨床的电动机功率（kW）为

$$P = 0.1 K B \qquad （7\text{-}10）$$

式中　B——砂轮宽度，mm；

　　　K——考虑砂轮主轴采用不同轴承时的系数，滚动轴承 $K=0.8 \sim 1.1$，滑动轴承 $K=1.0 \sim 1.3$。

⑤ 卧式镗床的电动机功率（kW）为

$$P = 0.004 D^{1.7} \qquad （7\text{-}11）$$

式中　D——镗杆直径，mm。

⑥ 龙门刨床的电动机功率（kW）为

$$P = \frac{B^{1.15}}{166} \qquad （7\text{-}12）$$

式中　B——工作台宽度，mm。

根据计算所得功率，应使选择的电动机的额定容量 $P_N \geqslant P$。

（2）类比法。通过调查长期运行考验的同类生产机械采用的电动机容量，然后对主要参数

和工作条件进行类比，从而确定新的生产机械拖动电动机的容量。

••• 任务训练 •••

任务　认识三相异步电动机铭牌参数

【训练目的】

（1）熟悉三相异步电动机铭牌上各参数的含义；

（2）了解不同系列三相异步电动机的应用。

【训练内容】

（1）判断电动机铭牌各参数的含义；

（2）根据参数判断电动机应用场合。

【仪器与设备】

某三相异步电动机铭牌。

【方法和步骤】

（1）阅读图 7-3 所示某三相异步电动机铭牌参数，根据教材所学知识及查找资料，回答问题。

图7-3　某三相异步电动机铭牌

① YE2-132M-4 型号含义：＿＿＿＿＿＿＿＿＿＿＿＿＿＿＿＿＿＿＿＿＿＿＿＿＿＿＿＿＿＿

＿＿。

② F 级所用绝缘材料及允许温升：＿＿＿＿＿＿＿＿＿＿＿＿＿＿＿＿＿＿＿＿＿＿＿＿＿＿

＿＿。

③ 防护等级 IP55 含义：＿＿＿＿＿＿＿＿＿＿＿＿＿＿＿＿＿＿＿＿＿＿＿＿＿＿＿＿＿＿。

④ 电动机额定转速和磁极对数：＿＿＿＿＿＿＿＿＿＿＿＿＿＿＿＿＿＿＿＿＿＿＿＿＿＿＿。

⑤ JB/T 11707—2017《YE2 系列（IP55）三相异步电动机技术条件（机座号 63～355）》：

＿＿。

⑥ 工作制 S1 含义：＿＿＿＿＿＿＿＿＿＿＿＿＿＿＿＿＿＿＿＿＿＿＿＿＿＿＿＿＿＿＿＿。

⑦ 电动机运行时的接法及绕组相电压：＿＿＿＿＿＿＿＿＿＿＿＿＿＿＿＿＿＿＿＿＿＿＿＿。

（2）举例说明哪些设备或场所可以使用这种类型的三相异步电动机。

＿＿。

【检查与评价】

填写表 7-1 所示的任务训练评价表。

表 7-1   认识三相异步电动机铭牌参数任务训练评价表

内容	学生自评	小组互评	教师评价	总结与改进
能正确回答各参数含义				
能根据电动机铭牌参数正确判断适用场合				
6S 职业素养				

注   按优秀、良好、中等、合格、差 5 个等级进行评定。

••• 小结 •••

1．电动机选择时，必须根据生产机械及环境、供电条件等正确合理选择电动机的容量、额定电压、种类及结构形式等，其中容量选择是关键。在选择时还应考虑电动机的性能指标，如效率、功率因数、起动电流、起动转矩、最大转矩、过载能力、噪声、振动、温升等。

2．电动机作为电能转换元件，在运行过程中，会产生内部的损耗而发热。当电动机发出的热量全部散发出去时，电动机的温度达到一定的稳定值，只要电动机的稳定温度接近但不超过绝缘材料允许的最高温度，电动机便得到充分利用而不会过热。因此，在选择电动机时，应着重考虑电动机的发热，而发热的限度取决于电动机使用的绝缘材料。

3．电动机的额定容量应根据负载大小、性质和工作制的不同综合考虑。

4．在选择电动机的额定功率时，要考虑工作方式的不同，但电动机铭牌上标明的工作方式可以和实际运行方式不一致。

5．工程上常用统计法和类比法确定电动机容量，这种方法用在传统的机械上是可行的，但对于新型机械和新型电动机，还需要进一步完善或严格按照生产机械的负载功率预选电动机，并校核电动机的发热、过载能力及起动能力。

6．为了在实际工程中合理且最大限度地利用电动机，制造出了连续工作制、短时工作制和断续周期工作制电动机。

••• 思考题与习题 •••

1．电力拖动系统中电动机的选择主要包括哪些内容？

2．电动机的温升、温度以及环境温度之间的关系是什么？电动机铭牌上的温升值是指什么？

3．Y2 系列三相异步电动机采用的绝缘材料允许的温升是多少？若使用 B 级绝缘材料时，电动机的额定功率为 P_N，则改用 F 级绝缘材料时，该电动机的额定功率将怎样变化？

4．电动机的发热有什么规律？

5．电动机的额定功率主要由什么决定？对于功率较大的电动机，应使用高的还是比较低的电压等级？

6．电动机的 3 种工作制是如何划分的？负载持续率 FC%表示什么含义？

7．将一台额定功率为 P_N 的短时工作制电动机改为连续运行，其允许输出功率是否变化？为什么？

8．如果电动机周期性地工作 15min、停机 85min，或工作 5min、停机 5min，这两种情况是否都属于断续周期工作制？

a——直流电动机电枢绕组并联支路对数；交流绕组并联支路数

B——磁感应强度（磁通密度）

B_a——电枢磁感应强度（磁通密度）

B_{av}——平均磁感应强度（磁通密度）

C_e——电动势常数

C_T——转矩常数

D——直流电动机电枢铁芯直径

E——感应电动势

E_a——电枢电动势

E_0——空载电动势

E_1——变压器一次侧电动势；交流电动机定子绕组感应电动势

E_2——变压器二次侧电动势；异步电动机转子不动时的感应电动势

e——电动势瞬时值

F——磁动势

F_a——直流电机电枢磁动势

F_f——励磁磁动势

f——频率；电磁力；磁动势瞬时值

f_N——额定频率

f_1——异步电动机定子电路频率

f_2——异步电动机转子电路频率

H——磁场强度

I——电流

I_a——电枢电流

I_f——电机励磁电流

I_{fN}——额定励磁电流

I_K——短路电流

I_N——额定电流

I_0——空载电流

I_1——变压器一次电流；交流电动机定子电流

I_2——变压器二次电流；异步电动机转子电流

I_{st}——起动电流

K——变压器变比；自耦变压器变比

K_u——变压器变压比；电压互感器变压比；自耦变压器变压比

K_I——起动电流倍数；变压器变流比；电流互感器变流比

K_{st}——异步电动机起动转矩倍数

l——有效导体的长度

m——相数；直流电动机起动级数

N——直流电机电枢绕组总导体数

N_1——变压器一次绕组匝数；异步电动机定子绕组每相串联匝数

N_2——变压器二次绕组匝数；异步电动机转子绕组每相串联匝数

n——转速

n_0——直流电动机理想空载转速

n_N——额定转速

n_1——同步转速

P_N——额定功率

P_{em}——电磁功率

P_{MEC}——总机械功率

P_1——输入功率

P_2——输出功率

p——磁极对数

P_{ad}——附加损耗；杂散损耗

P_{Cu}——铜损耗

P_{Fe}——铁损耗

P_{mec}——机械损耗；摩擦损耗

P_h——磁滞损耗

P_e——涡流损耗

P_f——励磁损耗

P_K——短路损耗

P_0——空载损耗

Q——无功功率

q——每极每相槽数

R——电阻

R_a——直流电机电枢回路电阻

R_f——励磁回路电阻

R_L——负载电阻

R_1——变压器一次绕组电阻；异步电动机定子电阻

R_2——变压器二次绕组电阻；异步电动机转子电阻

R_k——变压器、异步电机的短路电阻

R_m——变压器、异步电机的励磁电阻

S——变压器视在功率

s——异步电动机转差率

s_m——临界转差率

s_N——额定转差率

T——转矩；周期；时间常数

T_{em}——电磁转矩

T_L——负载转矩

T_m——最大电磁转矩

T_N——额定转矩

T_{st}——起动转矩

T_0——空载转矩；制动转矩

T_1——输入转矩；拖动转矩

T_2——输出转矩

U——电压

U_f——励磁电压

U_K——变压器短路电压

U_N——额定电压

U_1——变压器一次电压；交流电机定子电压

U_2——变压器二次电压；异步电机转子电压

U_{20}——变压器二次侧空载电压

v——线速度

X——电抗

X_a——电枢反应电抗

X_K——短路电抗

X_L——负载电抗

X_m——励磁电抗

X_1——变压器一次侧漏电抗；交流电机定子漏电抗

Z——电机槽数；阻抗

Z_K——短路阻抗

Z_L——负载阻抗

Z_m——励磁阻抗

Z_r——步进电动机转子齿数

Z_1——变压器一次侧漏阻抗；异步电动机定子漏阻抗

Z_2——变压器二次侧漏阻抗；异步电动机转子漏阻抗

α——角度；槽距角

β——角度；变压器负载系数

γ——角度

δ——气隙长度；功角（又称功率角）

η——效率

η_{max}——最大效率

θ——角度；温度

θ_{se}——步进电动机的步距角

μ——磁导率

μ_{Fe}——铁磁性材料的磁导率

μ_r——相对磁导率

τ——极距；温升

Φ——磁通；主磁通；每极磁通

Φ_m——变压器主磁通最大值

Φ_1——基波磁通

Φ_0——空载磁通；异步电动机气隙主磁通

φ——相位角；功率因数角

φ_1——变压器一次侧功率因数角；异步电机定子功率因数角

φ_2——变压器二次侧功率因数角；异步电机转子电路功率因数角

ψ——磁链；内功率因数角

Ω——机械角速度

Ω_1——同步机械角速度

ω——电角速度；角频率

λ或λ_g——过载系数

直流电动机常见故障分析

直流电动机常见故障原因分析与处理方法见表 B-1。

表 B-1　直流电动机常见故障原因分析与处理方法

故障现象	故障产生原因分析	处理方法
电刷下 火花过大	电刷与换向器接触不良	研磨电刷，并在轻载下运行 0.5～1h
	刷盒松动或装置不正	紧固或纠正刷盒装置
	电刷与刷盒配合不当	不能过紧或过松，略微磨小电刷尺寸或更换新电刷
	电刷压力不当或不匀	适当调整弹簧压力，使电刷压力保持在 1.47～2.45N/mm
	电刷位置不在中心线上	把刷杆座调整到原有记号的位置或参考换向片位置重新调整刷杆距离
	电刷磨损过短或型号、尺寸不符	更换电刷
	换向器表面不光洁、不圆或有污垢	清洁、研磨或加工换向器表面
	换向片间云母凸出	重新更换云母并研磨或加工
	过载	恢复正常负载
	电动机地脚螺栓松动发生振动	紧固地脚螺栓
	换向极绕组短路	查找短路部位，进行修复
	换向极绕组接反	检查换向极的极性，加以纠正
	电枢绕组短路或电枢绕组与换向片脱焊	检查断路或脱焊的部位，进行修复
	电枢绕组短路或换向器短路	检查短路的部位，进行修复
	电枢绕组中有部分接反	检查电枢绕组接线，加以纠正
	电枢平衡没校好	电枢重校平衡
不能起动	过载	减小负载
	接线板接线接错	检查接线，加以纠正
	电刷接触不良或换向器表面不干净	研磨电刷或调整压力，清理换向器表面及片间云母
	电刷位置移动	重新校正中性线位置
	主磁极绕组断路	检查断路的部位，进行修复
	轴承损毁或有异物	清除异物或更换轴承
转速 不正常	电刷不在正常位置	调整刷杆座位置，可逆转的电动机应使其在中性线上
	电枢或主磁极绕组短路	检查短路的部位，进行修复
	串励主磁极绕组接反	检查主磁极绕组接线，加以纠正
	并励主磁极绕组断线或接反	检查断线部位与接线，加以纠正

续表

故障现象	故障产生原因分析	处理方法
温度过高	电源电压高于额定值	降低电源电压到额定值
	电动机超载	降低负载或换一台容量较大的电动机
	绕组有短路或接地故障	检查故障部位后按故障情况处理
	电动机的通风散热情况不好	检查环境温度是否过高，风扇是否脱落，风扇旋转方向是否正确，电动机内部通风道是否被阻塞
电动机振动	串励绕组或换向极绕组接反	改正接线
	电刷未在中性线上	调整电刷在中性线上
	励磁电流太小或励磁电路有断路	增加励磁电流或检查励磁电路中有无断路
	电动机电源电压波动	检查电枢电压
轴承过热	轴承损坏或有异物	更换轴承或清除异物
	润滑脂过多或过少，型号选用不当或质量差	调整或更换润滑脂
	轴承装配不良	检查轴承与转轴、转轴与端盖的配合情况，进行调整或修复
外壳带电	接地不良	查找原因，并采取相应的措施
	绕组绝缘老化或损坏	查找绝缘老化或损坏部位，进行修复，并处理绝缘

三相异步电动机常见故障分析

1. 定子绕组故障及排除

定子绕组的常见故障有：绕组断路、绕组接地（碰壳或漏电）和绕组短路。

（1）断路故障的排除。断路故障多数发生在电动机绕组的端部、各绕组元件的接线头，或是电动机引出线端等处附近。故障的原因是：绕组受外力的作用而断裂；接头线焊接不良而松脱；绕组短路或电流过大，绕组过热而烧断。

查出绕组断路之处后再进行修理。如果绕组断路处在铁芯槽的外部，可理清导线端头，将断裂的导线连接焊牢，并包好绝缘。如果是引出线断裂就更换引出线。如果绕组断裂处在铁芯槽内的个别线圈，可用穿绕修补的方法更换个别线圈。

（2）接地和绝缘不良的修理。电动机绕组接地，俗称"碰壳"。引起绕组接地的主要原因是：电动机长期不使用，周围环境潮湿，或电动机受雨淋日晒，或长期过载运行，有害气体的侵蚀等，使绕组绝缘性能降低，绝缘电阻下降；金属异物掉进绕组内部，损坏绝缘；有时电动机在重绕定子绕组时，损伤了绝缘，使导线与铁芯相碰等。

绕组接地后，会造成绕组过电流发热，从而造成绕组匝间短路。绕组通电后，电动机外壳带电，容易造成人身触电事故。绕组接地故障，必须及时检查修理。

查出绕组接地点和绝缘不良之处后，应按规程处理。如果测定是绕组受潮，可将电动机两边端盖拆除，放在烘箱内烘焙，烘到其绝缘电阻达到要求后，加浇一层绝缘漆，然后再烘干防止回潮。也可采用红外线灯泡干燥，或在定子绕组中通以"0.6×额定电流"的单相交流电来加热，低压交流电源可用降压变压器或电焊机来提供。

如果测定是绕组接地或碰相，则要分情况进行修理。新嵌线电动机接地点，往往发生在下线圈伸出铁芯末端处（即槽口），因为在嵌线时不慎，极易损坏槽口处的线圈绝缘，可用绝缘纸或竹片垫入线圈与铁芯槽口之间。如果接地点发生在端部，可用绝缘带包扎，再涂上白干绝缘漆。如果发现槽内导线绝缘损坏而接地，须更换绕组，或采用线圈修补的方法更换接地线圈。

（3）短路故障的排除。绕组短路故障的原因，主要是电动机电流过大、电源电压过高、机械损伤、重新嵌绕时碰伤绝缘、绝缘老化脆裂等。绕组短路的情况有绕组匝间短路、相组间短路、相间短路等，最容易短路的地方是同极同相的两相邻线圈之间，上、下层之间的线圈间，以及线圈的槽外部分。

如果能明显看出短路点，可用竹楔插入两线圈间，把这两线圈的槽外部分分开，垫上绝缘。如果短路点发生在槽内，要将该槽绕组加热软化后，翻出受损绕组，换上新的绝缘层，将导线绝缘损伤的部位用薄的绝缘带包好，重新嵌入槽内，再进行绝缘处理。如果个别线圈短路，可用前述穿绕修补法，调换个别短路线圈。如果短路较严重、重新绝缘的导线无法嵌进槽内，或者无法进行穿绕修补，就必须拆下重绕。

2. 转子故障及排除

（1）笼形转子故障的排除。笼形转子的常见故障是断条（即笼条断裂），断条后，电动机虽然能空载运转，但一加负载，转速就会降低，这时如测量定子三相绕组电流，就会发现电流表指针来回摆动。

如果铜条在槽外明显处脱焊，可用锉刀清理后用磷铜焊料焊接。如果槽内铜条断裂，若数量不多，可以在断条两端短路环（端环）上开一个缺口，然后用凿子把断裂的铜条凿下去，换上新铜条。如果铸铝转子有断条故障，要将转子槽内的铸铝全部取出更换。

若要将铸铝转子改为铜条转子，由于铜导电性比铝好，一般铜条的截面积是槽面积的 70% 就可以了，铜条截面积过大，会造成起动转矩小而起动电流增大等情况。铜条取窄长截面以顶满槽顶及槽底。

（2）绕线式转子故障的排除。绕线式转子绕组的结构、嵌绕等，都与定子绕组相同。

在修理绕组时，对于一般中、小型绕线转子电动机的转子绕组导线，多数采用圆铜线漆包线，或单纱、双纱漆包线。绕组形式有叠绕式和单层同心式，绕组的嵌绕工艺可参考定子绕组的嵌绕工艺。对于较大容量的绕线转子电动机，转子绕组导线采用扁铜线或裸铜条，线圈的形式一般是单匝波形线圈，由两个元件构成，在扁铜线和裸铜条外面用绝缘带半叠包一层，嵌好后连接成绕组。其槽绝缘和定子绝缘基本相同，但考虑到转动部分绝缘容易损坏，故一般要比定子槽绝缘加强些。绕线式转子嵌入绕组后，其两端不能高出转子的铁芯，绕组伸出槽外的端部要用纱带包好。

由于转子在高速下旋转，其绕组端部会产生很大的离心力，所以转子绕组经过修理或全部更换以后，必须在绕组的两个端部用钢丝打箍。打箍工作可以在车床上进行，或用木制的简易机械来进行。

绕线式转子绕组修理后，要经过浸漆与烘干处理，浸漆时，应注意不要使绝缘漆沾染到转子的集电环部分。修好的转子要校准平衡，以免在运转中发生振动。

三相异步电动机的常见故障及处理方法，可参见表 C-1。

表 C-1　三相异步电动机的常见故障及处理方法

故障现象	可能的原因	处理方法
不能起动	定子或转子绕组短路	查找短路部位，进行修复
	定子绕组相间短路、接地或接线错误	查找短路、接地部位，进行修复
	绕线转子电动机起动误操作	检查集电环短路装置及起动变阻器的位置。在起动时应串接变阻器
	过电流继电器调得太小	适当调高
	老式起动开关油杯缺油	加新油至油面线
	负载过大或传动机械被卡住	换用较大容量的电动机或减轻负载；如传动机械被卡住，应检查机械部分，消除障碍
	轴承磨损严重，造成气隙不均，通电后定子、转子吸住不动	检查轴承，更换轴承
	槽配合不当	将转子外圆适当车小或选择适当定子线圈跨距；重换转子，槽配合应符合要求
	熔体熔断	检查熔体是否熔断可采用检验灯法。检查时不必将熔体取下，只要把检验灯跨接于熔体的两端即可

续表

故障现象	可能的原因	处理方法
不能起动	轴承损坏	当轴承损坏时，可能使定子、转子铁芯相擦而导致电动机运转时发出"嚓嚓"的异常声音。轴承严重损坏，会使定子铁芯卡住转子而导致电动机不能转动。要检查轴承是否损坏，只需上下移动转轴，若转轴松动了，则应更换新轴承
	笼形转子铜条松动	若转子铜条松动，电动机运转时有异常声音，有时铜条与短环之间可能会有火花出现，而且不能带动负载。此时可采用撒铁粉法来寻找出开路的铜条
电动机带负载运行时转速低于额定值	笼形转子断条	对应检查处理
	绕线转子一相断路	用校验灯、万用表等检查断路处，排除故障
	绕线转子电动机起动变阻器接触不良	修理变阻器接触点
	绕线转子电动机的电刷与集电环接触不良	调整电刷压力及改善电刷与集电环接触面
	负载过大	换用较大容量电动机或减轻负载
电动机空载或负载运行时输入电流发生周期性变化	绕线转子电动机一相电刷接触不良	调整电刷压力及改善电刷与集电环接触面
	绕线转子电动机的集电环短路装置接触不良	修理或更换短路装置
	笼形转子断条	对应检查处理
	绕线转子一相断路	用校验灯、万用表等检查断路处，排除故障
电动机外壳带电	电动机绕组受潮、绝缘老化或引出线与接线盒碰壳	对电动机绕组进行干燥处理，绝缘严重老化者则更换绕组，连接好接地线
	铁芯槽内有未清理掉的铁屑，导线嵌入后即通地或嵌入时槽绝缘受机械损伤	找出接地线圈后，进行局部修理
	绕组端部太长碰机壳	将绕组端部刷一层绝缘漆，垫上绝缘纸
电动机运转时声音不正常	定子与转子相擦	锉去定子、转子硅钢片凸出部分
	电动机缺相运转，有"嗡嗡"声	轴承如松动（走外圆或走内圆），可采取镶套办法，或更换端盖，或更换转轴
	转子风叶碰壳	检查熔体及开关接触点，排除故障
	转子擦绝缘纸	修剪绝缘纸
	轴承严重缺油	清洗轴承，加新润滑油
	轴承损坏	更换轴承
电动机振动	转子不平衡	校动平衡
	皮带盘不平衡	校静平衡
	皮带盘轴孔偏心	车正或嵌套
	轴头弯曲	校直或更换转轴。弯曲不严重时，可车去 1~2mm，然后配上套筒（热套）
	转子内断线（拉开电源，振动立即消失）	用短路测试器检查
	气隙不均，产生单边磁拉力	测量气隙，校正气隙使其均匀
轴承过热	轴承损坏	更换轴承
	轴承与轴配合过松或过紧	过松时转轴镶套；过紧时重新加工到标准尺寸
	轴承与端盖配合过松或过紧	过松时端盖嵌套；过紧时重新加工到标准尺寸

续表

故障现象	可能的原因	处理方法
轴承过热	滑动轴承油环损坏或转动缓慢	查明损坏处，修理或更换油环。若系油质过厚应更换较薄的润滑油
	润滑油过多、过少或油质不好	加油或换油
	电动机两侧端盖或轴承盖未装平	将端盖或轴承盖止口装紧装平，旋紧螺栓
	转子不平衡	校动平衡
电动机温升过高或冒烟	电动机风道阻塞	清除风道油垢及灰尘
	定子绕组短路或接地	拆开电动机，抽出转子，用电桥测量各相绕组或各线圈组的直流电阻，或用绝缘电阻表测量对机壳的绝缘电阻，局部或全部更换线圈
	电源电压过高或过低	调节电源电压
	绕组内部有线圈接反	检查每相电流，也可以检查每相电流的极性，查出接反的线圈并改正
	定、转子之间气隙太大或定子绕组匝数过少	检查空载电流或测气隙，重新嵌线，适当增加定子匝数
	正、反转太频繁或起动次数太多	适当减少
	定子、转子相擦	轴承如有走外圆或走内圆，采取镶套办法；轴承松动，需换新轴承；若轴弯应进行校正
	笼形转子断条或绕线型转子绕组接线松脱	对应检查处理
绕线转子集电环火花过大	电刷牌号及尺寸不合适	更换合适的电刷
	集电环表面有污垢杂物	擦净表面污垢，用 0 号纱布磨光，集电环伤痕严重时应车一刀
	电刷压力太小	调整电刷压力
	电刷在刷握内卡住	磨小电刷
空载电流三相严重不平衡	重绕定子绕组后三相匝数不相等	重绕定子绕组
	定子绕组内部接线有错误	检查每相极性，纠正接线

参考文献

[1] 赵承荻. 电机与电气控制技术[M]. 4版. 北京: 高等教育出版社, 2014.

[2] 李益民, 刘小春. 电机与电气控制技术[M]. 2版. 北京: 高等教育出版社, 2012.

[3] 孙建忠. 电机与拖动[M]. 2版. 北京: 机械工业出版社, 2013.

[4] 胡幸鸣. 电机及拖动基础[M]. 北京: 机械工业出版社, 2014.

[5] 陈隆昌, 阎治安, 刘新正. 控制电机[M]. 4版. 西安: 西安电子科技大学出版社, 2015.

[6] 李发海, 王岩. 电机与拖动基础[M]. 北京: 清华大学出版社, 2013.

[7] 刘光源. 简明电工手册[M]. 4版. 上海: 上海科学技术出版社, 2013.

[8] 周斐, 李宏慧. 电机与拖动[M]. 南京: 南京大学出版社, 2016.

[9] 刘丽红. 电机原理与拖动技术[M]. 北京: 电子工业出版社, 2012.